佐渡金銀山絵巻
― 絵巻が語る鉱山史 ―
Sado Gold and silver Mine Picture Scroll

佐渡市
新潟県教育委員会
編

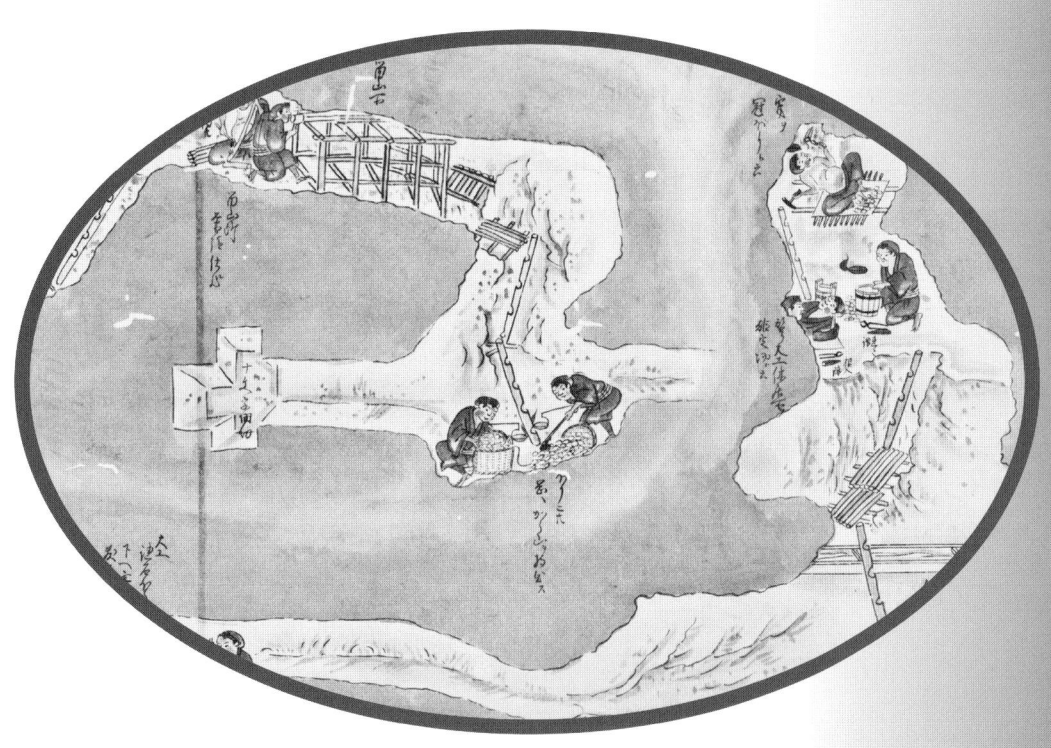

同成社

『佐渡国金銀山図（山尾信福画）』(図1)
（新潟県立歴史博物館蔵）について

　佐渡金銀山絵巻は、主として佐渡相川金銀山における採鉱、選鉱、製錬、小判製造等の一連の工程を描いたもので、萩原美雅の佐渡奉行在任中（1732〈享保17〉年から1736〈元文元〉年）頃に描かれ始めたといわれる。以降、佐渡奉行や組頭交替のたびごとに佐渡奉行所の絵図師・山尾衛守が三代にわたって製作・提出するのが恒例となったという。このような経緯で制作された絵巻は、国内外に100点を超える所在が確認されている。しかし、絵師や制作年の記載のあるものは稀である。

　本書で紹介する『佐渡国金銀山図（山尾信福画）』は、箱書きから1753（宝暦3）年に山尾衛守が制作したことがわかり、各巻末には「山尾信福」の落款がある。「信福」は衛守の別号と考えられる。絵師や制作年の明確な絵巻として重要である。この「山尾信福」の落款がある絵巻は、この他に『佐渡金銀山稼方図』（東京国立博物館蔵）しか知られていない。初代山尾衛守は、1757（宝暦7）年に51歳で没していることから、本絵巻は彼の晩年の作といえる。

『佐渡国金銀山図（山尾信福画）』

同絵巻の箱表書

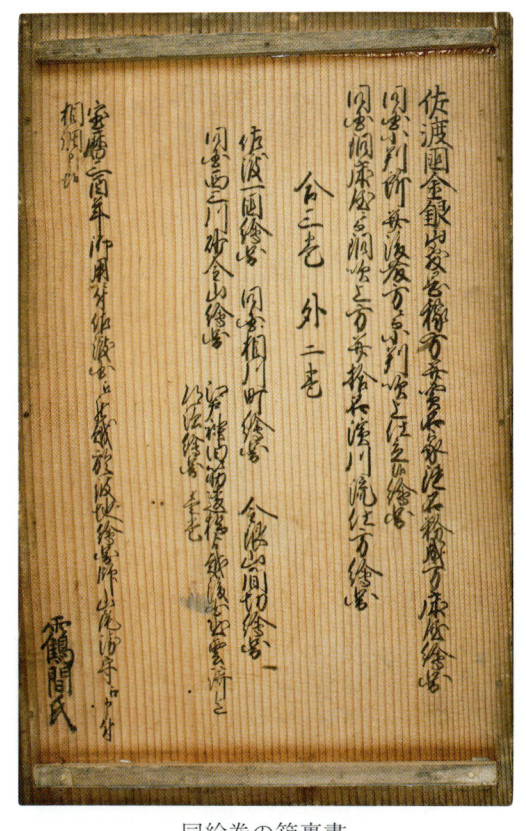

同絵巻の箱裏書

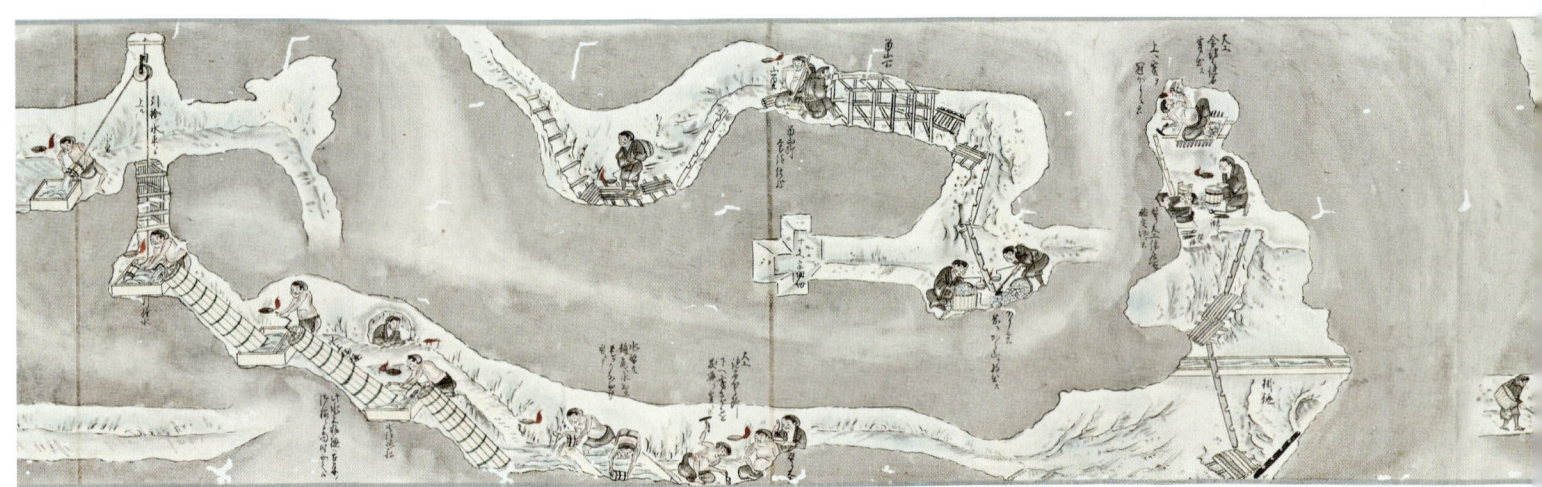

④ 水上輪による排水作業

（5頁上段へつづく）　　　　　　　　　　　　　　　⑤ 釜の口・横引場・鍛冶小屋・立場小屋

① 道遊の割戸（青柳割戸）

③ 坑道内での作業　　　　　② 坑道内の移動と水替え

⑥ 四ツ留番所

⑨ 鉱石の運搬（間ノ山番所・六十枚番所）

（7頁上段へつづく）

（2頁下段からつづく）

⑧ 鉱石の荷分け　　　⑦ どべ小屋

⑩ 相川の町並

⑫ 寄床屋（大床・灰吹床）

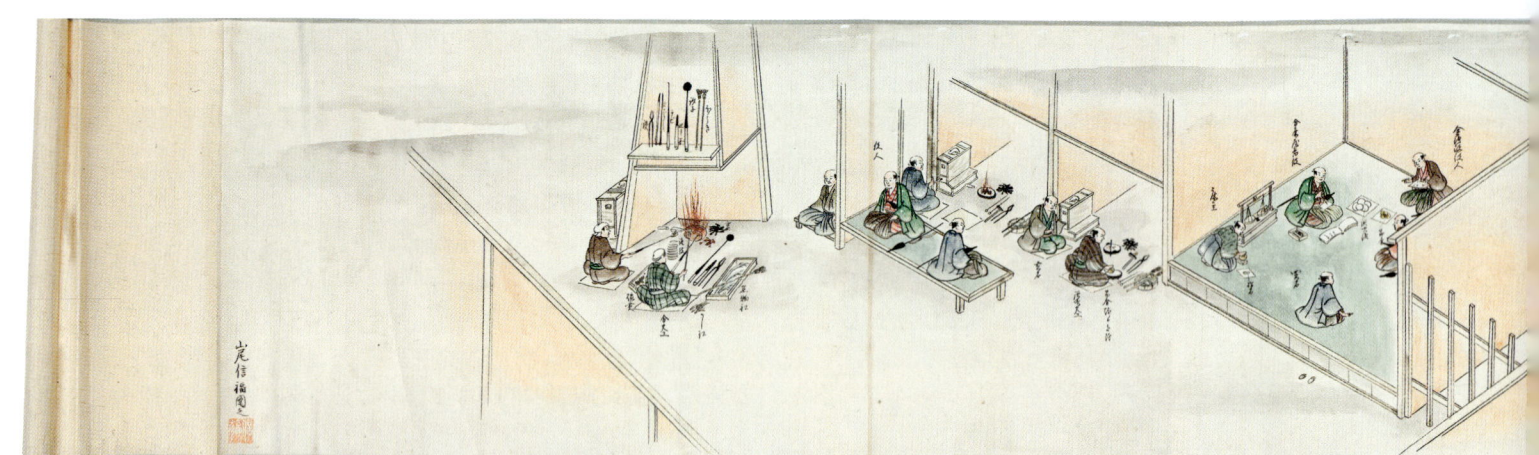

⑬ 金銀吹分床屋

（9頁上段へつづく）　　⑮ 小判所（筋金惣吹）

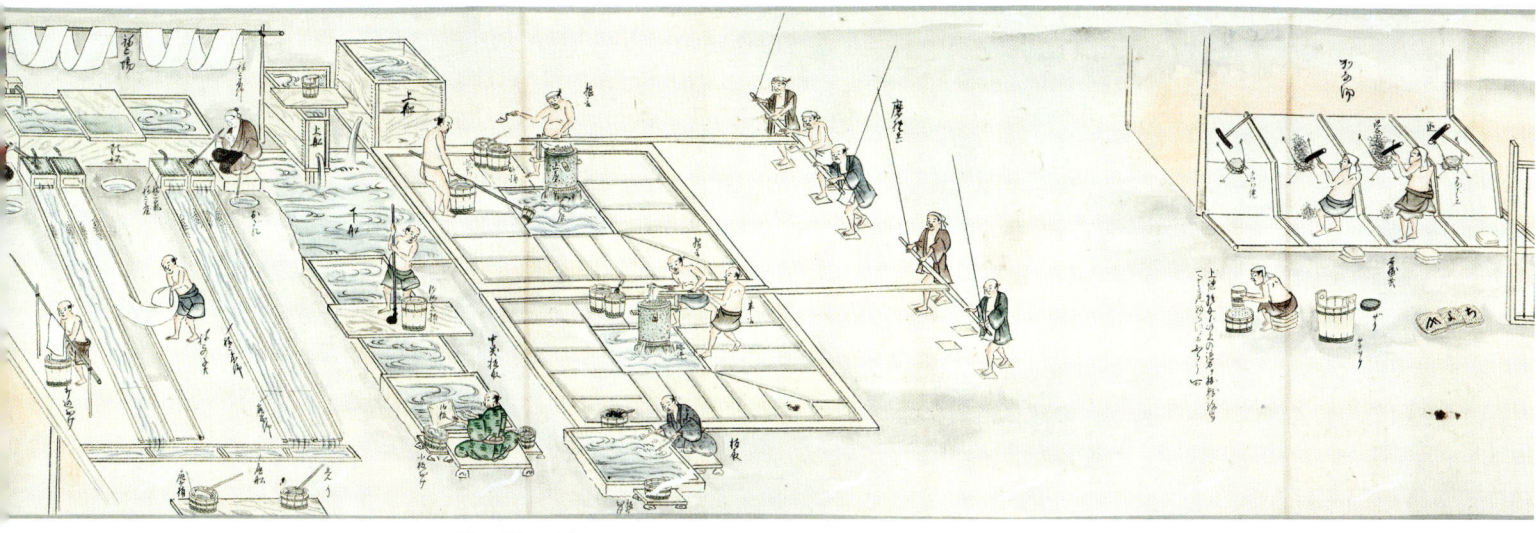

⑪　勝　場

⑭　小判所（筋金玉吹）

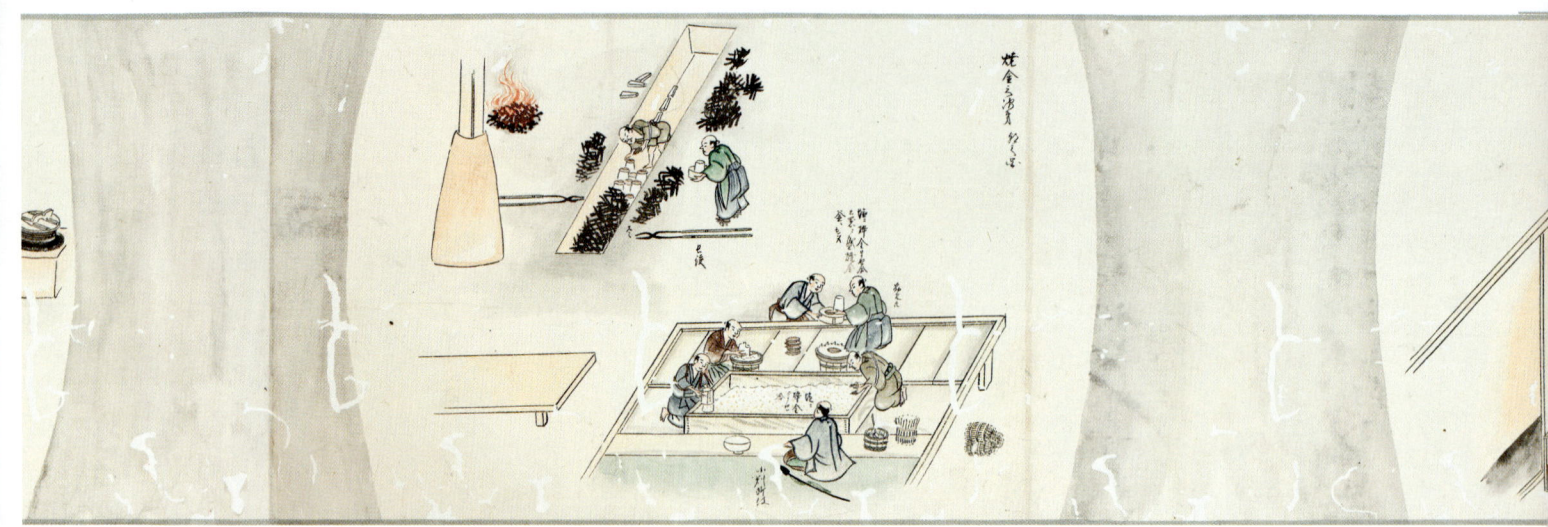

⑰　小判所（焼金）

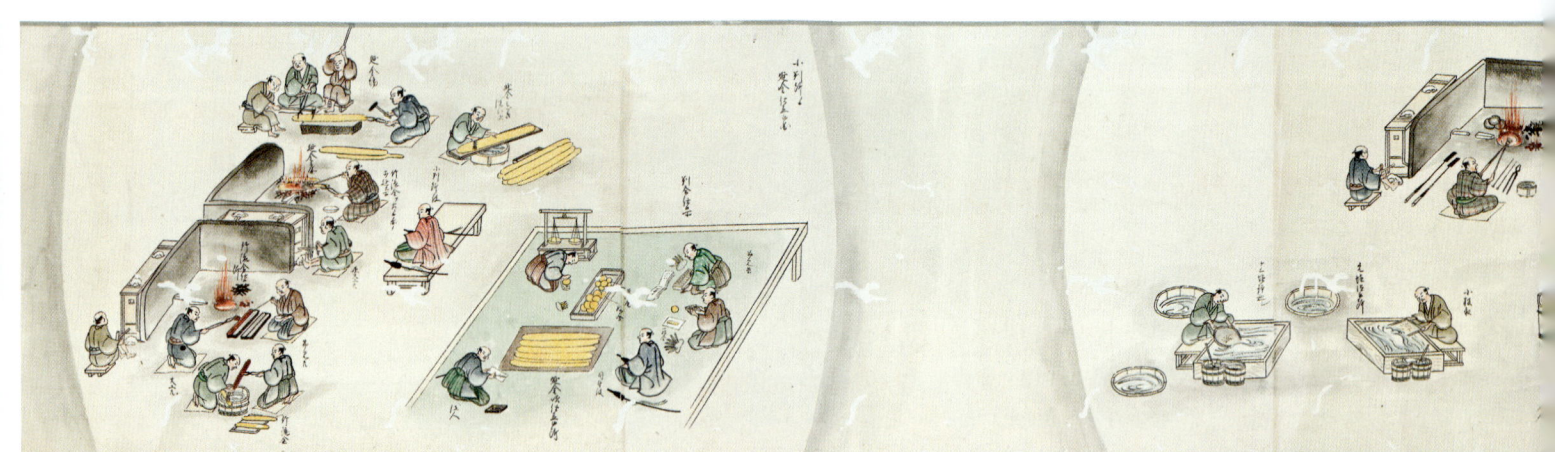

⑲　小判所（延金）

（11頁上段へつづく）　⑳　後藤役所（延金目利・銅気改・延金荒切）

（6頁下段からつづく）

⑯ 小判所（砕金）

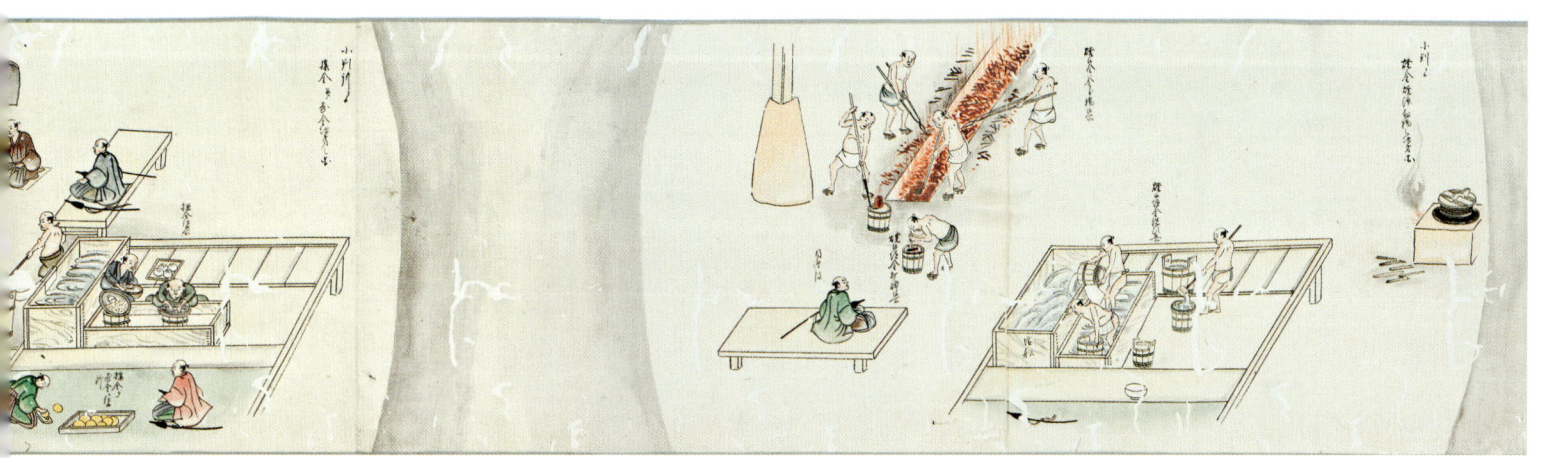

⑱ 小判所（揉金・寄金）

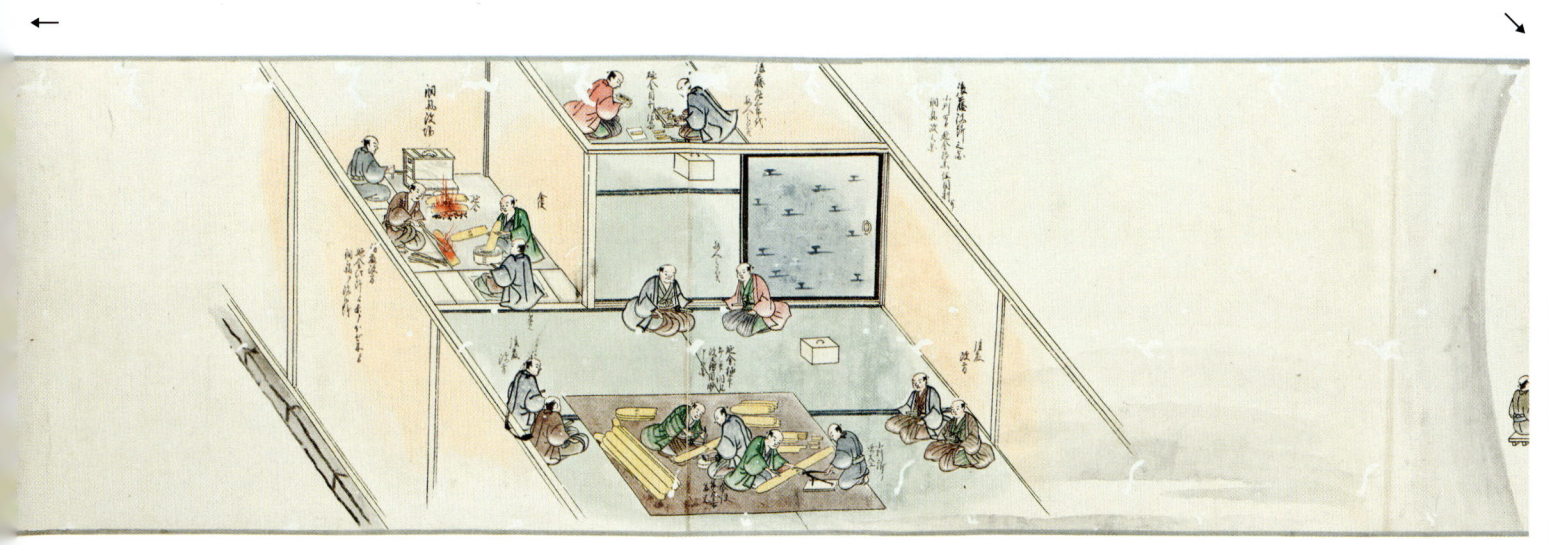

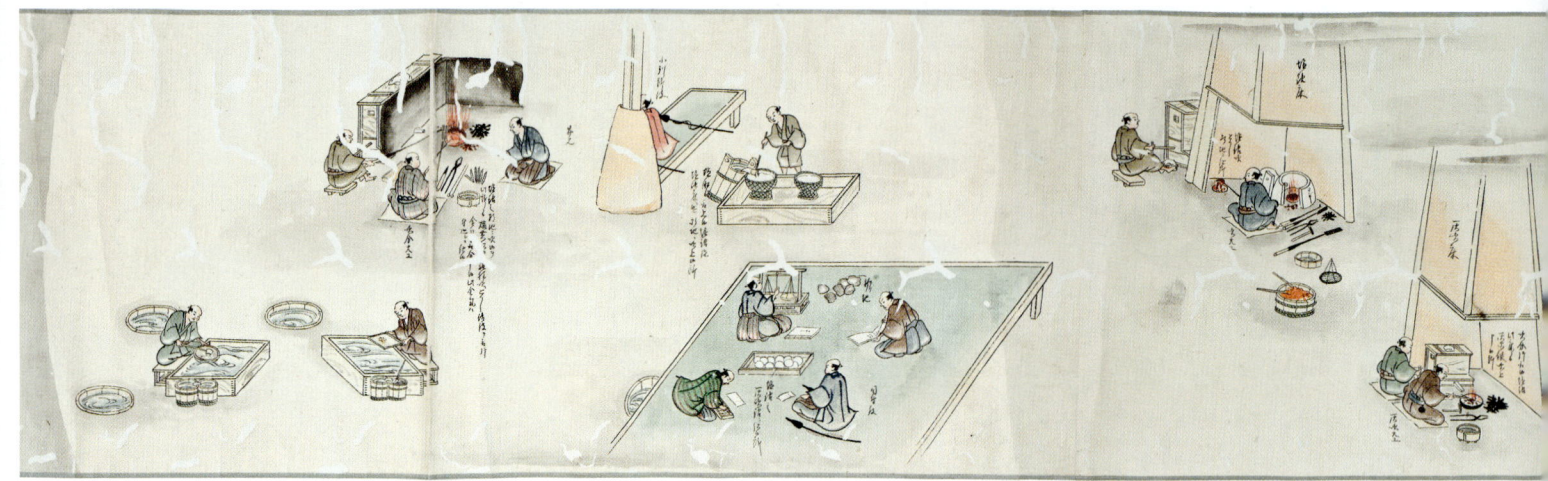

㉒　小判所（塩銀吹）

(13頁上段へつづく)

㉔　銅床屋（かな場・ねこ場）

㉑　後藤役所（小判拵・小判色付）

㉓　小判所（砂金吹）

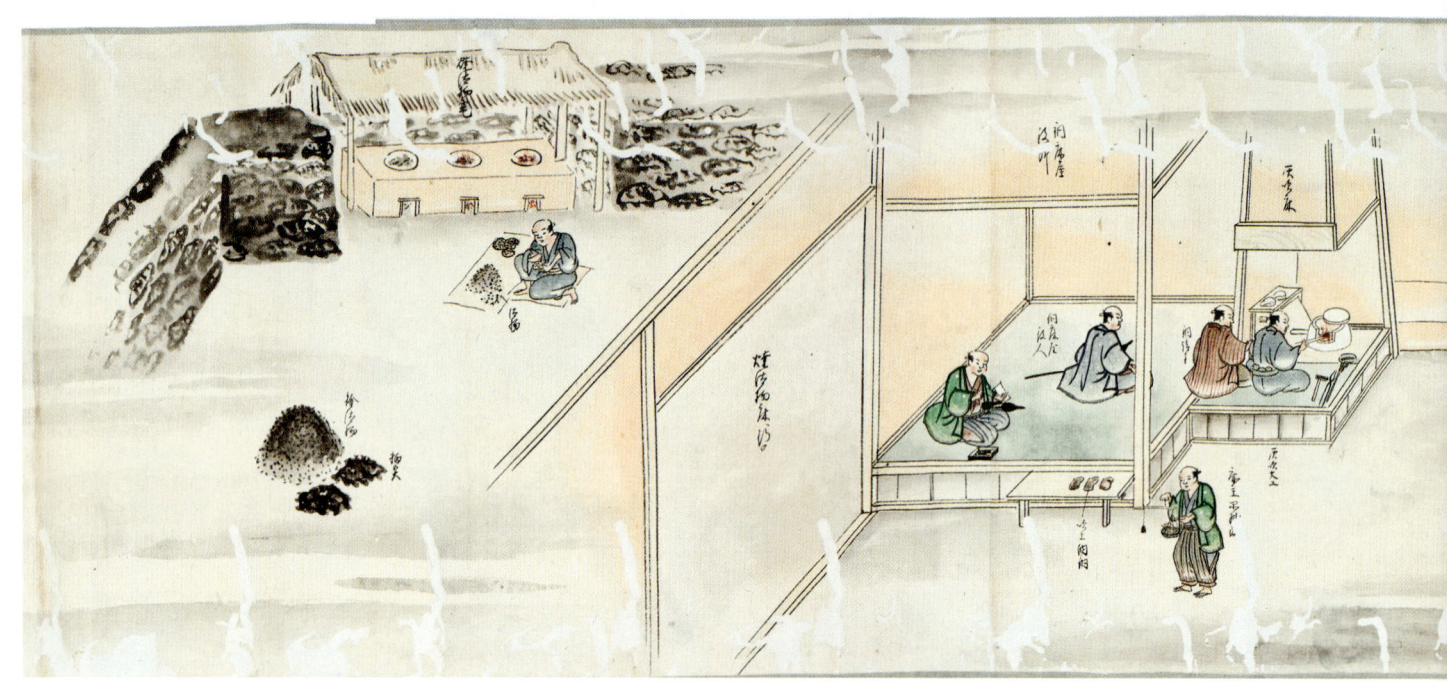

㉕　銅床屋（荷吹床・間吹床・南蛮床・灰吹床・銅床屋役所）

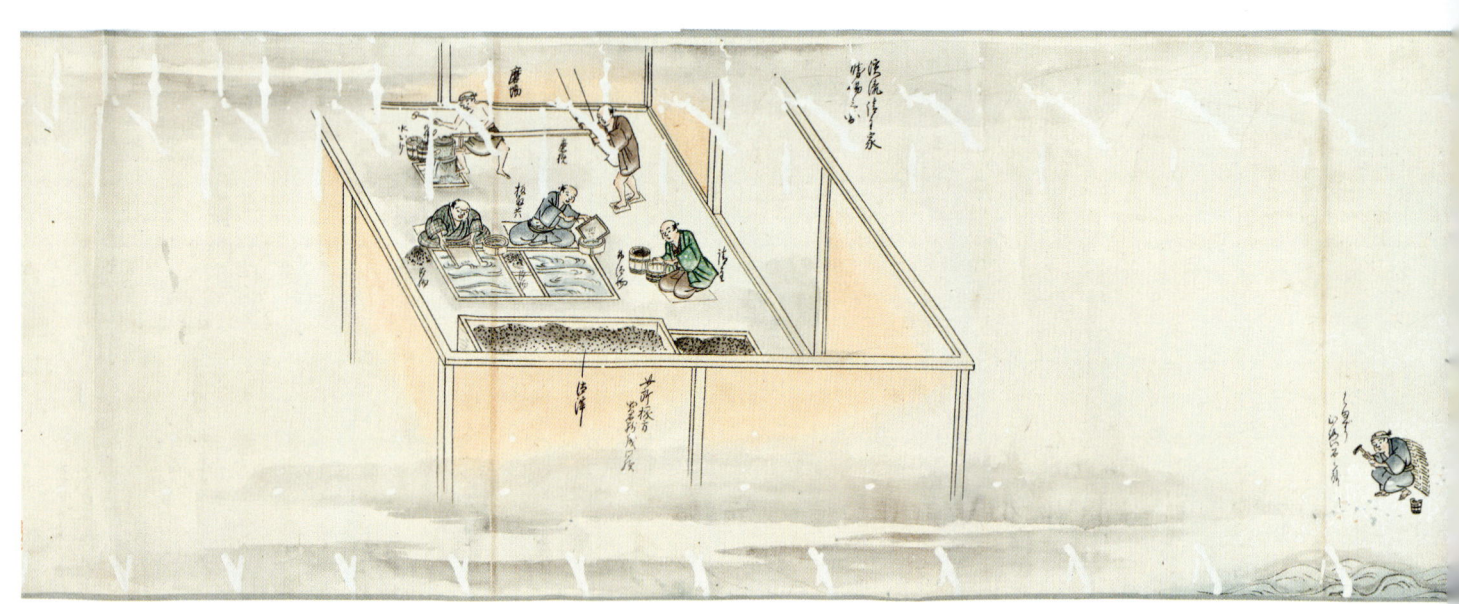

㉖ 浜流し

『西三川砂金山稼方図』(図2)
(新潟県立歴史博物館蔵)について

② 大　流

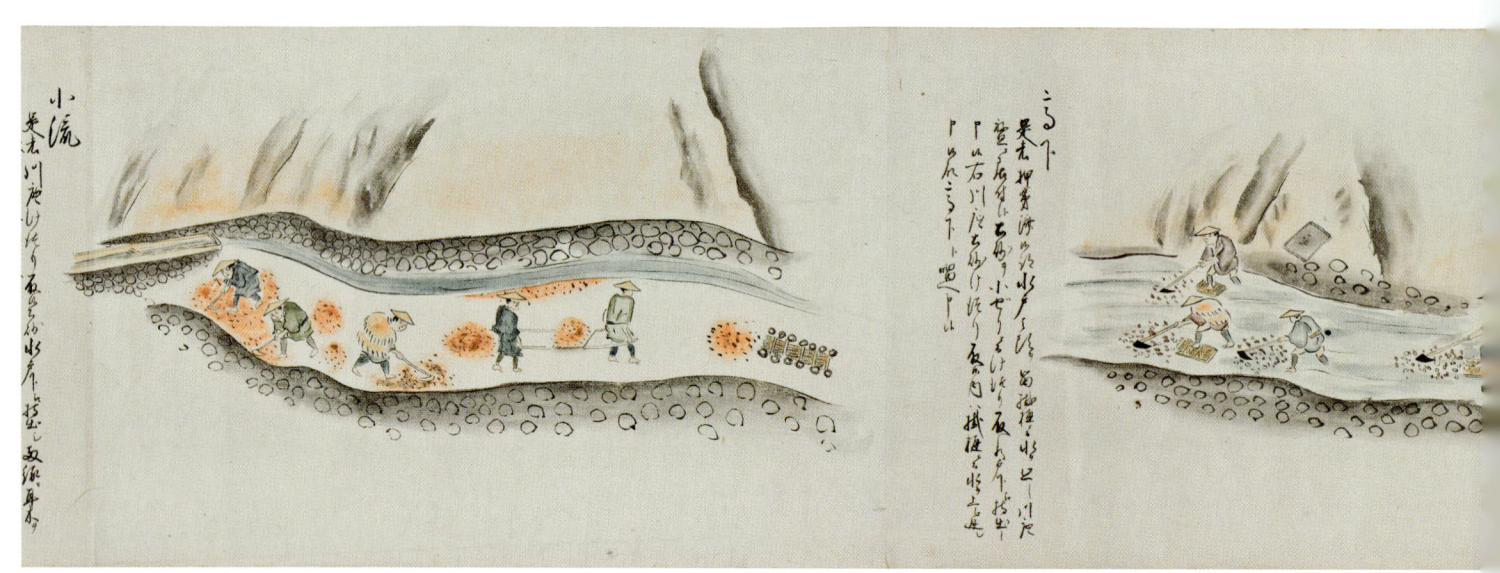

⑤ 高　下

西三川砂金山は、佐渡市西三川を中心とした地域に所在し、平安時代後期に砂金採取が始まったとされる佐渡最古の金山である。1589（天正17）年の上杉氏の佐渡平定を経て、江戸期には佐渡奉行所による砂金山経営が行われたが、江戸時代中期以降は次第に産金量が減少し、1872（明治5）年に閉山となった。

　西三川砂金山絵巻は、戦国時代末期頃からの砂金山の稼業実態を描いたものであり、砂金含みの山土を削り落とす作業から、水流を利用した比重選鉱により砂金を選出する作業、そして月納めに行った砂金分配までの様子を描写する。そのほとんどが相川金銀山の描写の後段に出てくる場合が多く、相川金銀山を描いたものに比べて数は多くないものの、近世の砂金採取技術をビジュアルに描いた史料として貴重である。

　本書で紹介する「西三川砂金山稼方図」は、『佐州金銀山之図』（三巻本）の中の第三巻目にあたり、西三川砂金山における砂金採取の様子を描いた詳細な内容とともに描画技法にも秀でている。この絵巻が制作された時期は、『佐州金銀山之図』（三巻本）の第二巻に辰巳口番所が描かれていることから1759（宝暦9）年以降と推定される。

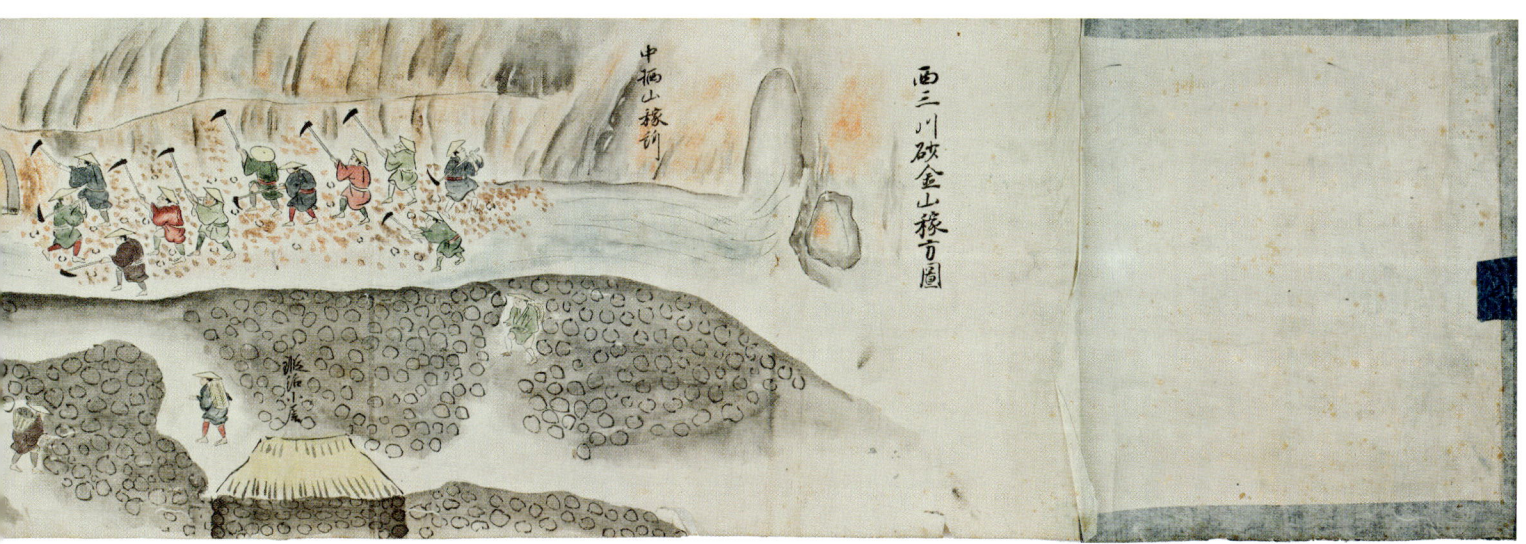

① 中柄山稼所

④ 押穿　　　　　　　　　　　　　　　　　③ スカシ

⑧ 小流

⑪ 金入

⑦ 敷穿　　　　　　　　⑥ 小流

⑩ 砂金板取　　　　　　⑨ ネコダ打

絵巻でたどる佐渡金銀山の技術と経営・管理体制の変化 (図3)

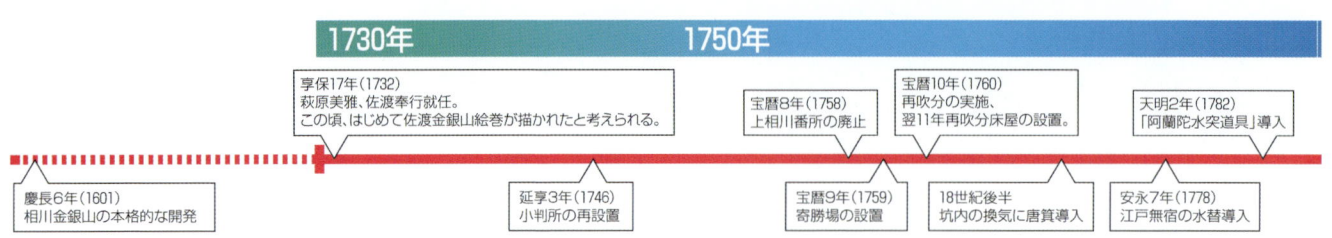

排水器具の変化

坑内排水は、極めて重要かつ困難な作業であり、佐渡金銀山でも様々な試みがなされた。承応2年（1653）には「水上輪」が、天明2年（1782）には「阿蘭陀水突道具」（フランカスホイ）という効率的な器具が導入されて効果をあげた。しかし故障も多く、しだいに使用されなくなり、旧来の手桶や釣瓶による排水法が主体であったことが絵巻からも確認される。

  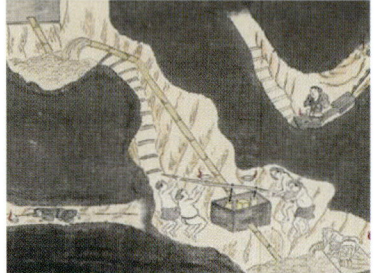

水上輪による排水
「佐渡之昔」（相川郷土博物館蔵）

手桶や釣瓶による排水
「金銀山絵巻」（相川郷土博物館蔵）

阿蘭陀水突道具（フランカスホイ）による排水
「金銀山敷岡稼方図」（九州大学総合研究博物館蔵）

江戸無宿による水替

安永7年（1778）以降、江戸無宿が水替人足として佐渡金銀山に送り込まれた。この頃の絵巻には、水替小屋やその前を通過する江戸無宿の様子が描かれたものがある。

唐箕

坑内の換気に、ある時期から唐箕が用いられた。佐渡金銀山への導入時期は文献では未詳だが、18世紀後半以降に描かれた絵巻には唐箕の描写がみられるものも確認され、おおよその導入時期が推定できる。

 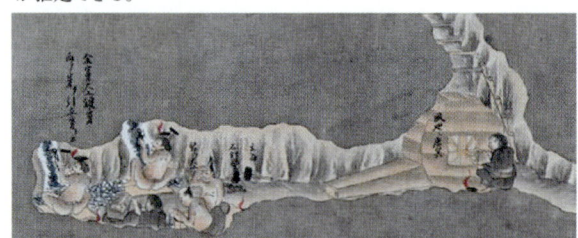

「佐渡金山之図」（国立科学博物館蔵）

「佐渡国金銀山敷岡稼方図」（新潟県立歴史博物館蔵）

鍛冶場の鞴の変化

鍛冶場では、坑内で鉱石を穿る道具であるたがねをつくる。寛政3年（1791）より「両縁鞴」が導入された。これは、人員削減による経費節減の一環として、ひとりの鞴差しが、ひとつの鞴からふたつの炉に送風することができるように改良された鞴である。

片鞴　「銀山勝場稼方諸図」（相川郷土博物館蔵）

両縁鞴　「佐渡国金銀山敷岡稼方図」（新潟県立歴史博物館蔵）

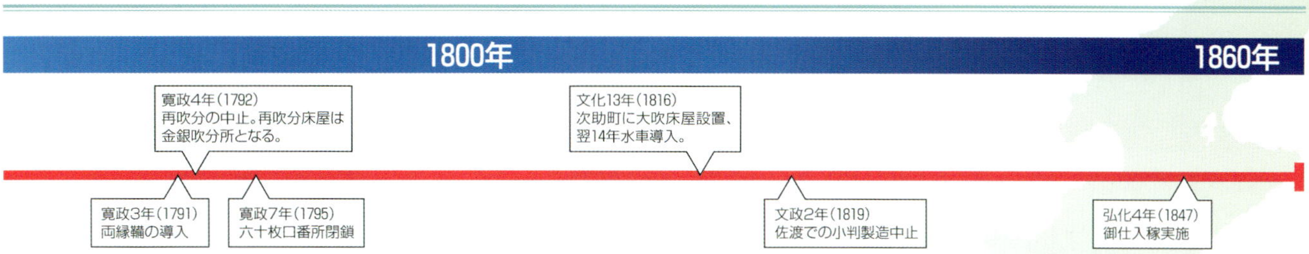

1800年 — 1860年

- 寛政3年（1791）両縁鞴の導入
- 寛政4年（1792）再吹分の中止。再吹分床屋は金銀吹分所となる。
- 寛政7年（1795）六十枚口番所閉鎖
- 文化13年（1816）次助町に大吹床屋設置、翌14年水車導入。
- 文政2年（1819）佐渡での小判製造中止
- 弘化4年（1847）御仕入稼実施

番所の変化

鉱山で採掘された鉱石は、間山口番所（あいのやま）・六十枚口番所で改められた。また、上相川地区には上相川番所があった。宝暦8年（1758）の上相川番所の廃止、寛政7年（1795）の六十枚口番所の閉鎖に伴い、絵巻中の番所の表記も変化している。

「銀山勝場稼方諸図」
（相川郷土博物館蔵）

「佐渡国金銀山敷岡稼方図」
（新潟県立歴史博物館蔵）

鉱石叩き水車

文化13年（1816）、大吹床屋が設置され、低品位鉱の製錬を行った。多量の低品位鉱を処理するために、翌14年水車を導入し、水力で鉱石を細かく砕いた（こなし）。これ以降、鉱石の粉成に関する場面で水車の描写がみられる。

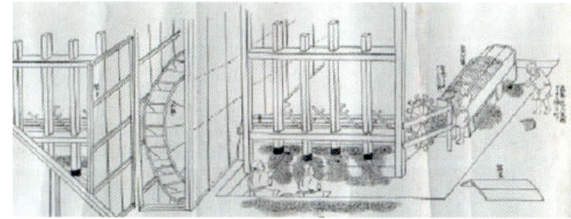
「佐渡金銀山採製図」（株式会社ゴールデン佐渡蔵）

勝場（せりば）の変化

勝場は、選鉱・製錬を行う場所。もともとは、買石（製錬業者）各自の居宅等で行ったが、宝暦9年（1759）、佐渡奉行所敷地内に「寄勝場」として集約された。寄勝場設置以後の絵巻には、まず佐渡奉行所辰巳口番所が描かれ、以降の工程が説明されている。

寄勝場設置以前
「佐渡銀山往時之稼行絵巻物」（佐渡市教育委員会蔵）

寄勝場設置以後
「金銀山絵巻」（相川郷土博物館蔵）

再吹分床屋（ふきわけ）

宝暦11年（1761）、灰吹銀の中に若干残る金の再吹分を行う再吹分床屋が設置された。寛政4年（1792）、再吹分は中止となり、金銀吹分所となるが、絵巻にはこの変化も反映されている。

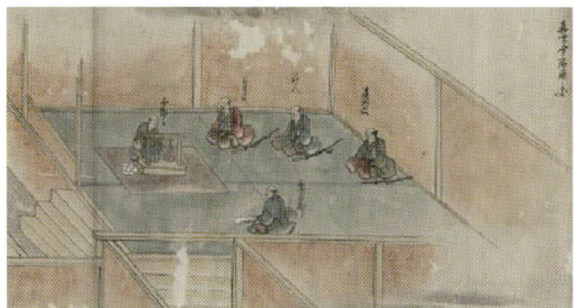
「金銀山絵巻」（相川郷土博物館蔵）

小判所

佐渡での小判製造は、延享4年（1747）から再開され、文政元年（1818）まで行われた。絵巻にも延享4年以降の小判製造の様子が描かれている。なお、文政期以降の絵巻にも引き続き小判製造の様子が描かれているが、この点は史実が反映されていない。

「佐渡の国金堀乃巻」（相川郷土博物館蔵）

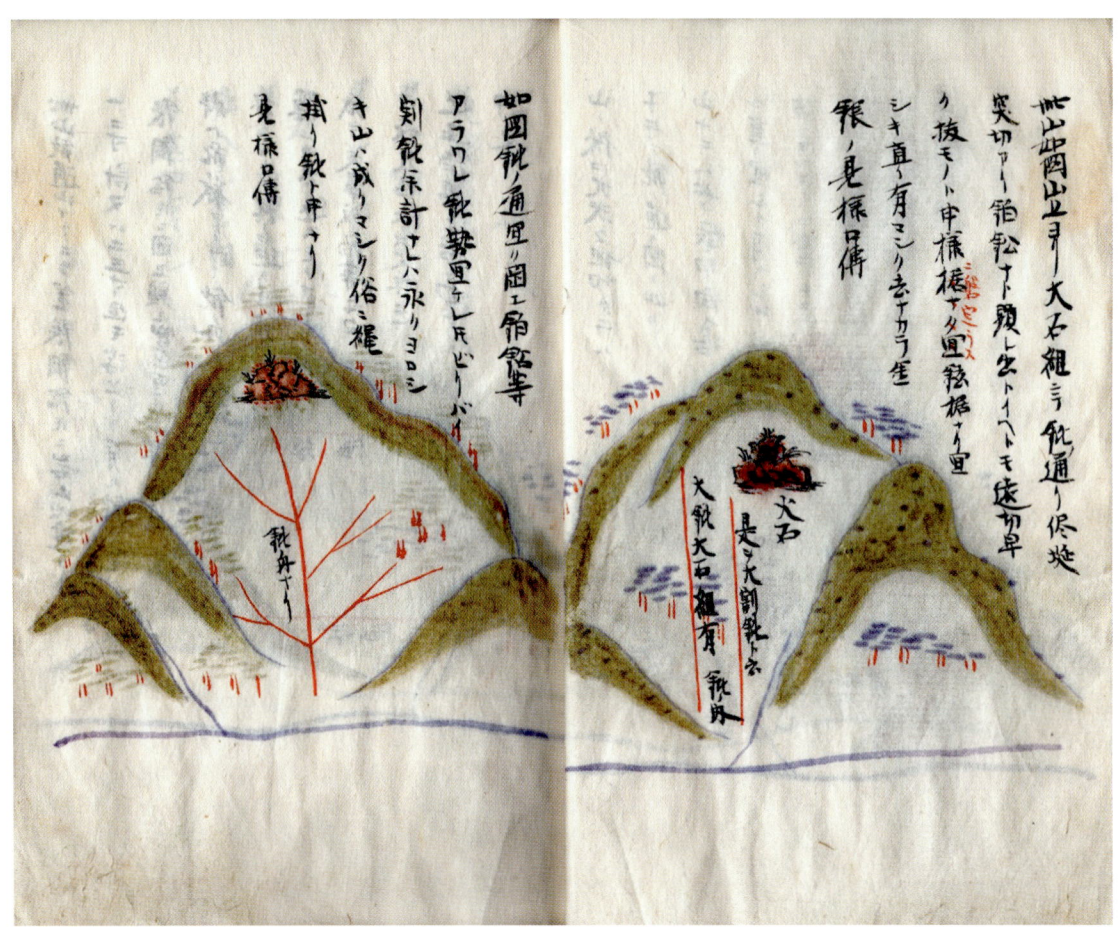

図4　『新山見立秘伝書』（個人蔵）

図5　金銀鉱石『金銀山大概書』（佐渡市教育委員会蔵）

図6 「元祖味方但馬守家重所有割間歩坑内古図」(個人蔵)

図7 「佐州相川惣銀山敷岡高下振矩絵図」(株式会社ゴールデン佐渡蔵)

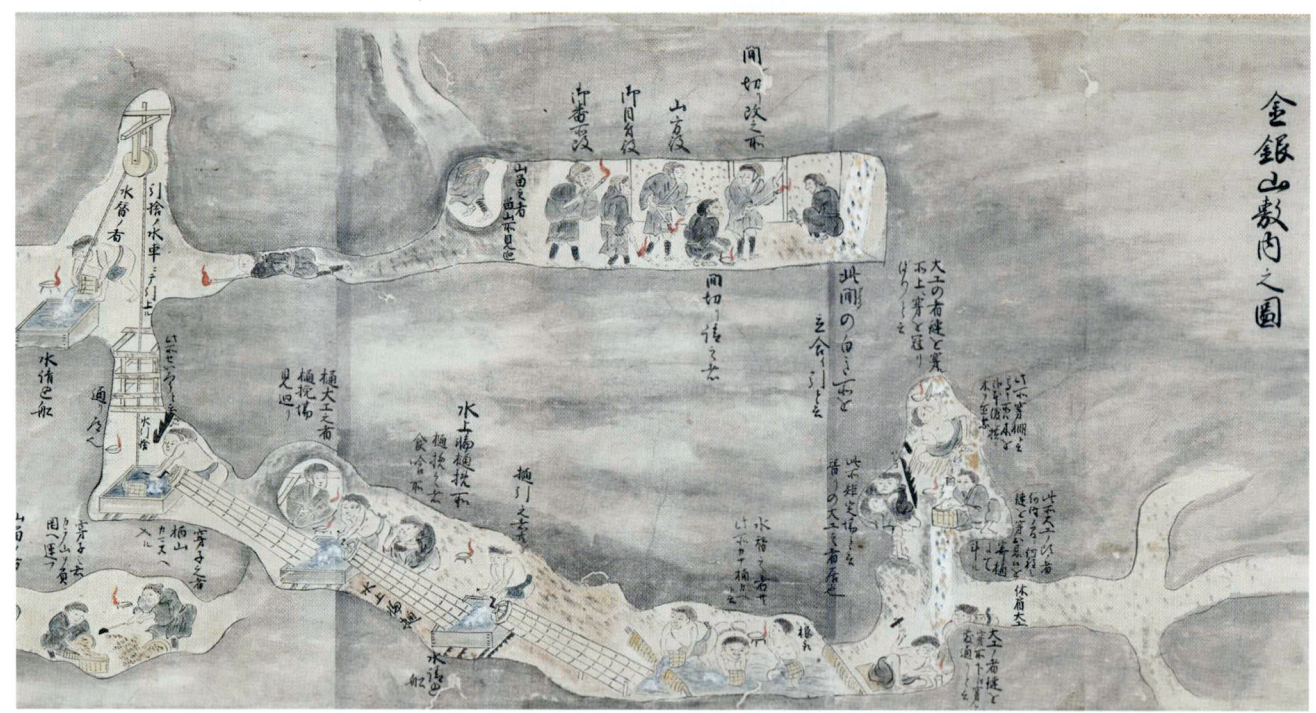

図8 「佐渡国金山之図」(国立科学博物館蔵)

図9 「佐渡国金銀山図」(新潟県立歴史博物館蔵)

図 10 「佐渡国金銀山敷岡稼方図」（新潟県立歴史博物館蔵）

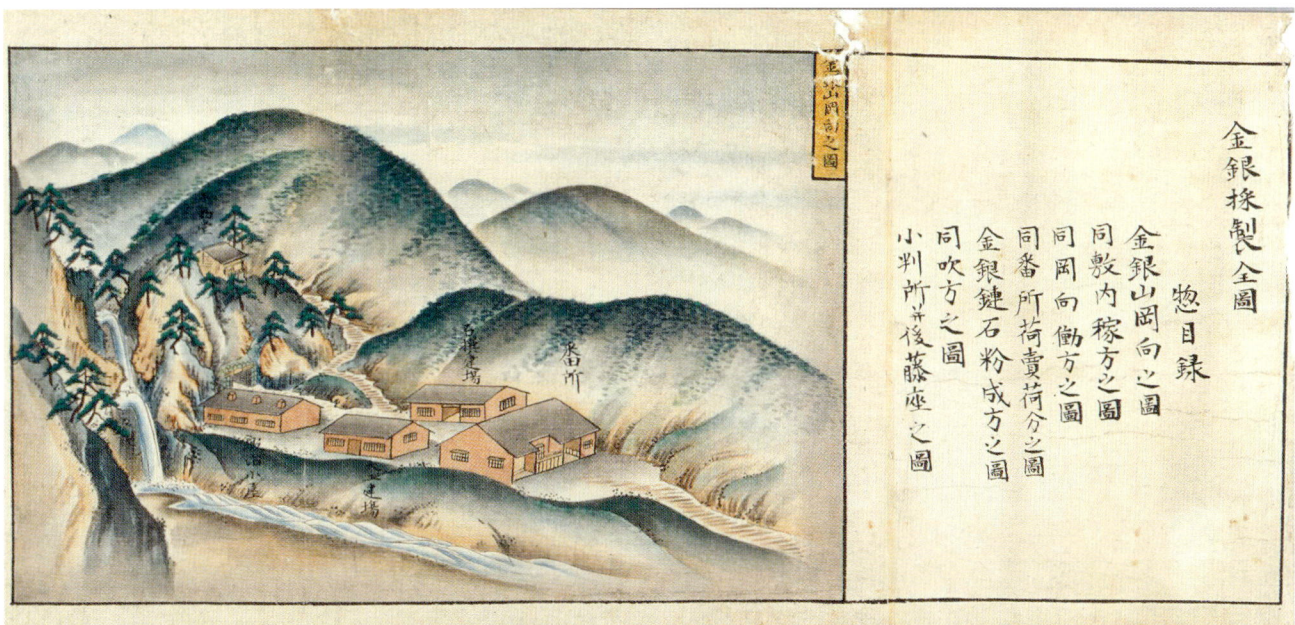

図 11 「佐渡鉱山金銀採製全図」（東京大学工学・情報理工学図書館工 4 号館図書室 A 蔵）

図12　二代広重画『諸国六十八景』「佐渡金やま」（橋本博文氏蔵）

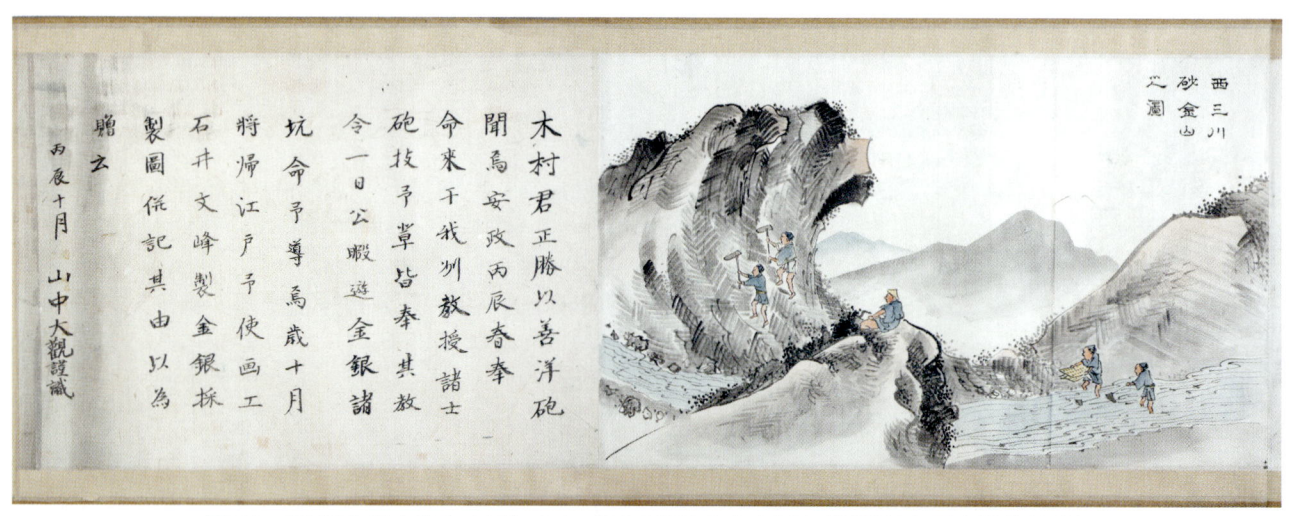

図13　『佐渡金銀山稼方之図』から「西三川砂金山之図」（新潟県立歴史博物館蔵）

図 14　竹流金・延金（小判所）

図 15　延金の金位鑑定（後藤役所）

図 16　延金荒切・小様（小判所）

図17 杓子小判（後藤役所）

図18 石延・鎚目打・青小判・色付（後藤役所）

（表）　（裏）
図19 正徳後期（享保）佐渡一分判
（個人蔵）＊原寸

（表）　　　　　（裏）
図20 慶長佐渡小判（オランダ・ユトレヒト貨幣博物館蔵）
＊原寸

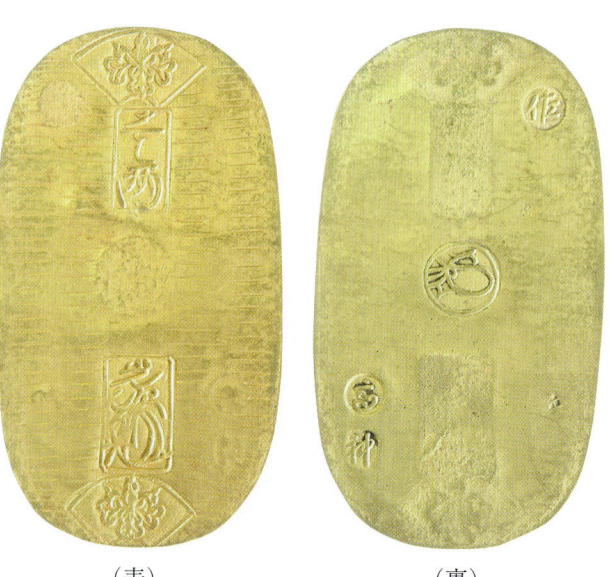

（表）　　　　　（裏）
図21 正徳後期（享保）佐渡小判（個人蔵）＊原寸

図22 空からみた奉行所

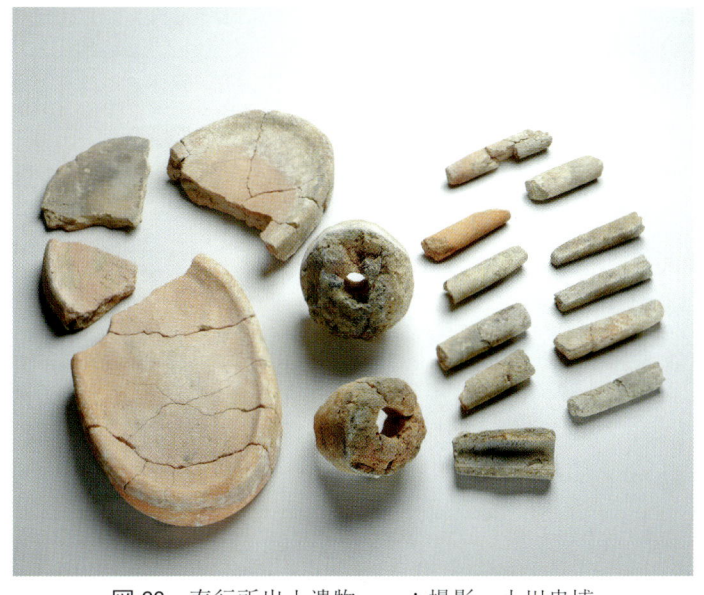

図23 奉行所出土遺物　＊撮影　小川忠博

図24 奉行所炉跡群

図25 長竈発掘状況

図26 中仕切竈発掘状況

図27　赤色盤状土器（皿形）　D11-105　上面と内部はやや脱色している。

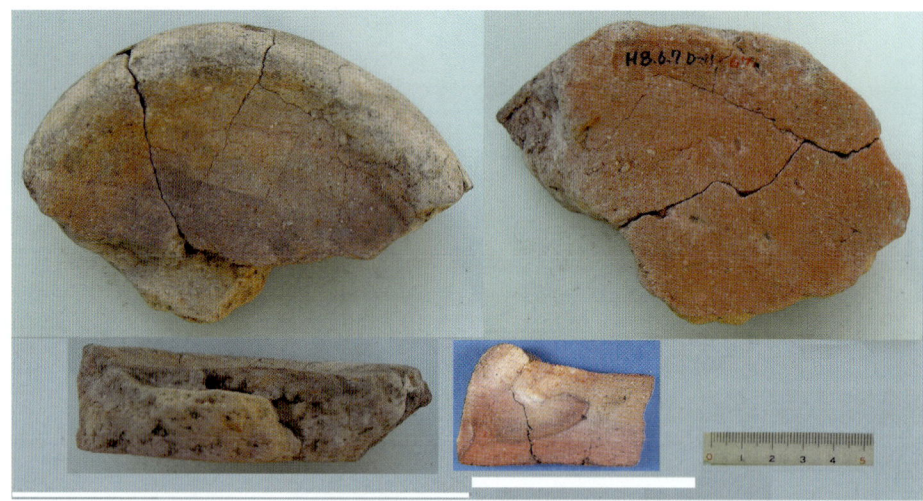

図28　盤状土器（皿形）　D11-671　表面、特に縁の部分で著しい脱色が認められる。

図29　板状土器 D10-12　脱色。上面、下面、切断面。

図30　板状土器 D11-6　脱色。上面、下面、切断面。上面の脱色が顕著である。

図31 棒状土器（円柱）D11-94 赤色

図32 棒状土器（角柱）D11-31 赤色

図33 棒状土器（円柱状）D11-89 脱色

図34 棒状土器（角柱）D11-56 脱色

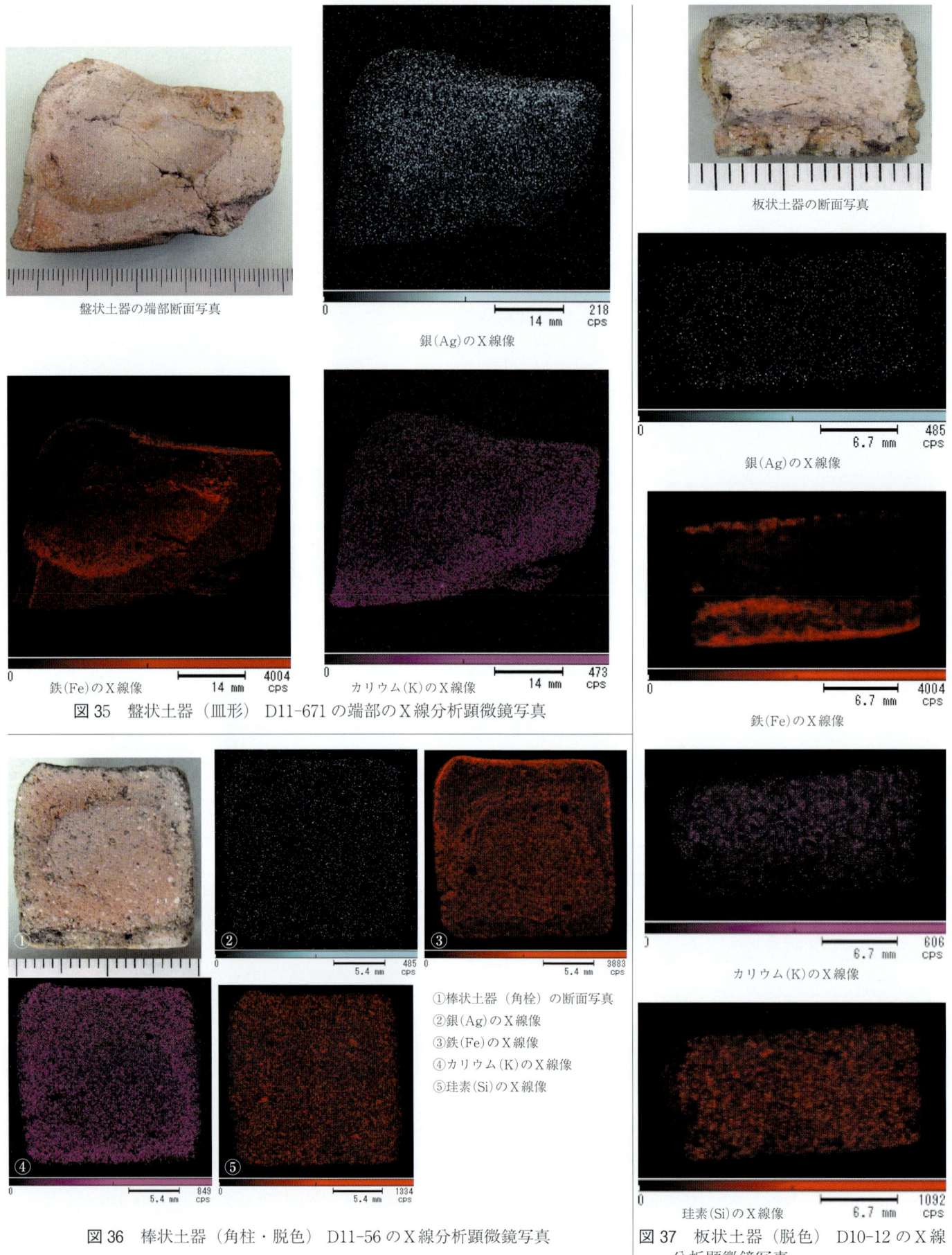

盤状土器の端部断面写真
銀(Ag)のX線像
鉄(Fe)のX線像
カリウム(K)のX線像

図35 盤状土器（皿形）D11-671の端部のX線分析顕微鏡写真

①棒状土器（角柱）の断面写真
②銀(Ag)のX線像
③鉄(Fe)のX線像
④カリウム(K)のX線像
⑤珪素(Si)のX線像

図36 棒状土器（角柱・脱色）D11-56のX線分析顕微鏡写真

板状土器の断面写真
銀(Ag)のX線像
鉄(Fe)のX線像
カリウム(K)のX線像
珪素(Si)のX線像

図37 板状土器（脱色）D10-12のX線分析顕微鏡写真

図38　道遊の割戸

図39　南沢疎水道

図40　宗太夫坑

図41　江戸水替無宿の墓

図42　佐渡奉行所跡寄勝場ガイダンス施設

図43　虎丸山（西三川）

図44　佐渡奉行所跡　御役所

図45　京町通りの様子

はじめに

　佐渡は、『今昔物語集』に「金の島」として記述されるなど、古くから黄金の採れる場所として知られていました。

　この佐渡が、名実ともに日本一の金銀の産地と喩えられるのは、徳川幕府の直轄領となる江戸時代からのことです。以後、我が国最大の金銀産出量を誇った相川金銀山を筆頭に、中世からの大銀山であった鶴子銀山など数多くの金銀山を有したこの島は、260年余りにわたり幕府の財政を支え続けました。

　こうした歴史的背景から、1600年代以降の佐渡と日本の歴史は大きく重なり合うことが確認されるなど、郷土の先人たちによる金銀生産の歴史は、私たち佐渡市民の大きな誇りでもあります。

　ところで、江戸時代における金銀山の作業状況を描いた「佐渡金銀山絵巻」は、国内外で100点以上が確認されており、その量と質は国内鉱山の中でも群を抜いているといわれます。また、これらの絵巻資料は、近世鉱山の実態を解明するための貴重な文化財でもあります。

　現在、佐渡市と新潟県は、佐渡金銀山の世界遺産登録を目指して、鉱山史における佐渡金銀山の価値を明確にするための調査を実施しています。このような学際的成果は、様々な分野の専門家が集い研究することによって可能であり、本書のテーマである佐渡金銀山絵巻に対しても多くの皆様のご協力のもとに調査を進めてまいりました。

　平成21年度に設立された「佐渡金銀山絵巻検討会」では、参加いただいた国内外の皆様による研究成果から、鉱業史における佐渡金銀山の位置づけを確認することができました。さらには、国内に残る佐渡金銀山絵巻の比較調査を通して、文字史料では困難であった視覚による道具の確認など鉱業史研究における金銀山絵巻の新たな活用方法も確認されました。

　佐渡金銀山絵巻検討会の皆様には、4か年にわたる調査活動および原稿のご執筆などで大変なご尽力を賜りました。また、本書を刊行するにあたり、図版や写真のご提供など数多くの方々のご協力を頂戴しました。ここに衷心より感謝を申し上げる次第です。

　最後に、本書をご覧頂いた方々が、国内外の歴史上に大きな足跡を残した佐渡の金銀山について、その価値を再び認識いただくことを願ってやみません。

　2013年3月

佐渡市長　甲斐元也

目　次

はじめに　1

第Ⅰ章　佐渡金銀山絵巻の歴史的価値……………………………………… 5

1．佐渡金銀山絵巻について……………………………………………鈴木一義　5
2．佐渡金銀山絵巻の変遷・分類と絵師………………………………渡部浩二　40

第Ⅱ章　佐渡金銀山と鉱山技術……………………………………………… 63

1．絵巻にみる粉成技術…………………………………………………萩原三雄　63
2．江戸期佐渡金銀山絵巻の製錬技術…………………………………植田晃一　69
3．佐渡金銀山の鉱山技術書……………………………………………余湖明彦　79

第Ⅲ章　遺構・遺物にみる佐渡金銀山……………………………………… 97

1．佐渡奉行所跡の精錬遺構と佐渡金銀山絵巻の比較研究
　　　　　　　　　　　　　………………………井澤英二・中西哲也・小田由美子　97
2．佐渡小判の製造と形態………………………………………………西脇　康　116

第Ⅳ章　海を渡った佐渡金銀山絵巻………………………………………… 135

1．欧米人のみた佐渡金銀山絵巻…………………………………レギーネ・マティアス　135

第Ⅴ章　今につながる佐渡金銀山の文化遺産……………………………… 145

1．佐渡金銀山に関連する浮世絵・絵図・鉱山模型をめぐって………橋本博文　145

附　編………………………………………………………………………… 167

1．口絵解説　169
2．佐渡金銀山絵巻検討会の経過　175
3．文献紹介－詳しく知りたい方のために－　178
4．英文抄訳　181

おわりに　201

第Ⅰ章 佐渡金銀山絵巻の歴史的価値

1．佐渡金銀山絵巻について

鈴木一義

1．鉱山絵巻の価値と再評価

　平成8年2月から6月までの約4カ月間、国立科学博物館において「日本の鉱山文化～絵図が語る暮らしと技術」展を開催した。この特別企画展は、できうる限り各地の江戸時代の鉱山絵図類を網羅し、展示することを目的とした。特に、「鉱山絵巻」と呼ばれる絵図は、鉱山内での様々な作業工程や状況、すなわち採鉱、選鉱、製錬、鉱山町の状況などを図解し、鉱山に関する豊富な内容を持つ資料で、下記の理由もあり、日本各地の「鉱山絵巻」を集め、27mケースを用意して絵巻を全部開いた状況で展示し、図録でも同様の掲載を行った。[1]

　理由の第一は、一般の人たちに鉱山への興味を持ってもらうためには、絵図類の展示効果が大きいと考えたからである。文書に記された情報などは、鉱山の専門的な知識がなければ難しいが、絵図による理解は誰にでも容易である。文書などにおいても、絵図はその付図として文字情報の補助として用いられており、記述だけでは難しい事柄の理解を助ける。文書には記述されない身体動作などの様々な視覚的情報によって、専門家でなくとも鉱山での作業状況を直感的に認識できることは、記述では得られない絵図資料の持つ大きな価値である。

　第二に、従来の鉱山史研究では、情報量も豊富で価値があると思われる絵図類が、必ずしも重要な資料として扱われておらず、展示をきっかけとして専門家にも改めてその重要性を認識してもらいたいと、葉賀七三男先生（故人）に指摘されたことによる。鉱山絵図類、特に「鉱山絵巻」は絵巻という独特の資料形態を持つことにより、取り扱いや複写等が難しく、研究者らの間で共有できずにいたのである。「鉱山絵巻」は、管見では、最も長いもので、30mにも及ぶものがある。葉賀先生は『日本鉱業史料集』[2]において、重要な鉱山関係文書だけでなく、石見銀山・生野銀山・半田銀山・多田銀山・石部銅山・阿仁銅山・加護山鉱山・佐渡金銀山などの絵図や絵巻といった鉱山資料を集録したが、その複製はモノクロでまた各鉱山で代表的な絵図1点であったため、鉱山史研究での比較・検討を行うには、いかにも不十分であることを自覚されておられた。絵図類自体の情報量が豊富であっても、限られた絵図だけでは文献・文書との十分な比較や検証はできず、絵図資料自体の価値も定まらないため、参考資料程度にしか扱われずにいると、葉賀先生は指摘されたのである。

　鉱山絵図の多くは、当時の鉱山における様々な用途で作成され、たとえば鉱山の配置や概要を示す「敷岡絵図」、採鉱や探鉱、坑内排水などに必要な「振矩（測量）絵図」、そして本論で中心的に扱う鉱山で行われている作業内容や状況を図示した「鉱山絵巻」など様々な種類があり、専門的知識を持った山師達が鉱山開発に必要とした物、また深い知識を持たない雇い主や役人らに説明するために描かれた物など、幅広い目的、情報を含んでいる。それらを比較・検討し、活用することは、江戸時代の日本の鉱山の姿を専門家だけでなく、多くの人が理解する

のに役立つと考えられる。江戸時代の日本の鉱山は、世界遺産となった石見銀山を例に出すまでもなく、世界の鉱山史において特異な歴史を持っている。まず鉱山は、鉱物資源が豊富であれば開発できるものではない。すなわち鉱物資源という〈地の利〉と、それを開発しうる知識と技術を持った〈人の利〉が同時に存在しなければ鉱山の開発は行われない。8世紀初めに和同開珎や奈良（東大寺）の大仏鋳造を可能とする金銀や銅の国内産出により、わが国の鉱業が開始された。山口県の長登（奈良登りがなまったとされる）銅山跡からは、奈良とのやり取りを示す多数の木簡などが発掘されている。また奥州で発見された砂金による繁栄は、今も平泉の中尊寺に見ることができる。そして16世紀初頭の戦国大名らによる群雄割拠の時代に、商品経済の拡大発展が金や銀の需要を生み、各地で鉱山開発が著しく進んだ。武田氏の黒川金山、上杉氏の佐渡金銀山、伊達氏の半田銀山、大内氏の石見（大森）銀山など、金山や銀山の開発・確保が天下統一の必要条件となったのである。織田信長、そして豊臣秀吉は多田銀山や生野銀山をはじめ国内の金銀を独占し、徳川家康もこれを引き継ぎ、多くの鉱山を直轄し、技術導入を行った。家康が発布したとされ、幕末まで鉱山の仕法として流布した「山例五十三ヵ条」では、天下の鉱山はすべて自分のものであり、鉱山を発見した山師はたとえ場所がお城の下であろうと掘ってよい、とまであり、江戸時代を通じて鉱山（鉱業）を重視したことが疑わざる事実として伝わっていたのである。[3]

　同時期、ヨーロッパの大航海は、新大陸や中国、アジアを含めた世界的な流通・経済圏を作りつつあった。中心的な交易品は中国の生糸や絹で、決済は中国の銀本位制にあわせ、大量の銀が必要であった。そしてこの決済銀には、ヨーロッパ人が運ぶ南米のポトシ銀山やサカテカス銀山とともに、石見銀山などから産出した日本の銀が当てられたのである。日本から輸出される銀は、当時の世界産出量の3割を占めるほどだったとされる。しかし大量の金銀の流出は、家康をして鎖国体制を敷かせ、1668（寛文8）年には銀、そして金の海外への持ち出しを禁じることに繋がった。この頃中国やオランダは1カ年平均約52.5tもの銀を持ち出していたのである。1685（貞享2）年には金銀の持ち出しを抑制するため、銅を決済の補完に使用するが、銅もこの頃年間約2065tもの輸出があり、1698（元禄11）年に輸出銅高年間5341.2tを定額としたが、さらなる供給は産銅上困難で、1715（正徳5）年には海舶互市新例を発し、年間2700tの銅輸出を一応の基準とし、干しなまこや干しアワビなどの海産物（俵物）などで代替したのである。ちなみに鉱物資源だけでなく、豊かな海産物も日本の重要な輸出品であった。

　このように金銀銅の流出を防ぐのと裏腹に、鎖国により技術交流の途絶えた日本の鉱山は、江戸時代中期までに豊かな鉱脈のほとんどが掘り尽くされ、新鉱脈の発見や多少の排水技術の工夫があっても、産出量は時代とともに減少せざる得なかった。鉱山は洋の東西を問わず、中近世・近代においては数少ない総合的な知識と技術体系を必要とする産業で、科学や技術全体の裾野を広げ、発展させる分野であった。我が国では戦国期には鉱山開発競争によって鉱山知識や採鉱技術、灰吹き法などの製錬技術が著しく進歩したが、江戸時代に入ると鎖国により新たな知識や技術の導入がなく停滞を余儀なくされ、欧米で発達した技術革新の導入や展開、交流は明治以降まで行われなかったのである。しかし逆に考えれば、欧米では200年も前に廃れた知識、技術体系を、日本は明治直前まで独自に深化させていたと見ることもできる。たしかに鎖国などにより技術交流は途絶えたが、それでも〈地の利〉と〈人の利〉は、知識や技術を少しでも先に進めずにはおかないはずである。日本独自の製錬技術の改良や排水技術

の工夫などの事実を明らかにすることは、世界の鉱山史においても重要な意味を持つであろう。そして、江戸時代の鉱山技術を検証する上で、また専門の研究者だけでなく、世界遺産のように国内外の専門外の人達にも、その事実を伝える上で、鉱山絵図資料の存在と活用が極めて大きな意味をもつことは、冒頭述べたとおりである。

このような意図のもとに、平成21年10月に新潟県と佐渡市の協力により、有識者を集めた絵巻研究会が発足し、佐渡金銀山絵巻を中心に、そこに描かれた鉱山技術などの調査、研究を行うこととなったのである。本論では、「佐渡金銀山絵巻」を中心に絵巻の特徴などを考察しつつ、日本各地の「鉱山絵巻」との比較も行いたい。

2．鉱山絵巻について

日本各地に残る〈鉱山絵巻〉資料は、佐渡金銀山のものを除けば、じつはそれほど多くない。江戸時代、日本各地で鉱山開発が行われているが、民間として最大の銅山業者だった住友家（泉屋）資料中の、宝永から文政期（1710－1830年）にかけて全国の鉱山を実地調査した記録『宝の山』及び『諸国銅山見分控』には、日本各地の約1000カ所もの鉱山が収録されている（図1）。その開発、稼鉱のために描かれた実用絵図などの他、重要な産業として、鉱山は多くの人々が興味を持ったであろうから、その興味に応じた様々な絵図が描かれたことは容易に想像される。しかし現在、調べた限りではあるが「鉱山絵巻」の描かれた鉱山は、金・銀・銅・錫・鉄山などを含めても20鉱山に満たない。その中で佐渡鉱山絵巻だけは、現存するものだけでも100巻を超えることが確実で、石見銀山や生野銀山、他の鉱山が多くとも数本の状況であるのに比して圧倒的な数が描かれているのである。

さて鉱山絵図資料において、「鉱山絵巻」と呼ばれる資料は、形式的に採鉱・選鉱・製錬・鉱山町の状況などが描かれ、若干の解説が付くものもあり、豊富な鉱山の関する内容や情報を含む。「鉱山絵巻」の寸法は、通常、幅1尺前後（25～40cm）、長さ1.5尺前後（40cm～50cm）の紙に鉱山での作業工程の一場面を描き、工程順に貼り合わせて巻物状にした形状を持ち、1巻本で横の長さが30mを超えるものもあるが、2巻本や3巻本に分割したものが多い。また冊子、折り本仕立てや屏風にしたものもある。

このような巻子（巻物本）形式は、中国で紙が発明されたことにより、木簡や竹簡にまさる記録と保存の利便性から生まれたもので、わが国には経典のような形で伝わった。また巻物形式の絵画も、図巻や、絵巻として伝わり、日本では詞書と絵を交互に配置した、いわゆる「絵巻」「絵巻物」が独自に発達した。当初この絵巻は、「源氏絵」のように「何々絵」と呼ばれていたが、江戸時代に入って「絵巻」として記録に表れるようになった。これは

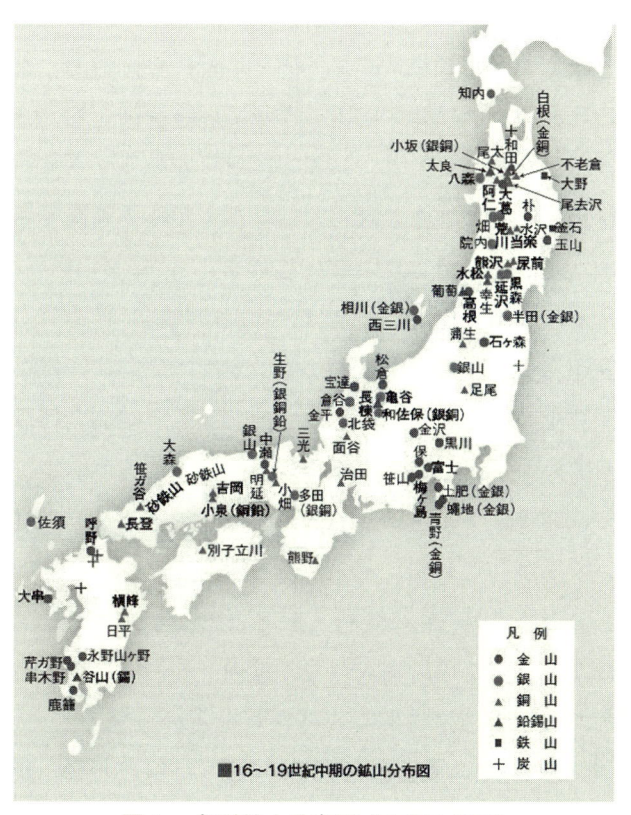

図1　主要鉱山分布図（小葉田 1968）

図2 「五十六番　金（こがね）ほり」
（『七十一番職人歌合』個人蔵）

床の間に飾る「掛物（軸物・掛福）」などの普及により、これとの区別のため「絵巻」「絵巻物」と呼ばれるようになったのだという。また美術の用語としての「絵巻」「絵巻物」は、「横長の巻物（巻子本）に描いた絵画作品のことを一般的に画巻、図巻、絵巻などと呼んでおり、この種の作品は奈良時代から現代に至るまで数多く作られている。しかし『絵巻』または『絵巻物』と呼ばれる作品は、美術史の上では通常わが国の上代・中世にかけておこなわれた物語・説話・伝記・寺社縁起等を詞と絵でかきあらわしたもので、時代的には平安時代から室町時代にかけて制作され、おおむね大和絵の画風で描かれたものを指している(4)」という。

たしかに「鉱山絵巻」は、江戸時代に付けられた表題などに、鉱山名と描かれた内容である稼方図、採製全図などを表題としたものが多く、絵巻とは呼んでいない。しかし「鉱山絵巻」は後で述べるように、間違いなく古い「絵巻」の形式や画法を受け継いで描かれており、本論では一般的に呼称されていることも含めて、「絵巻」を用いることとする。ちなみに江戸時代に描かれた「鉱山絵巻」とは異なるが、産業や技術に関して描かれた古い絵巻として、『七十一番職人歌合わせ絵巻』（原本は室町時代、現存するものは写本）がある。これは番匠を一番としてい様々な職人らや、また医師や陰陽師・商人・僧侶・相撲取などの姿絵と詞書として職人同士の会話や口上も描かれていることから『七十一番職人歌合絵巻』と呼ばれている。鉱山に関しては、「五十六番　金（こがね）ほり」の図に見ることができる。砂金をとるのに用いる2枚の板（比重選鉱を行う揺板）や篩、ノミ、鎚が描かれている（図2）。また同書には「三十一番　はくうち」も描かれ、詞書に「なんりょうにてうちいでわろき」（南鐐は中国から輸入された良質の銀のこと）とあり、箔には金が良く銀は適さない等、金や銀の加工が専業で行われていることが分かる。

さて「鉱山絵巻」は、まず絵巻の基本として、右から左方向へ巻き取りながら鑑賞するものである。絵図の縦幅は限られるが、工程数（場面数）が増えても絵巻の長さはいくらでも増やすことができる。次々に現れる場面は、場所（空間）の変化だけでなく、時間の経過も表すことができ、鉱山のいろいろな所で行われる様々な作業や、技術の手順などを図解するのに、絵巻は最適な形式だと言えよう。しかし一方、通常片方を巻き取りながら、一場面毎を、送りながら見ていくことになり、絵巻全体を一気に見通すことは難しい。また一度に多くの人が見るのにも、「鉱山絵巻」は適さないだろう。従って「鉱山絵巻」が、山師らが実用に使ったと考えられる1枚絵図の「坑道・坑内図」や「敷岡立合引絵図（間歩や鉱脈絵図）」と異なり、鉱山の概要や諸作業の状況を、新任の役人らに解説、説明する事を目的に描かれたとされるのは首肯できる。

まず古典的な絵巻における形式、画法と、「鉱山絵巻」のそれとを比較してみる(5)。

（1）図　法

風景や建物を、立体的に空間表現する方法としては、「軸測投影図法」や「斜投影図法」、「透視図法」などがある。古典的な絵巻には、横方向を平行線と

図3　斜投影図法と時間方向（絵巻No.5 部分）

し、縦方向を斜線とした斜投影図法が多く用いられている。斜投影図法は、他に比べて作図が簡単であり、また横平行線と縦斜線により、絵巻の特徴である見る者の視線の動き（絵巻物の進行方向）に流動感の有無を与える絵画的効果も持っている（図3、絵巻No.106までは佐渡金銀山を描いたものであり、表1参照）。「鉱山絵巻」も、部分的に軸測投影図法や透視図法的な絵（図4）が用いられたものもあるが、ほとんどがこの図法によって描かれている。

(2) 俯瞰描写

絵の描写視点を、上方に置いた俯瞰で描く手法である。縦幅の狭い絵巻の画角で、多くの人物や建物、風景を描き込むためには、最も適した描写方法であろう。またこの俯瞰描写では、建物の内部を描くために、邪魔な屋根や天井などを取ってしまい、最低限の柱や襖、長押などを残して、人物や必要な物を描く「吹抜屋台」と呼ばれる技法が使われた。「鉱山絵巻」にも全く同様の手法が使われている。

(3) 時間方向

絵巻の基本的な特徴である、絵が右から左に描かれることによって生まれる時間の方向である。すなわち右から左に向かってストーリーが進み、時間軸も同じ方向性を持つ。従って、主要な人物やストー

図4　透視図法（「加護金山之図（財団法人千秋文庫蔵）」）

リーに関する人物は、右から左に向かう方向に描かれ、左から右に向かう人物は一般的に脇役が多い。「鉱山絵巻」においても、たとえば、町並みに現れる次の場面（次工程）に向かう人物（牛で鉱石を運ぶ）は、右から左方向に、脇役の行商人や子供らは左から右に向かって描かれる。製錬作業も、基本的に右から左へ時間進行に合わせて、作業や工程が進んでいくように描かれる。

(4) 場面転換

連続的に場面を繋げて作られる絵巻では、一つの場面から次の場面への切替わり、境の表現が必要になる。古典的な絵巻では、場面と無関係な、霞、風景、川、間仕切りの障子や板戸、建物の場所や木戸の表裏などの描写によって、区切りや場面転換としている。「鉱山絵巻」では、鉱山内や選鉱場、町並

図5　場面墨囲い（絵巻No.3）

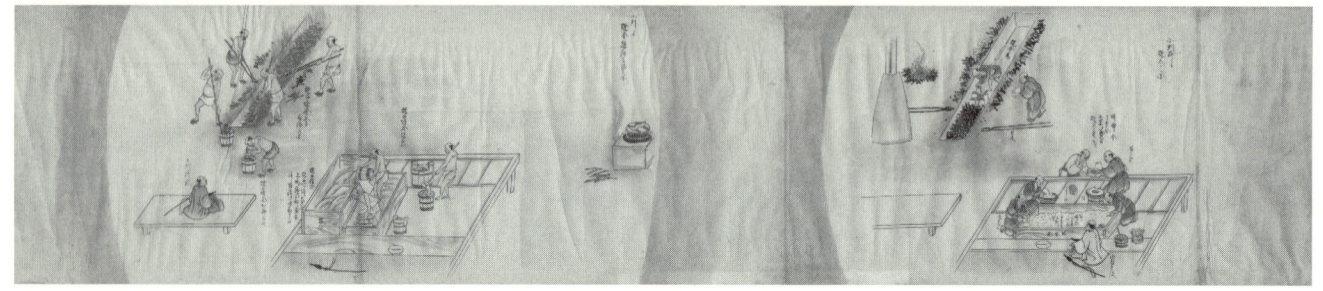

図6　焼金場面（絵巻No.9）

みなど、場面ごとの特徴があり、ストーリーに無関係な場面転換描写を用いずとも、切替わりを認識できる。ただし似たような場面が続く製錬場面では、建物の壁や板戸、墨囲い（図5）で次場面への場面転換としている。

(5) 反復描写・異時同図

　絵巻の特徴として、時間経過の描写がある。その描き方として、たとえば「鉱山絵巻」では、製錬工程で作業の進行を描くのに、基本的に人物を含めた同一場面を、作業の始まり、作業中、作業後と分けて反復描写する方法である。通常、空間的な移動（作業場所の移動）と時間の経過は一致しているのだが、この場合は空間的な移動はなく、作業の時間的経過のみが描かれる（図6）。

　このように「鉱山絵巻」は、古典的な絵巻の形式や画法を受け継いで描かれているといえよう。

3．佐渡金銀山絵巻の分類

　佐渡金銀山においては、『今昔物語集』に「佐渡の国にこそ　金の花　栄きたる所は有しか」とあるように、古くから砂金採取が行われていた事が知られる。戦国期には、西三川砂金山、新穂銀山、鶴子銀山などの諸鉱山の稼鉱が行われていた。しかし佐渡金銀山の本格的な発展は、1601（慶長6）年とされる相川金銀山の発見、開発による。1600（慶長5）年、関ヶ原の戦いに勝った徳川家康は、すぐさま佐渡島を一国天領とし、1603（慶長8）年に石見銀山奉行大久保長安を佐渡奉行として送り込んだ。大久保は、この相川金銀山を有望として最新技術の導入、諸制度の改正、町割りや港湾整備を行い、江戸幕府260年の財政を支える鉱山の礎を築く。江戸時代に佐渡島で掘り出された金銀銅は、相川金銀山を中心として、およそ金40t、銀1800t、銅900tと推定され、1989（平成元）年の休山時まででは、およそ金78t、銀2300t、銅5400tにもなる。その産出量からも、約400年の稼行期間からも、相川金銀山は世界有数の鉱山であったと言えるのである。

　このように日本最大の金銀山であり、江戸幕府直轄で多くの奉行が赴任した佐渡金銀山には、多数の鉱山絵巻が役人用に描かれ、その写しも含めれば、実に多くの絵巻が存在している。その数は、本絵巻研究会において直接、調べることができた絵巻だけでも、50巻（本報告では佐渡金銀山絵巻53巻を比

較する）を超える。調査を行った佐渡金銀山絵巻を描かれた作業工程内容で大きく項目分けすれば、(1) 採鉱、(2) 荷改・荷分、(3) 砕鉱・選鉱、(4) 製錬、(5) 小判製造、(6) その他であり、さらに各項目で細分化される。それぞれにチェック項目を設けて、比較を行ったものを表1に示す。

(1) 絵巻の成立とその目的、絵師について

調査を行った絵巻で、描いた絵師の名及び署名のある絵巻は数が少なく、「山尾信福 (印)」（絵巻16・103）、「寛政十二年三月 狩野融川法眼書うつし巻之」（絵巻105）、「磯の屋のあるじ 尼子正名謹しるす」（絵巻03）、「石井夏海」（絵巻04）、「文政8年 土佐家光時の頃」（絵巻15）、「享和2年涼月下院之写 建部 (印)」（絵巻91）が挙げられる。

『佐州金銀採製全図』（絵巻37）の巻頭凡例に、

一　此図ノ由来ハ享保年中当時ノ奉行ノ命ニヨリ画キシニ始マリ　宝暦年中改正ニ文政二年大改正ヲ加ヘシモノナリ

一　此図ハ維新前奉行組頭更代毎ニ呈出スルヲ恒例トセリ

一　此図ハ金銀採製ノ順序ニヨリ画キシモノナレハ一目瞭然旧時ノ模様ヲ知ルニ足レリ　依テ当時ノ名称及掛リ役名等ハ今猥リニ改メズ

一　此図ノ原図ハ当時ノ絵図師山尾衛守定ノ筆ナリ

とある。本絵巻は、明治維新直後に江戸時代の記憶がある内に書かれたものであり、凡例の通り、佐渡金銀山絵巻の目的が奉行や組頭用として、その交代ごとに描かれ、渡されたことは間違いないだろう。

また『佐渡国金山之図』（絵巻71）の巻頭（図7）に、「佐渡国金山之図　有徳院様御代蒙　台命松平左近将監殿迄出候　図之写」とあり、有徳院（徳川吉宗）の命により、松平左近将監（老中首座

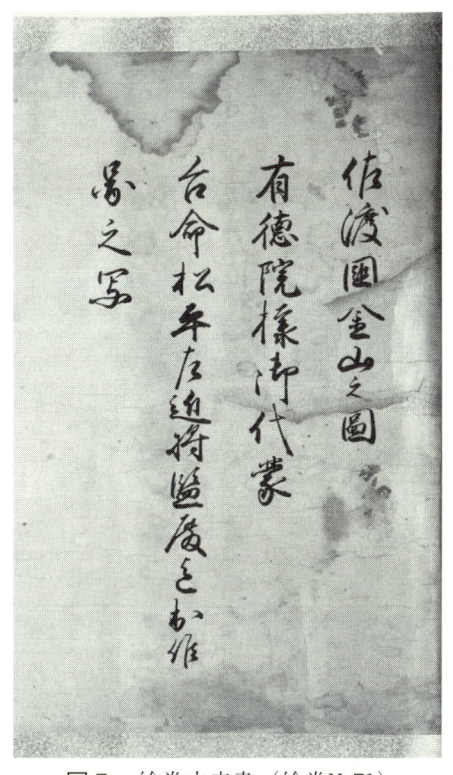

図7　絵巻由来書（絵巻No.71）

松平乗邑）に提出した図を写した絵巻であると記す。松平乗邑が左近将監を名乗ったのは1722（享保7）年7月のことなので、本絵巻は『佐州金銀採製全図』にいう享保年中に描かれた、最初の絵巻もしくは近い物で、また献上用の絵巻であることから、当時の鉱山の状況を正確に描写していると考えられる。そうすると本絵巻には小判所が描かれていないことから、小判所が廃止された1724（享保9）年から再開された1747（延享4）年までの間に描かれたと考えられ、『佐渡相川志』に佐渡で初めて鉱山絵図師となったのは「絵図師　享保廿乙卯年十月十七日　古川門右衛門　新規ニ御抱入」、また続いて「元文二丁巳年三月朔日　山尾衛守指加ヘ」とあり、この頃に鉱山お抱えの絵図師となった二人が描いた可能性が高い。享保年間に佐渡奉行だった者は8人にいるが、この時の奉行は萩原源左衛門美雅（1725（享保10）年から1736（元文元）年在任）ということになろうか。

またこの時期の絵巻として、絵師狩野洞学の銘が

図8 塩銀焼所の場面

入った『金銀座及び製法絵巻』（国立国会図書館蔵）（図8）が存在する。狩野洞学は、津山藩初代松平宣富に仕えた狩野派絵師であるが、狩野洞学の父親洞晴は、祖父の代より絵師として越後高田藩松平光長に仕えており、また松平宣富は、当時、松平光長の養嗣子であった。1681（延宝9）年、松平光長が越後騒動で流罪となったため、洞晴親子は浪人して江戸に移り住む。1695（元禄8）年、洞春が亡くなり家督を継いだ洞学は、1720（享保5）年4月に津山藩松平宣富に召し抱えられるまで、幕府御殿の仕事をしていたとされる。高田藩は、かつて大久保長安が附家老であり、光長の時代にも盛んに鉱山開発が行われていた。また高田藩は、佐渡金銀山からの主要な御金荷輸送拠点でもあり、推定の域を出ないが、このような佐渡金銀山との浅からぬ関係もあり、洞学をして佐渡金銀山絵巻製作になったものだろうか。[6]

さて、この鉱山絵巻は、多くの佐渡金銀山絵巻と異なり、場面転換に霞を用いるなど、まさに古典的な絵巻の系統で、筋金座、極印座（後藤役所）、買石（勝場、寄勝場）、塩銀焼所（塩焼長竃）、小判座、吹分床、水車買石（水車粉成場）、袮こながし、濱ながし、濱すて石拾いが描かれている。水車買石の場面では、水車動力で臼を廻し、他に描かれない搗臼が見られる。絵巻の成立年代は、狩野洞学の没年が延享2年であることから、それ以前としてい

る。とすれば本絵巻も、時期的に最初の献上用に描かれた佐渡金銀山絵巻のひとつと考えられ、また内容が正しく当時の状況を表しているとすれば、小判所（塩焼長竃）が描かれていることから、絵巻71の原本が献上用に提出された前後で、小判所廃止の1724（享保9）年までの間に描かれた最初の絵巻と考えることができる。さらに詳細な検討が必要であるが、製作時期や描かれた内容から、この絵巻が最初に描かれ、続いて、佐渡において、鉱山お抱えの絵図師が選任され、以後、鉱山絵巻が継続的に製作されたと考えることができる。

（2） 絵巻の比較・分類

表1に示すとおり、全体としてみればほぼ挙げた項目で比較を行う事ができると考えたが、絵巻によっては後の補修や装丁などにより、場面を貼り違えたり、欠落していたり、また採鉱関係と製錬関係で本来2巻もしくは3巻であったものが、1巻だけ残されたものなどもあり、すべての絵巻で項目が正しく満たされているとは限らない。また各絵巻で、絵巻製作の年代もしくは絵図師らの系統による違いなどにより、項目ごとに場面として描かれるもの、描かれないものがあり、単純に時代特定を行う事はやはり難しいことが分かった。

絵巻についての調査や研究で最も大きな問題は、絵巻の内容が何時の時代を描いたものかを、どう特定したらよいかということである。時代特定が定かでなければ、資料として扱う場合、どうしても参考程度にしかならないからである。これが、鉱山絵巻研究を遅らせてきた最も大きな要因とも言えよう。これまでこのような問題意識で鉱山絵巻の比較・検討を行ったものは、ほとんどない。わずかにTEM研究所の『図説 佐渡金山』で、絵巻に描かれた坑内の始まりと終わりを四つのパターンに分け、また場面（項目）の描き方、使用道具の違い、服装や髪型の違い、絵巻構成順序などの違いから、その年代

判定を試みている。しかしそれらの試みは、必ずしも一般化できるものでなく、本研究で比較した絵巻では、場面の貼り違いや欠落などもあり、当てはまらないものが多かった。(7)

　また場面の描き方や使用道具の違いは、確かに年代特定の大きな指標となるが、後世の写しや時代によって、使われたり使われなかったりもあり、今回、客観的に項目をチェックすれば、その組み合わせからの年代推定は非常に難しいことが分かった。そこで、絵巻の描かれた年代や作者が記されたもの、年代推定が可能な特徴のある絵巻（絵巻71・105・103・91・03・16・70・04・51/52・106・22・92・15・76・101）をベースに、さらに項目を増やし、いくつかの比較を行い、時代別に並べ替えて、比較・分類を試みた（表2坑内・製錬項目）。これから、特に製錬工程において「小判所」及び「後藤役所」の有無、「再分所」「呑掃場」の有無、「大吹所」「御仕入稼（水車砕鉱）」の有無などで、ある程度の時代分類ができた。しかし、先にも述べたとおり、すべての絵巻が完全な形で残っているわけではなく、また写しであることなども考えれば、製錬工程の構成や有無だけで時代特定を一般化することは、やはり難しいと考えられた。そこでさらに詳細な絵巻項目（場面）の比較を行ったところ、明らかに絵図の系統が異なる絵巻91・92を除くと、坑内の描き方のパターンに類似性と、また大きな差異があることに気がついた。すなわち、製錬工程については、貼り違いや欠落があり、比較が難しいのだが、坑内部分については、写しも含めて、貼り違いも欠落もなく、かなり正確に比較が行えるということに気がついたのである。特に、絵巻の坑内終わり（鋪出口）のパターン（穴の配置や形状）がほぼすべての絵巻で同じであるのに、坑内始まり（坑内、鋪口、四留番所など）と坑内のパターン（間切りや水替、山留めなどの穴の配置）が異なるのである。そこで、坑内の穴のパターンを模式図に作成してみ

たところ、表の坑内パターンにあるように、「あ」「い」「う」「え」の基本4パターン、その他の「お」に分けられる5パターンに分類すれば、佐渡金銀山絵巻をその描かれた時代順にほぼ整理できる事が分かった。

　この分類による主なそれぞれのパターンと特徴、時代区分を記す。

①「あ」享保年中から辰巳口番所が設置される1759（宝暦9）年直前頃まで

　「鉱山絵巻」が古川・山尾両絵図師らによって描かれた最初期の絵巻パターン。四留番所内の状況（項目）や製錬工程は辰巳口番所内に寄勝場ができる前の買石宅で行われ、若干パターンに追加がある絵巻53を除けば、「小判所」での小判製造は描かれないなど、そのほかの絵巻構成も同じである。特に、絵巻71は先に述べたように、由来がある程度知られるものであるが、写しであると記されるとおり、他の絵巻（絵巻38・105）に比べれば、人物や紙燭（釣り）などの描き方が、あまり正確でない。

②「い」辰巳口番所設置後から再分所が設置される1761（宝暦11）年直前頃まで

　道遊が描かれるのは、ほぼこのパターンの絵巻で、道遊が描かれない場合は、坑内、釜の口が描かれる始まりとなる。また製錬工程の「場面墨囲い」もほぼこのパターンに限られる。またこのパターンには、同じ「山尾信福」の署名のある絵巻が二つ（絵巻16・103）ある。絵巻103と16の大きな違いは、坑内では16に「十文字間切り」があり、「鍛冶場」鞴は103が3台、16が2台、103に「上相川番所」の記載があり、103は「買石」のみ、16は「小判所」・「後藤役所」・「銅床屋」・「浜流し場」が描かれるなど、103の方が時代的に古いことが分かる。「江戸無宿水替え人足」も、このパターンにのみ現れる。

③「う」再分所設置頃から御仕入稼が始まる弘化4年（1847）頃まで

釜の口から始まるパターンである。「再分所」はこのパターンにのみ現れる。また水揚げには「水上輪」が用いられず、釣瓶や手替えで行われ、また絵巻51・52では「フランカスホイ」が描かれる。

④「え」御仕入稼開始頃から明治初めまで

　四留番所から始まり、釜の口から坑内に至るパターンである。「烟貫」が描かれるのはこのパターンだけであるが、『味方家文書（No.67）』に「文久3年、煙貫・水貫・切山場所風を合セ候仕方口伝」があり、この時期に気絶えなどの問題が発生して煙貫が行われたのだろうか。また「御仕入稼（水車叩場）」の名称もこのパターンのみである。江戸時代最後期に描かれたと考えられる「採製全図」名称の絵巻は、「う」から現れるが、巻頭に「目録（絵図目次）」や「敷岡図」・「四留番所」などを描く「採製全図」は「え」のパターンとなる。

⑤「お」上記のどのパターンにも属さないもの

　どのパターンにも属さない、独自に描かれたと考えられる。内容や描き方に特徴があり、たとえば、絵巻75は、坑内外の採鉱状況、番所内での選鉱・製錬・売買・金銀改などが描かれ、海岸での浜流しで終わり、巻末に「嘉永甲寅夏六應需五峯谷春成製」と年号及び絵師名がある。本絵図の絵師五峰は、京の人で四条派岡本豊彦に画を学び、山水人物画をよくした三谷春成という人物で、その描写力は他の佐渡金銀山絵図にない優れたもので資料性が極めて高い。絵巻102もそうであるが、通常の佐渡金銀山絵巻と異なるものが含まれ、その由来や内容の詳細な検討が、今後必要であろう。

　以上のパターンを模式図化し、パターンごとに絵巻を分類したものを表に示す（表3）。「あ」「い」「う」「え」「お」それぞれのパターンに分類することで、ほぼ佐渡金銀山絵巻は製作年代、時代順に分類できることが分かる。本パターン分類によって、鉱山絵巻の大まかな時代特定が可能となり、鉱山史研究における資料的評価がより正確に行えることになろう。今後、さらに場面毎の作業内容や道具、衣装風俗などが詳細に分析・比較され、パターン内での製作年代の推定なども行われることで、鉱山絵巻の研究が一段と進むことを期待したい。

（3）他鉱山絵巻とのパターン比較

　この佐渡金銀山絵巻と、非常に似た構成と描き方を持つのが石見銀山絵巻である。石見銀山絵巻については、鳥谷芳雄氏が、発見された絵巻下書き絵図等から作者は石見銀山の地役人で、絵師であった阿部光格と推定している。また製作年代は、彼の没年（1848〈嘉永元〉年69才）などから19世紀前半頃としている。19世紀前半であれば、佐渡金銀山絵巻は、描かれてから100年近くが過ぎており、相当の数の絵巻があったと思われる。それらの一部が、石見銀山を始めとした各地の鉱山にもたらされるなどして、同様の絵巻が制作されたとしても違和感はない。鳥谷氏が指摘するように、四留番所の描き方や町並みの構図は、佐渡金銀山絵巻に酷似している。また絵巻の坑道パターンで言えば、「う」に相当すると考えられる（図9）。「う」は1847（弘化4）年頃までに描かれた絵巻であり、ちょうど、石見銀山絵巻が描かれた頃に伝わっていたとしてもおかしくない。

　また金澤金山は、現在の岩手県大鎚町と遠野市との境にある雲ノ峰中腹に開かれた鉱山で、慶長年間に砂金採取などが行われていたとされるが、「鉱山絵巻」が描かれたのは、地元の山師平助・栄助親子が文政年間（1818 - 1829年）に有望な金鉱脈を発見し、南部藩から稼業を許されて後のことと考えられる。金澤金山については、最盛期の1840（天保11）年3月の記録に、山詰め役人23人、堀大工・堀子などの稼ぎ人103人、臼数20挺、採掘金鉱石はこの月だけで5296貫（約20t）、製錬した吹金68匁6分5厘（約260g）であったという。管見の

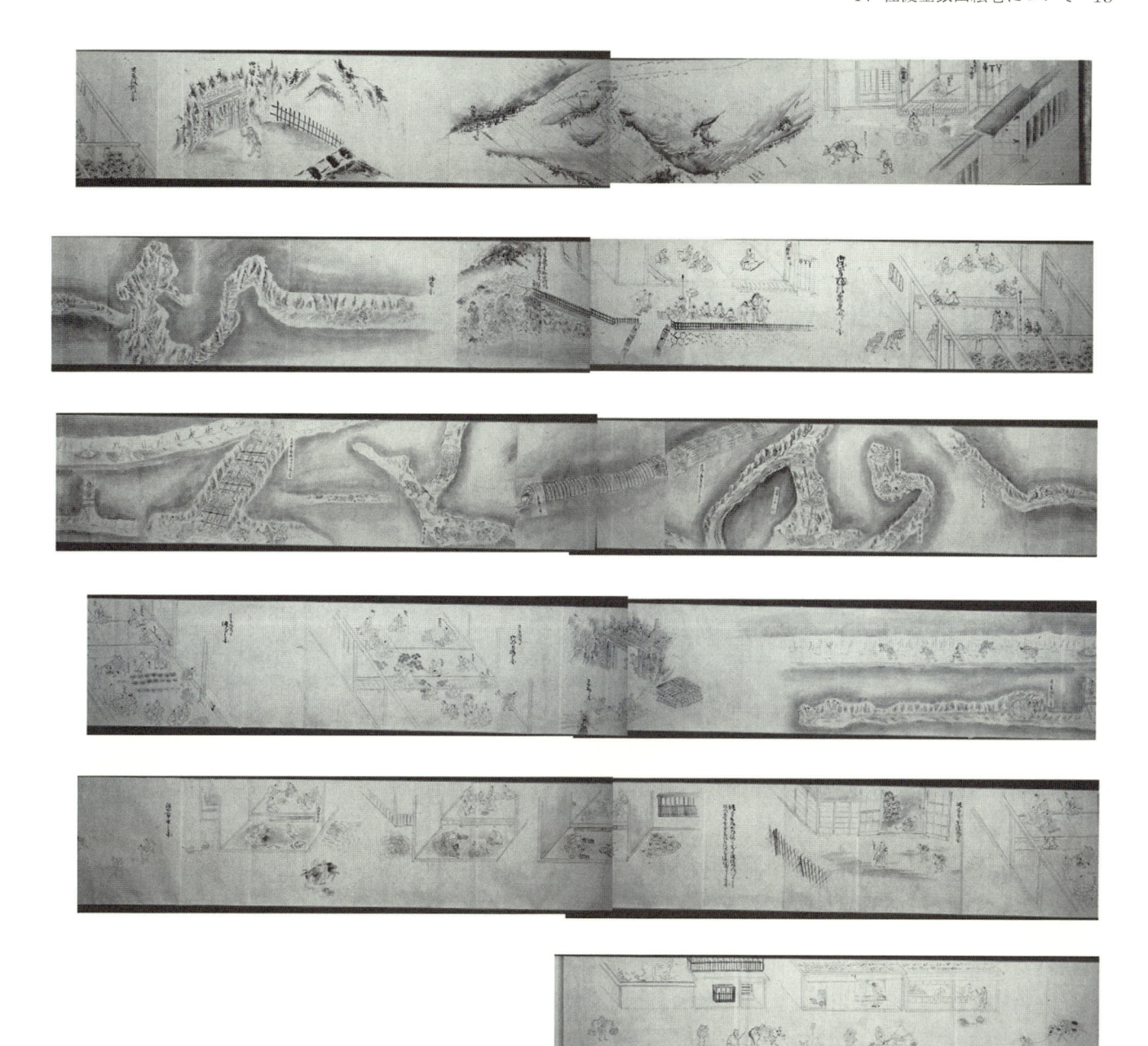

図9　石見銀山絵巻（個人蔵）

限り、金澤金山に関する「鉱山絵巻」は、『奥州盛岡金山鋪内稼方並金製法図（絵巻201）』『金澤御山大盛図（絵巻202）』『大鎚金澤金山之図（絵巻203）』『奥州閉伊那金沢村（絵巻204）』の4巻である。これらの下書きと考えられる絵巻が、絵巻202で金山のあった金澤村に住んでいた佐々木藍田が描き、子孫宅に伝来した絵巻である。巻末に、「東都御役人御普請方」「御講義　金座人方」「南部大鎚通金澤村金山　御詰合御役人様」とあり、金澤金山役人ら3カ所への献上用絵巻の下書きと考えられる。文政年間に描かれたとすれば、石見銀山などと同じように「う」のパターンの佐渡絵巻が伝わった可能性が高い。描かれる場面は省略されているが、絵巻202（図10坑内図）は、「う」の「釜の口」から始まっており、その後絵巻202を元に明治近くに描かれたと考えられる絵巻201や絵巻203（図11・12坑内図）では、「え」のパターンで「敷岡図」「鋪口番所」が描かれ、また坑内終わり部分の図パターン

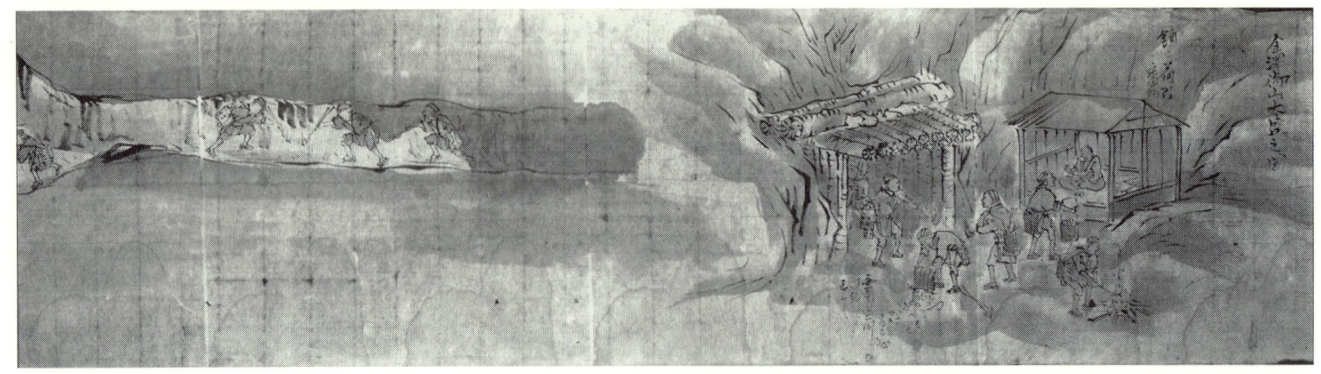

図10　絵巻202「金澤御山大盛図」(岩手県立博物館蔵)

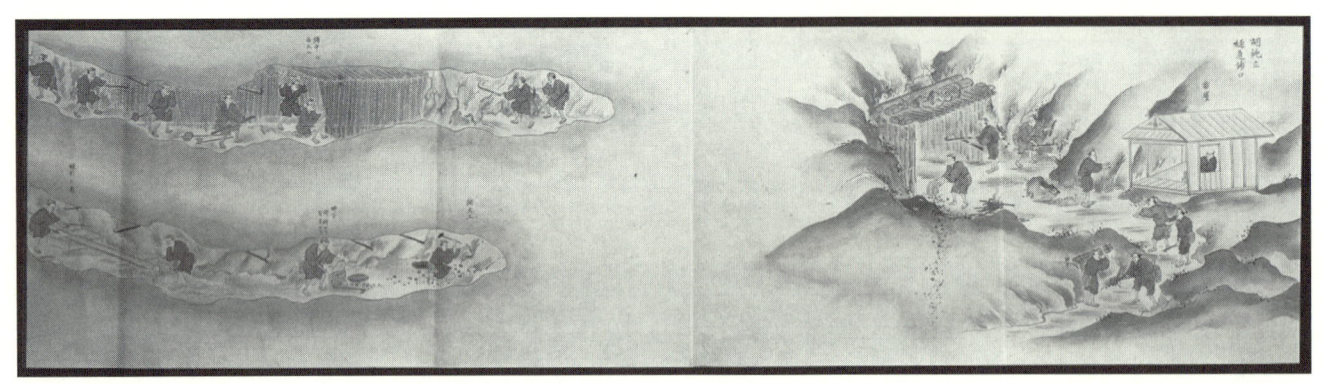

図11　絵巻203-1「大鎚金澤金山之図」(岩手大学図書館蔵)

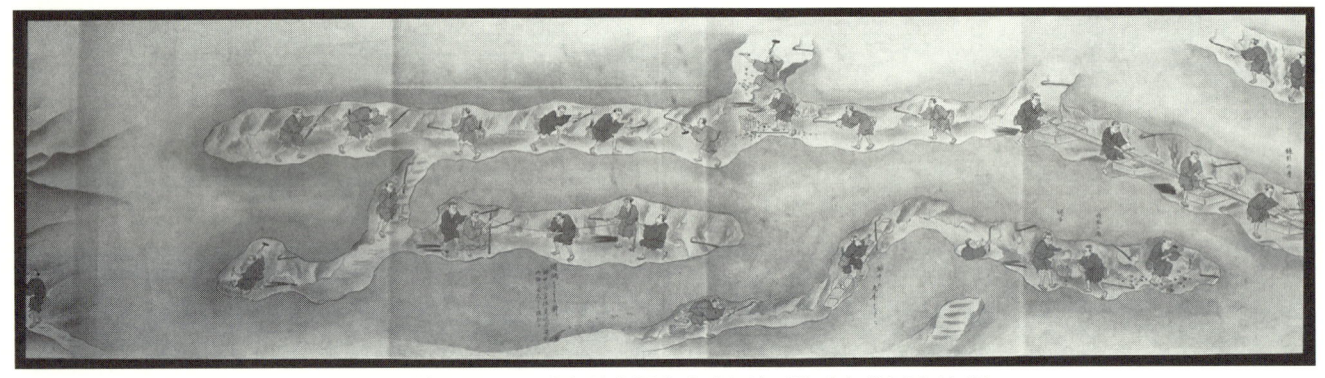

図12　絵巻203-2「大鎚金澤金山之図」(岩手大学図書館蔵)

は、佐渡鉱山絵巻の構図に類似する。

　「生野銀山絵巻」、「阿仁銅山絵巻」「加護山製錬所絵巻」「別子銅山絵巻」などは、「佐渡鉱山絵巻」に類似する部分があまり見られず、描く内容などは参考としたかも知れないが、絵図的には佐渡金銀山絵巻との関連性は今のところ見いだせず、別に製作されたものと考えることができよう。

4．金製錬について

　佐渡金銀山絵巻には、佐渡金銀山だけの大きな特徴がある。相川金銀山は俗に「佐渡金山」と呼ばれるほど、産金量で他鉱山を圧倒していたが、1621（元和7）年、佐渡奉行鎮目市左衛門の建議により、鉱山開発にかかる経費を江戸から送ることの無駄や、輸送の危険性から、佐渡における小判製造が許され、小判所が置かれたのである。小判所は、後藤

家をして江戸（金座）、京（金座）、駿府（小判座）、佐渡（小判所）にのみ設置されたもので、小判などの金貨鋳造を幕府から独占的に請け負った組織である。江戸金座から職人が派遣され、佐渡へ金製錬技術と小判製造技術が伝わり、一時の中断はあったが幕末まで、日本の鉱山のみならず、世界的に見ても珍しい、鉱山地での金貨製造が行われたのである。佐渡金銀山絵巻には、日本各地の絵巻にはない、小判製造を行う場面が唯一、描かれているのである。また「西三川砂金山」絵巻に見られるように、山を崩して川に流れ出た砂金をネコダや汰板（ゆり）で比重選鉱しての砂金採取も行われ、佐渡金銀山では、これらも鉱石からの金と同様に、小判所、後藤役所の管理の下、製錬し小判としていた。この佐渡金銀山の製錬工程のフローチャートにしたものを表4に示す。

フローチャートから、佐渡金銀山においては、砂金・金銀鉱石・銅鉱石などのすべての製錬工程において、金を抽出することを目的として、製錬をくり返していたことが分かる。また、この佐渡金銀山の製錬技術が伝わったとされるのが、半田銀山と院内銀山である。ともに管見の限り、絵巻などで製錬工程が描かれたものはないが、寛政年間（1789－1800年）には吹大工伏見又吉（五右衛門）らが、佐渡と同様に幕府支配となっていた半田銀山に金銀吹分法を伝え、その後、文化年間（1804－1818年）には院内銀山へも伝わったとされる。この院内銀山で行われた吹分法（金製錬）について、『近世鉱山社会史の研究』[11]に集録された文書から、同様に工程図を作製した（表5）。これらを比べれば、まったく同じ方法、技術であることが分かる。たとえば、「吹分床（硫黄分銀法）」にかける山吹銀は、両鉱山とも1貫200目、鉛580目であり、「砕金床」に回す「分筋金」（院内では薄金）は金品位約30％（位150本）で、これらを「塩焼長竈」にかけ、「塩船」でもみ洗い、「寄金床」で灰吹きして「寄金」（院内では餅金）とする工程である。院内銀山では、忠実に佐渡から伝わった技術を踏襲していたようだが、鉱石の違いなどはあまり関係なかったのだろうか。

またこの「分筋金（薄金）」の金品位が約30％であるのは、「金銀合金に硝酸を注加して煮沸して以て銀より金を分収せんとする方法は、総ての場合に於て毎に良果を奏するものにあらず。今試に金銀等量の合金を薄片に輾延し硝酸を注ぎ凡そ30分煮沸せば猶ほ含有銀量の2／3以上を残留すべきも金1銀1.7より成る合金を同様に処理せば殆ど全金銀量を溶解し去るを得べし。……旧時の試金家は分銀すべき合金中の含金量1／4に対して銀3／4、則ち金1に付き銀3の比例を以て銀を付加したり。是れ四分銀法（Inquatation）なる語の由て来る所以なりとす。」[12]とあるように、江戸時代に金銀合金から銀を抜き、金を抽出するためには、焼金（塩焼）法に

表6　手本金分析表

江戸金座手本金				佐渡小判所手本金			
金品位（本・匁）	等差（匁）	金品位（％）	手本金の数	金品位（本・匁）	等差（匁）	金品位（％）	手本金の数
44-70	1	100-63	27	43-50	0.5	102-88	13
72-100	2	61-44	15	51-60	1	86-73	10
105-120	5	42-37	4	62-100	2	71-44	20
130-150	10	34-29	3	105-150	5	42-29	10
170-200	30	26-22	2	160-170	10	28-26	2
250-300	50	18-15	2	200	30	22	1
400-500	100	11月9日	2	250-300	50	18-15	2
合計			55	合計			58

図13　絵巻201「奥州盛岡金山鋪内稼方並金製法図」（東京大学工学・情報理工学図書館工4号館図書室A蔵）製錬図

おいても、まず「四分銀法」と称する金銀合金の金品位を30％程度にすることが行われていたのである。

また最終製品としての「寄金」は、通常、江戸時代の最高金品位44本（江戸時代の金品位では金100％）のはずである。ところが、佐渡金銀山においてはこの金品位が異なっていたことが、明治に佐渡鉱山局長などを務めた渡辺渡の記録に残っている（表6）。渡辺の分析によれば、江戸金座の手本金44本（目）の実際の金品位は97.14％であるが、佐渡小判所においては手本金43本が存在し、その金品位は99.54％だという。佐渡金銀山においては、このように独自の手本金を作製して、特に43本から50本までの極めて高い金品位を区別していたのである。金品位44本（匁）という呼称は、諸説あるが、江戸以前100匁の金地金（筋金）から製錬（焼金）を行って金を抽出した時、その限界が金44匁であることからだともいう。江戸時代においては、多少なりとも技術の進展があったはずであるから、44本（匁）以上の高い金品位の製錬は可能だったと考えられる。しかしなぜ佐渡金銀山においてだけ、高い金品位の手本金が用いられたか、その理由について渡辺は記していないが、小判製造においては基準とする純金の精度を上げることが重要で

あるから、佐渡金銀山という常に改良や実践的な製錬を行う場所で、優れた技術を持った職人集団が小判所での鑑定や小判製造にも独自の改良・発展をもたらしたものであろうか。

また各鉱山における調査項目シートと製錬工程フローチャート（表5）も同様にそれぞれ示す。それぞれの鉱山において、最終目標とする金や、銀、銅を抽出する工程となっている。先に挙げた金澤金山（図13絵巻201製錬図）では、古来からの砂金採取や製錬が、ほぼ同じ方法で行われていたと考えられる。戦国時代に稼鉱された甲斐金山の発掘では、微少な金粒が付着しした素焼き皿状土器が出土しており、萩原は『鉱山至宝要録』（黒澤元重、元禄4年）にある「金鉑の荷、焼て唐臼にてはたき、石臼にて引、夫を水にてねこなりせり板にて流し、木津にて船のごとく成物へ洗ひため置き、是を打込と言ひ、更に板にゆり、金砂を取り、紙に包み、かわらけ様に、土にて作りたる物の内へ、鉛を合わせ、いろりの内にても口吹すれば、黄金に成るなり」という、まさに盛岡金山絵図にある金製錬（金座に納められる山吹金・山出金）が行われていた可能性を示唆している。甲州の山吹金は、甲州金としてそのまま通用したとされ、金品位は80％〜90％（重量）ときわめて高いものであった。

5．振矩術について

絵巻には、坑内において「間切り改め」のように、振矩師の行っている測量作業の様子が描かれている。わが国の坑道掘進法は、16世紀以降従来の露頭掘から鉱脈に直角に切り当てる「横相」、さらに寸法切の技術が進み水平坑も掘られるようになって、鉱山開発を盛んにしたといわれている。今でいえば地質学的な知識によって立合（鉱脈の方位や傾斜）を予測し、それに横相を行って坑道を掘ることは、大規模な鉱山開発にとって必要不可欠なことで

ある。したがって露頭や山の諸相から立合引絵図や坑内測量図などを作成することは、山師にとってその経験と知識の集積といってよいだろう。

佐渡金銀山の最初の絵図師古川門左衛門は、本間寅雄氏(15)によれば、もともと古川平助門左衛門は鉱山測量を行う振矩師で、絵図師門左衛門は３代目にあたるという。さて佐渡における鉱山測量術は、「穿之則成功亦速也俗曰之振矩術矣夫我州於舗中用此術不知其始於何人也元録年中有静野氏者　当時振矩師静野與右衛門後日一昌従土田勘兵衛者学追手流之算術云々」と『校正振矩術』冒頭に記される通り、静野與右衛門をもって始まる独特の呼び方である「振矩術」として伝わっている。この振矩術は、静野與右衛門及びその師である土田勘兵衛によって元禄年中（1688 - 1703 年）に行われた南沢疎水開削にあたって、佐渡に伝えられた術と考えてよいであろう。この土田勘兵衛と静野與右衛門については、佐渡奉行北条新左衛門の用人として1716（享保元）年４月から３年間在島した松宮俊仍の著した『分度余術（享保13年自序)』（東北大学図書館狩野文庫9610.）に記述がある。松宮自身の測量術は、正保年間（1644 - 1647 年）に国絵図製作（正保日本図）を行った北条氏長の子氏如の門人であることが記されている。北条氏長は、徳川家康に仕えた北条流兵学者（甲州流）で、1650（慶安３）年にオランダ人ユリアン（Juliaen Schedel）らが行った西洋流砲術演習に参加し、砲術と合わせて測量術をも学んだとされる。また1657（明暦３）年の江戸大火の際には、樋口権左衛門の直弟子金澤刑部左衛門とともに、江戸市中実測図を作成した人物である。樋口権左衛門は、清水太右衛門（清水流測量術始祖）の印可状に詳らかで、その部分を記せば、

　　傳来
　　　起漢土―――為阿蘭陀流―――樋口権右衛門尉
　　　―――金澤刑部左衛門尉―――金澤清左衛門尉
　　　―――金澤勘右衛門尉―――（清水太右衛門）
　　　―――（若尾八之助）

とある。樋口権右衛門尉、金澤刑部左衛門尉、金澤清左衛門尉、金澤勘右衛門尉についてその略歴などが書かれている。添書は以下の通りである。

　　起漢土（何之従御宇始元祖年暦時代未分明）
　　為阿蘭陀流（何之従代為流術年暦時代未分明）
　　樋口権右衛門尉（和流之祖）（肥刕長崎之住与力之由天門易道其外博學之由此一術ヲ為懇望七ヶ年而従阿蘭陀人令傳授云云師名并年暦未詳蓋考時代為和流四十有余暦也
　　或説曰阿蘭陀人カスハルト云者傳之即以和語為ヶ条工器物日本為一流云云権右衛門弟子数人之内透者及三人時此術之名誉達上聞妄不可拡之旨依上命節止傳授故此術未世上満云云）
　　金澤刑部左衛門尉（肥刕嶋原之住高力左近太輔家僕也左近滅亡後為浪牢病卒年暦未文明）
　　金澤清左衛門尉（同國之住刑部左衛門長子也左近滅後松平駿河守為家僕貞享元年春於江府病卒其子為若年傳絶）
　　金澤勘右衛門尉（同國之住高力摂津守家僕也滅亡以後為浪牢於所々徘徊延宝年中津軽越中守家僕元禄四年辛未年九月十九日依急病卒于時五十四歳也其子雖有両人幼稚而一術傳絶）
　　元禄六龍集癸酉　初秋吉辰　　［清水太右衛門］　藤原貞徳　（花押・落款）
　　［若尾八之助殿］

とあり、日本におけるほとんどの測量術の始まりとして記述される人物である。また清水太右衛門は、金沢勘右衛門（金沢刑部左衛門の子）とともに津軽藩（天和２年４月津軽藩招聘から元禄元年離藩）の領内測量と国絵図作成を行っている(16)。『分度余術』には、かれら測量術者の名前が多く記述されており、わが国の測量術は紅毛人の航海術から学んだ「樋口権左衛門、嶋谷市左衛門、平井雲節、山崎休也」らが出て、当今は清水貞徳（太右衛門）らの術が主流であるとし、続けて「本都建部賢弘、土田勘

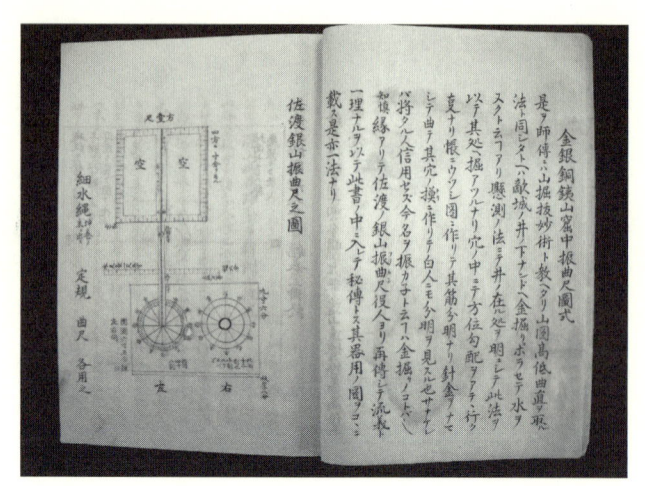

図14　佐渡銀山振曲尺之図（東北大学図書館蔵）

兵衛、京師中根元圭、西崎向井元成、北佐追手一昌、丹州萬尾時春」らを当代の測量術巧者としている。この追手一昌が佐渡の静野與右衛門であることは前述であり、諸説あるが、この静野與右衛門が箱根疎水をも開発した人物だったとすれば、松宮が知っていたとしてもおかしくない。

ところでこの松宮俊仍とほぼ同時期に佐渡金銀山における測量術を記述しているのが、将軍徳川綱吉の側用人柳沢吉保に儒者として使えた細井広沢である。細井は多芸多才の人物で、書家・武術全般・火術・兵学・天文・測量・医術・文学・和歌・篆刻・謡曲・能楽などに精通した。彼は1718（享保3）年に上総国・下総国・安房国・上野国・下野国・常陸国の六州測量にあたって南蛮流測量術、町見絵図等秘伝を小宮山源三郎らに伝授し、成功に導いている。その伝授した術については、享保2年自序の『秘伝地域図法大全』がある。細井広沢の測量術は、播州明石の村井三左衛門（師木部四郎右衛門）の弟子金子昌沢に学んだという。この書中に、「金銀銅鉄山窟中振曲尺図式」の項目があり、「佐渡銀山振曲尺之図」が掲載されている（図14「佐渡銀山振曲尺之図」）。「是ヲ師伝ニハ山堀抜妙術ト教ヘタリ……佐渡ノ銀振曲尺役人ヨリ再伝」するとしているが、この「銀振曲尺役人」はおそらく松宮俊仍かと思われる。佐渡独特の呼称である「振矩」と「振曲尺」との関連は興味深い。

またここで疑問なのは、松宮の「北条流」『分度余術』では円周を360度に分割しているのに対し、細井の『秘法地域図法大全』では「乾針盤ハ阿蘭陀物ヨシ。四十八割ヲ用ユ。クワドロワン（4分円儀、象限儀）本式ハ四十八割也。」としている。細井の方が、佐渡で行われた実際の鉱山測量に即して記述されているのである。海野が指摘したように、北條氏長門下の福嶋國隆の指導により1683（天和3）年長賢が作製した大円分度儀には円周に360度の目盛が刻まれている。全円周が360度であるという概念は、北條氏長がオランダ人ユリアンから学び、松宮がそれを『分度余術』に記すのは当然なのであるが、細井広沢はクワドロワンの図で90度分割の図を挙げ、360分割は知っているが、本来480分割だと言っているのである。「佐渡銀山振曲尺之図」に描かれた48割（480分割）と同じ「羅針盤（羅盤）」が、佐渡に残されている。全円を「壬危子女癸牛丑斗艮箕寅尾甲心卯乙亢辰角巽軫巳翼丙張午柳丁鬼未井坤參申觜庚畢酉胃辛婁戌奎乾壁亥室」の48に分割し、さらに各方位を10等分して、480に分割したものである。

ここで、48分割された方位の名前は、二十四山（壬子癸丑艮寅甲卯乙辰巽巳丙午丁未坤申庚酉辛戌乾亥）の間に、二十八宿の各方向の中心を除いたものを用いている。二十八宿は、東方（角・亢・房・心・尾・箕）、北方（斗・牛・女・虚・危・室・壁）、西方（奎・婁・胃・昴・畢・觜・参）、南方（井・鬼・柳・星・張・翼・軫）であるが、このうち房・虚・昴・星を除いた各方向六つの名前を二十四山の各方向の間に嵌めたものである．なお現在佐渡市教育委員会所蔵の480方位羅針盤は、二十八宿の文字ではなく、春冬秋夏や青黒白赤、眼羽鼻舌、木水金火など別の漢字が使われている（図15）。静野与右衛門らの用いた羅針盤あるいは羅盤という言葉や、当時の日本あるいは中国で利用されていた風

図15 羅盤

水羅盤の技術が援用されたと考えられる。全円周を480に分割した羅盤は、当時の精度としては破格の値であり、鉱山掘削の高い精度の確保には、360度以上の分割が必要な条件であったということや、当時の山師らの間では、味方家文書などにも多く見られるが風水的な伝統が強く、それらが相まって480分割になったものと考えられる。

享保年中（1716－1735年）には、新将軍徳川吉宗により北条氏如と建部賢弘（和算家、関孝和の直弟子）による国絵図『享保日本図』が製作されており、測量術に詳しい細井広沢、松宮俊仍らも、当然知遇があったと考えられる。このように静野與右衛門も含んで、北条親子、金沢親子、松宮俊仍、清水太右衛門、建部賢弘ら和算家まで、この時期の測量術者らの関係は、かなり近いものであったことが窺えるのである。そしてその測量術も、それぞれ別々の測量術ということではなく、古くは中国から、そして南蛮、阿蘭陀流として伝わった航海術や砲術などを、各自の使用目的や分野において取捨選択して日本国内で使いやすい測量術や振矩術などとして整理、改良したものかと考えられる。[19]

6．その他の鉱山絵図について

絵巻以外にも、鉱山について描いた絵図類がある。本研究会では、まだそこまで調査を行っていないが、冒頭に述べたように、鉱山絵図資料は、鉱山内での様々な作業工程や状況、すなわち採鉱・選鉱・製錬・鉱山町の状況などを図解し、鉱山に関する豊富な内容を持つ資料であり、専門家でなくとも鉱山での作業状況を直感的に認識できる資料として重要である。「鉱山展」において展示した鉱山絵図資料について概略を記す。

(1) 探鉱関連絵図―山相絵図、鉱物絵図など―

探鉱は山相法と呼ばれ、たとえば秋田藩の惣金山奉行を務めた黒沢元重は『鉱山至宝要録』（1691〈元禄4〉年）で、金銀山の発見にあたって「一、中夜望気、遠見の法（光を放つ〜露出鉱石の輝き）。二、山中の植生。三、鉱石の露頭、山間部や川の堆積物、川水の色相。四、偶然。」などを鉱山見立ての方法としている。山の特徴や色見などを描いた付図がある（口絵4）。風水的な一や四は本論では取り扱わないが、風俗や民族と結びつく、当時の技術に含まれる大きな要素である。二や三は当時でいえば本草学的な知識に他ならない。

その本草学において鉱物は古くから主要な項目であり、『本草和名』（延喜18年、深根輔仁〈日本に帰化した呉の医師の子孫〉）は2巻で966種中86種（和名21種）を玉石類が占め、朝廷における事務諸式をまとめた『延喜式』（927〈延長5〉年）30巻中、巻37典薬寮の諸国進年料雑薬には伊勢の水銀など国産鉱物の貢ぎ物が記載されている。『和漢三才図会』（正徳年間〈1711－1715年〉、寺島良安）105巻81冊中でも巻59金石25種、巻60玉石15種、巻61雑石79種が図入りであげられる。本人自ら山師と名乗った平賀源内が国内の物産を集めた物産会の出品物を図入りで解説した『物類品隲』（1763〈宝暦13〉年）6巻6冊では記載総点数360種中約3分の1が鉱石類となっている。もっとも著名な付図付の書物としては、木内石亭がその生涯を

かけて収集した2000種類以上の奇石や石器・化石・鉱物などについて、産地や由来、形状等を図解した『雲根志』がある。

〈人の利〉を育む上で、わが国の鉱物知識が図入りで解説されたことの意義は大きいといえよう。そして当然のように、より専門家である山師ら現場で具体的にその知識を問われる者たちは、もっと細分化して鉱石の分類が行われたと考えられる。しかしながら山師らによる鉱石の分類、呼び方は文書には多く見られるが、鉱石を図解した本などは数が少なく、例えば『金銀山大概書（相川郷土博物館蔵）』は、金銀山見立て法だけでなく、釜口（坑道入口）化粧、坑道掘の仕様、鉱山道具、坑内通風や水抜き、測量の仕方、鉱山職種、水上輪製作法など、山師の知識や技術を記した鉱山作業に関する図入りの解説書であるが、掲載図の中にある鉱脈・鉱石解説のための図は、絵図中の上段に「カスケ」と呼ばれる金（銀）鉱石、中段に「白柾」と呼ばれる銀鉱石、下段に銅鉱石を図示し、さらに品位を上・中・下に分けて特徴を書き入れ、佐渡金銀山特有の鉱石が色彩豊かに表現され、具体的に採掘されていた鉱石を知ることができ貴重なものである（口絵5）。

(2) 採鉱関連絵図―立合引絵図、坑内測量絵図など―

わが国の坑道掘進法は、16世紀以降従来の露頭堀から鉱脈に直角に切り当てる横相、さらに寸法切の技術が進み水平坑も掘られるようになって、鉱山開発を盛んにしたといわれている。今でいえば地質学的な知識によって立合（鉱脈の方位や傾斜）を予測し、それに横相を行って坑道を掘ることは、大規模な鉱山開発にとって必要不可欠なことである。したがって露頭や山の諸相から立合引絵図や坑内測量図などを作成することは、山師にとってその経験と知識の集積といってよいだろう。

坑内図として古いものは、佐渡に元和八年か九年と言われる『元祖味方但馬守家重所有割間歩坑内古図』が残されている（口絵6）。味方家文書（「味方家寄託資料目録」整理番号105）に、

市左衛門（惟明）在勤之節、割間歩大水貫を考
□（虫喰）、
自分入用ニ而、高壱丈五尺、横壱丈三尺之
間切百九拾間余切貫、諸間歩樋引賃銀
相減、御忠節申上、尤多分ハ江戸・京都
抱屋敷ニ罷在、佐州江者手代数多差置、
金銀山稼掛ケ引為仕候処、元和八戌（一六二二）年、
病気ニ付御暇奉願、同九（元和）亥年四月八日

とあり、この時期に水没した「中敷」と「小風呂敷」（掘場）から割間歩大水抜まで寸方樋（スポン樋）を使い、水抜きを行うため計画図と考えられる。「おそらく現存の鉱山図で最古のものの一つであろう」と考えられる本図は、東西南北を記し、また高低差を図の上下に合わせ、間歩入り口から敷までの坑内図を描き、樋の図は省略して本数で表し、請船（艘）の略図と数を表示している。図の描き方は稚拙であるが、少なくとも磁石を用いていたことは分かり、また水抜工事の概要図面としてはこれで十分であったのだろう。同じような図が、別子銅山関係絵図の中にもある。別子銅山に大勇水があった1826（文政9）年から翌年にかけて、高松藩の久米通賢が別子銅山支配鈴木武兵衛に依頼されて、「三角敷」の水抜測量を行った際の『別子銅山水抜図』とその浄書図『別子立川両銅山鋪内絵図』、測量野帳『亥四月上旬　明リ測量記其外要用記』の3冊である（鎌田共済会所蔵「久米通賢資料」・別子銅山に提出した同図が住友史料館にもある）。『別子立川両御銅山鋪内絵図』も東西南北と高低を上下とし、測量による距離や高低差が記入され、「荷替」と呼ぶ木製の水溜場を描き、その間に設置する木製の「箱樋」と呼ばれた水揚げポンプ数計161挺を記している。久米通賢は、大坂の天文学者間重富に学

び、伊能忠敬の測量にも同行した人物で、高い測量技術を持っていたが、坑道図としては元和の頃の図と、ほぼ同じ描き方、内容である。

また1695（元禄8）年7月振矩与右衛門によって描かれた『佐州相川銀山敷岡地行高下振矩絵図』には、方位磁石を記し、間歩名と共に白線による立合（鉱脈）線が描かれており、山師らによる横相のような進んだ坑道掘による探鉱が行われていた事を示している（口絵7）。また同時期のものと考えられる『佐州相川惣銀山敷岡高下振矩絵図』、『佐州相川惣銀山地行之間数并高下振矩図』も、この元禄年間に行われた南沢疎水（水抜坑道）の計画図である。南沢疎水は、1690（元禄3）年11月に佐渡奉行に赴任した萩原重秀が、停滞していた佐渡金銀山の再開発事業として行ったもので、1691（元禄4）年7月25日に始まり、1696（元禄9）年5月10日に開通した総延長503間4尺（906.6 m）の水抜き坑道である。『佐州相川惣銀山地行之間数并高下振矩図』は鉱山断面図で、縮尺・地点の高下など、正確な測量結果を元にした工夫された図である。

(3) 選鉱、製錬関係絵図―作業絵図、使用道具絵図及び道具製作図など―

選鉱及び製錬に関しては、作業風景と道具詳細を示した絵図がある。遺構や文献類に書かれている製錬技術などからは、炉や作業道具の形状などを知ることは難しいため、この種の絵図が唯一の資料ということになろう。たとえば、鉱山の通気に用いられた唐箕は『和漢三才図絵』にはあり、1666（寛文6）年の『訓蒙図彙』にはない。『石見銀山旧記』には1726（享保11）年の条に「敷内行路遠く相成り、風回り申さずそうらえば、けたえと申す毒気を吹き出し、火ともり申さず……風吹き込みよろしき所に唐箕を据え」とある。石見では1856（安政3）年に宮田柱（誠之）の薬蒸気法という唐箕を使っている図があり、当時既に鉱毒対策が行われたことが

分かり興味深い。樋は佐渡金銀山では『佐渡年代記』に1618（元和4）年頃、すぽん樋が使用されたとあり、中国書『泰西水法』（1612）等を参考にしたのであろうか。坂出の久米通賢も別子・たつかわ銅山で彼創意の二丁引き寸法樋製作（1826〈文政9〉年）を行い、図が残されている。また承応（1652－54年）頃（寛永〈1624－43年〉との記録もある）には佐渡金銀山で水学宋甫が竜樋（水上輪）の使用を伝えたとされ、後の絵図にも描かれている。

佐渡ではこの他、「ふらむかすほい」と呼ばれたポンプが天明（1781－88年）頃に使用されたと記録にあり、九州大学工学部資源工学科所蔵の『金銀山敷岡稼方図』にはその図が描かれている。これと同じものは、天明2年刊行の『農具便利論（大蔵永常）』にはスポイトと号する水揚げ道具は天明の頃紅毛もちわたりけるを、浪花某氏求めて銅山の水抜き……」と解説入りの設計図があり、この他にも水車などのように鉱山で使用された有用な最新諸道具が後に農業などへ転用されて行く構図が見える。

(4) その他

この他に行政関連絵図（町絵図など）、風俗関連絵図（絵馬・浮世絵・職人絵図など）、鋳銭所絵図、輸送絵図などが鉱山に関する絵図類としてあげられよう。たとえば風俗絵図などは、現在でも各地に残る諸芸能が鉱山との深い関わりで成立したことを示すものが多く、広く鉱山文化という視点では今日的にも重要な意味を持とう。

7．おわりに

鉱山研究において、鉱山絵図資料、特に「鉱山絵巻」については、その資料的価値の重要性と誰にでも当時の状況を伝えることができるなどの意義が指摘され、その研究と活用が望まれていた。しかし鉱

山絵巻の資料形態などから、研究者による複写などの利用も限られ、鉱山史においては参考資料程度にしか扱われてこなかった。

　本研究会では、まず、研究者間の利用促進を図るため、国内の佐渡金銀山絵巻の調査を行い、50本を超える絵巻をデジタル化した。それらを元に、鉱山絵巻の研究において、最大の課題である鉱山絵巻の作製年代の特定を行った。その結果、佐渡金銀山絵巻の坑内場面を、「あ」「い」「う」「え」「お」それぞれのパターンに分類することで、ほぼ佐渡金銀山絵巻を製作年代、時代順に分類できることが分かった。本パターン分類によって、鉱山絵巻の大まかな時代特定が可能となり、鉱山史研究における資料的評価がより正確に行えると考える。

　鉱山絵巻と文献資料との比較により、佐渡金銀山における金製錬は、たとえば手本金については独自に43本という非常に高い金品位の高いものが作られていたなど、他鉱山との比較でも佐渡金銀山独特のものであることが分かった。また鉱山測量術も佐渡金銀山においては、「振矩術」と独自の呼称で呼び習わしていたが、その呼称についても新資料を示し、36方位と佐渡金銀山で使われた48方位についても考察を行った。

註及び参考文献

（1）国立科学博物館 1996『日本の鉱山文化展図録』。
（2）日本鉱業史料集刊行委員会 1981-1994『日本鉱業史料集』白亜書房。
（3）森嘉兵衛 1994「近世山法の研究」『森嘉兵衛著作集　第3巻』法政大学出版。
（4）奥平英雄 1987『絵巻細見』角川出版。
（5）前掲（4）及び、黒田日出男 1988『歴史の読み方１絵画史料の読み方（週刊朝日百科　日本の歴史）』朝日新聞社。
（6）尾島　治 2006「津山藩松平家お抱え絵師について」『津山藩狩野派絵師　狩野洞学』展図録、津山市教育委員会。
（7）TEM研究所 1985『図説　佐渡金山』博文社。
（8）佐渡金銀山遺跡調査検討準備会 2001『味方家資料目録』。
（9）鳥谷芳雄 2009「石見銀山絵巻上野家本の作者と成立年代」『季刊文化財』第118号。
（10）名村栄治 2010『南部領金澤金山絵巻に見る近世の産金技術』日本鉱業史研究 No.59。
（11）荻慎一郎 1996『近世鉱山社会史の研究』思文閣出版。
（12）渡辺　渡 1922『試金術特論　上巻』東京国文社。
（13）萩原三雄 2011「甲斐金山における金生産技術」『山梨県立博物館　調査・研究報告5』山梨県立博物館。
（14）西脇　康・小松美鈴・今村　徹 2005「密度測定法による甲州金の品位分析」『金山史研究第5集』湯之奥金山博物館。
（15）相川郷土博物館 1996『佐渡と金銀山絵巻』。
（16）鈴木一義・田辺義一 2011「技術的内容からみた江戸初期清水流測量術形成の過程について」国立科学博物館研究報告（理工学）、E34・pp.51-60。
（17）Kazutaka Unno 1995. "A Surveying Instrument Designed By Hojo Ujinaga (1609-1670)"・*East Asian Science*: Tradition and Beyond・411-417（eds. K. Hashimoto et al. Kansai University Press・Osaka）
（18）西尾次郎 1957「佐渡金銀山南澤大疎水坑道について」『科学史研究』41、pp.29-33．『日本鉱業誌』東京鉱山監督署編。
（19）前掲（16）及び、鈴木一義・田辺義一 2009「江戸初期の方位及び角度の概念から見た測量術の形成についての一考察」国立科学博物館研究報告（理工学E）E32・pp.41-49。
（20）田中圭一 1986『佐渡金銀山の史的研究』刀水書房。
（21）小葉田淳 1968『日本鉱山史の研究』、岩波書店。

パターン［あ］

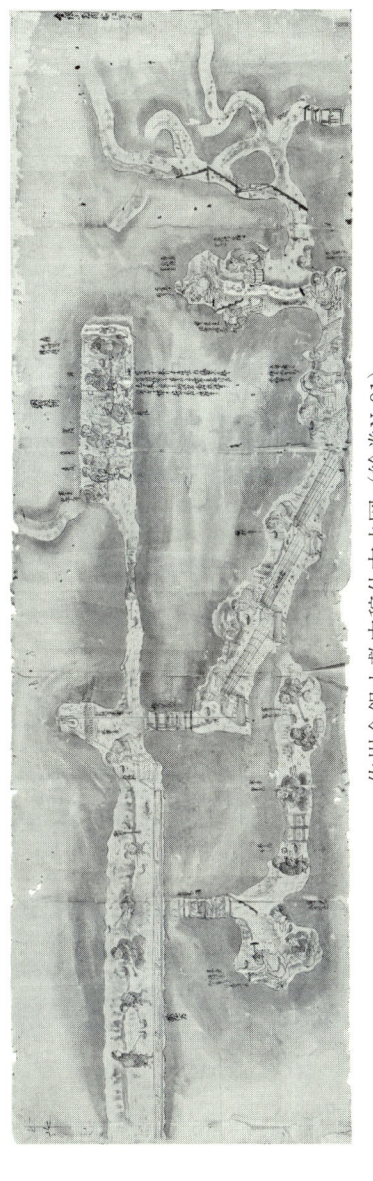

佐州金銀山敷内稼仕方之図（絵巻No.01）

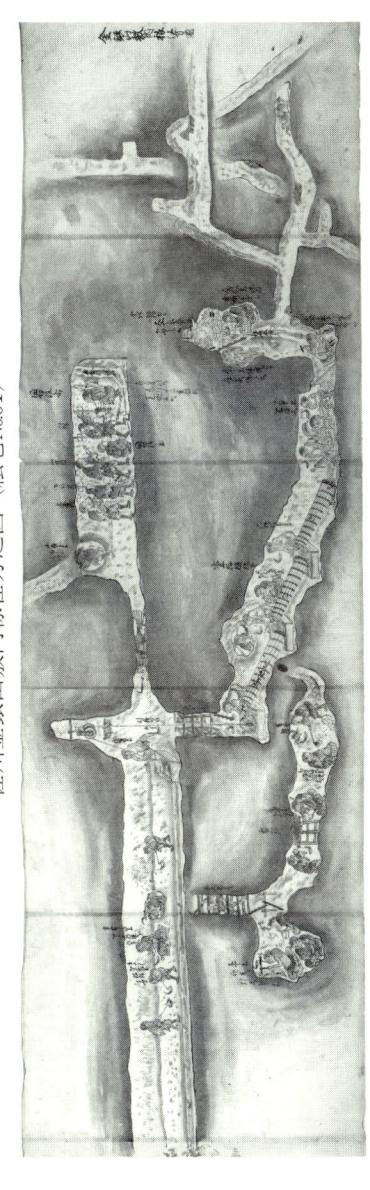

金銀山敷内稼仕方図（絵巻No.38）

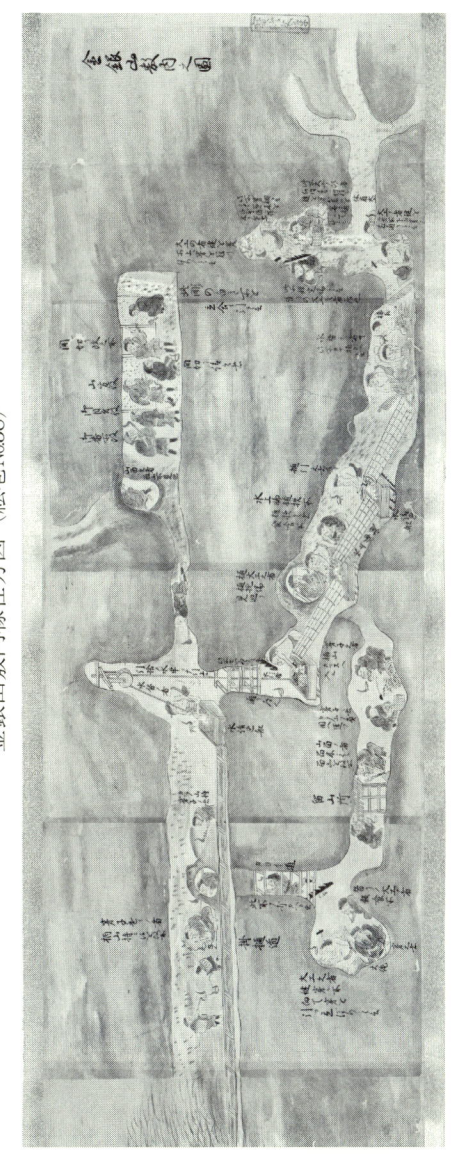

佐渡之国金山之図（絵巻No.71）

パターン [い]

佐渡の国金掘ノ巻（絵巻No.03）

佐渡金山絵巻（絵巻No.16）

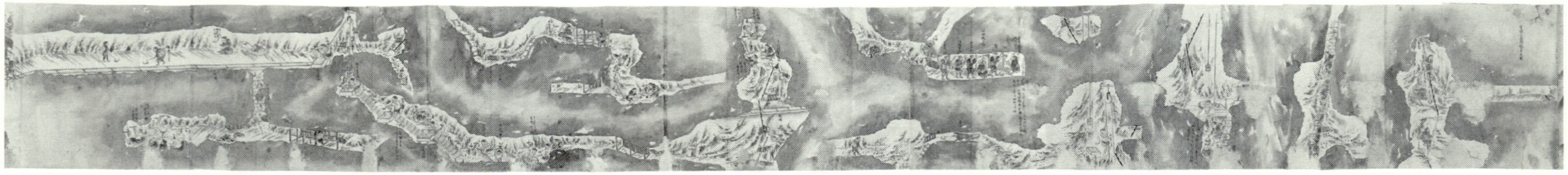

佐渡金山図会（絵巻No.40）

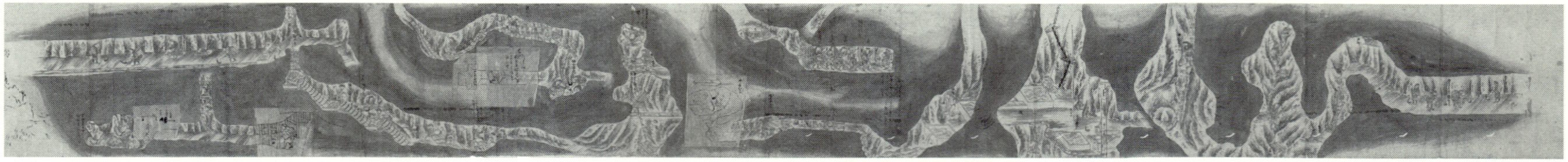

銀山勝場稼方諸図（絵巻No.04）

佐渡金山之図（絵巻No.70）

パターン［う］

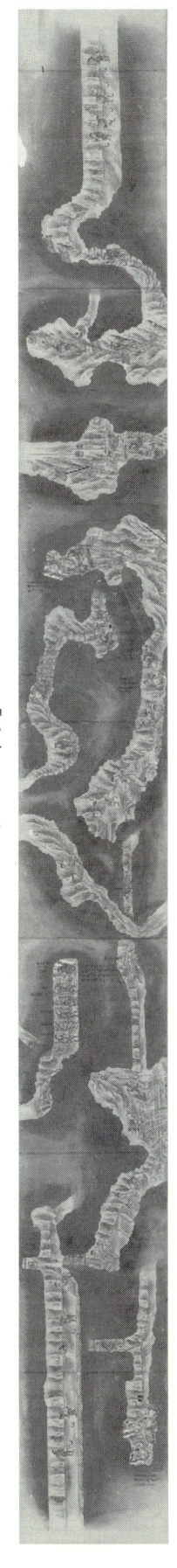

金銀山絵巻（絵巻No.10)

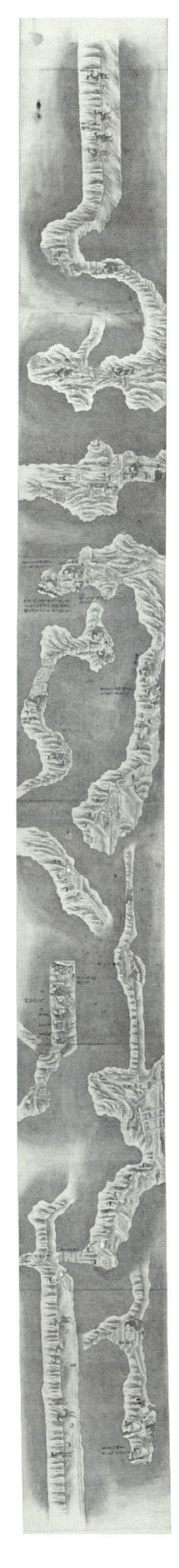

佐渡国金銀山敷岡稼方図（絵巻No.15)

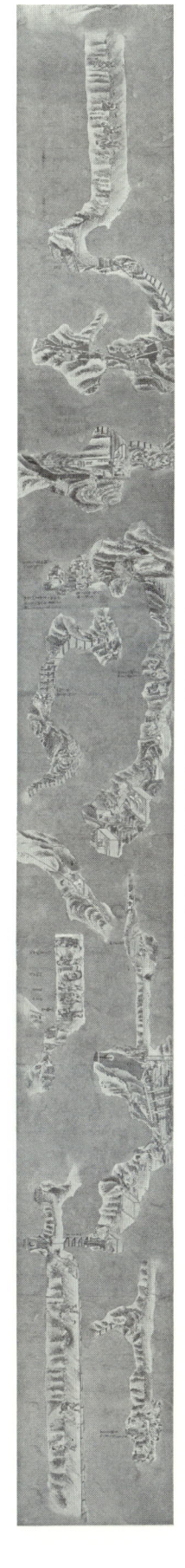

佐渡金銀山敷内稼方之図（絵巻No.19)

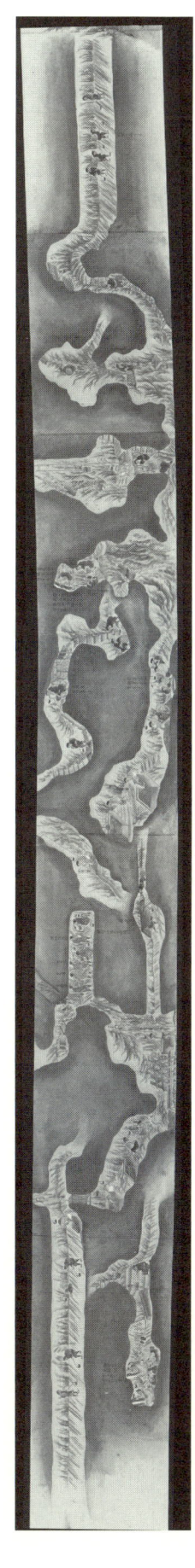

佐州金銀採製全図（絵巻No.76)

パターン〔え〕

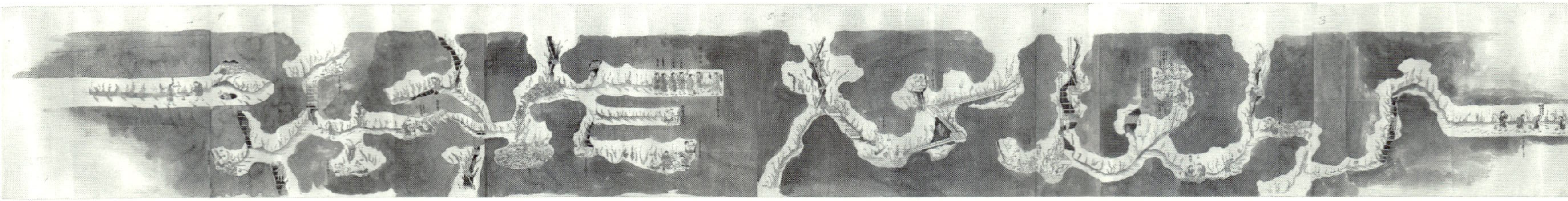

佐渡金銀山採製図（絵巻No.33）

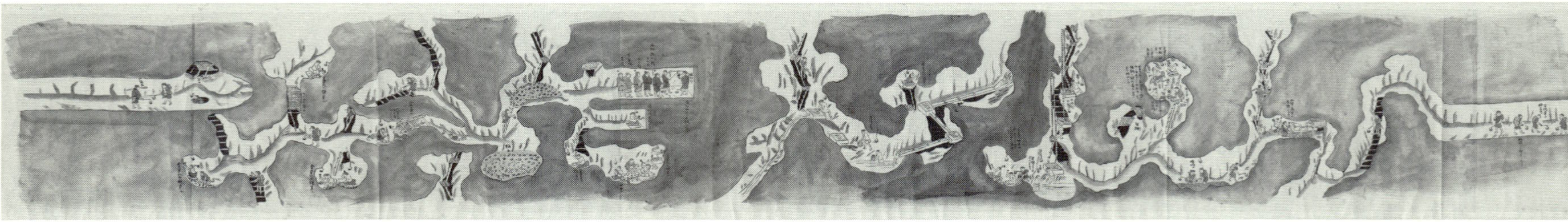

佐州金銀採製全図（絵巻No.37）

金銀山敷内稼方之図（絵巻No.41）

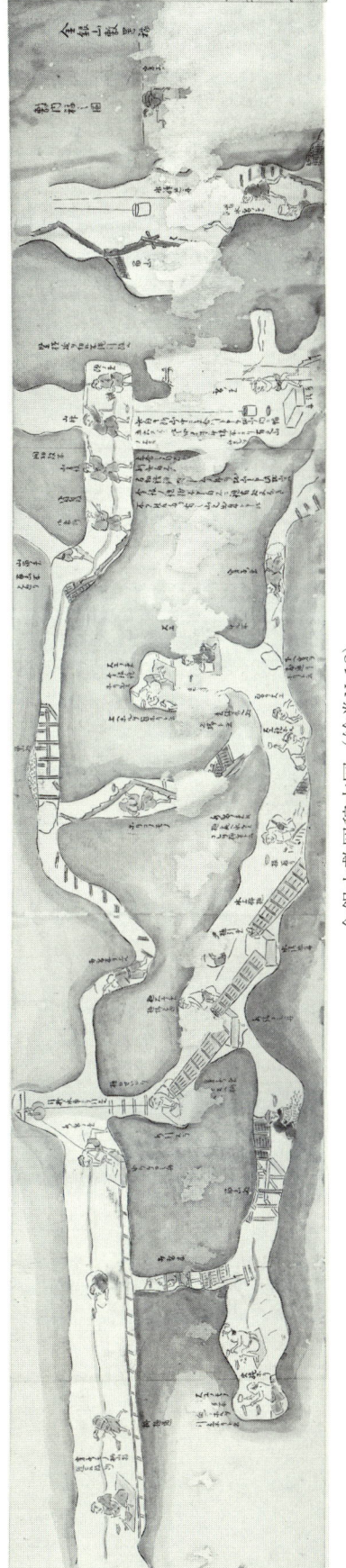

パターン［お］

金銀山敷岡稼方図（絵巻No.12）

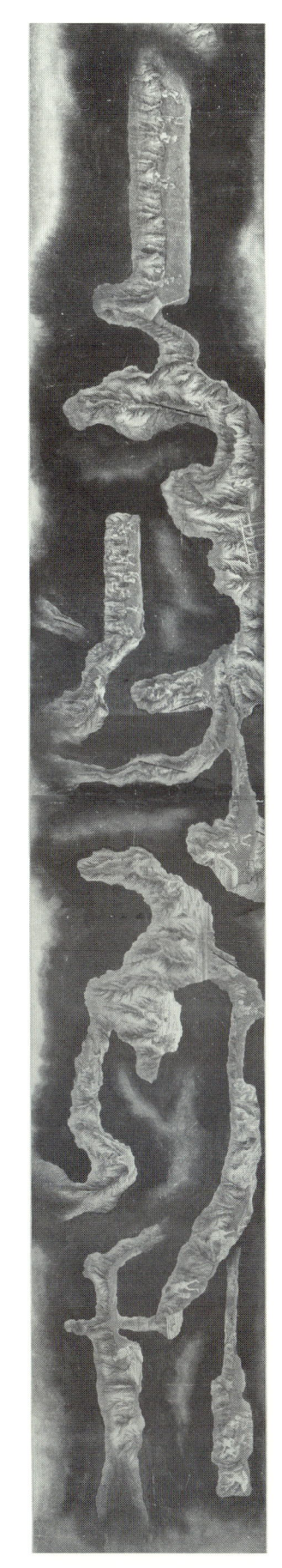

佐渡金銀山絵巻（絵巻No.21）

表1 佐渡絵巻チェックシート

	絵巻No.	71	1	105	38	95	53	2	3	9	11	97
	題名	佐渡之国金山之図	佐州金銀山敷内稼仕方之図	金銀山敷内稼方之図	金銀山稼仕方図	佐渡金山稼方図巻	佐州金山図絵	鉱山絵巻（仮題）	佐渡の国金掘ノ巻	佐渡銀山往時之稼行絵巻	金銀山稼方図	佐渡金山鏈石堀出役所取締図
	巻数	1	1		1	1		1	1	1	1	1
	法量（縦×横cm）		42×990					27×1200		30×2280		
	所蔵先	国立科学博物館	佐渡博物館	国立公文書館	新潟市・個人	中村俊郎	九州大学	佐渡市教育委員会	佐渡市教育委員会	佐渡市教育委員会	新潟県立歴史博物館	中村俊郎
	坑内パターン	あ	あ	あ	あ	あ	あ**	い	い	い	い	い
	製作年代・作者など	享保年中		寛政12(1800)狩野融川					尼子正名識由来あり			
立合・敷・岡絵図	目録(項目)							●道遊	●道遊	●道遊	●道遊	●道遊
	敷岡絵図											
	四留番所											
	その他	由来書き		構図ホーレー		佐渡鉱山の略説図解						
採鉱(鋪内)	釜の口採掘	●	●	●	●	●	●	●	●	●	●	●(冠堀無し)
	荷揚	●	●	●	●	●	●	●	●	●	●	●
	間切	●	●	●	●	●		●－＋	●－＋	●－＋	●(十文字以前)	●－
	山留	●	●	●	●	●	●		●	●	●	●
	灯り(1釣り・2紙燭・3竹・4松明・5サザエ)	1・2	1・2	1・2	1・2	1・2	1・2	1・2	1・2	1・2	1・2	1・2
	換気(1唐箕・2煙戸・3煙管)											1
	排水(1釣瓶・2手繰・3水上輪・4寸方・5ポンプ・6排水溝)	1・2・3・6	1・2・3・6	1・2・3・6	1・2・3・6	1・2・3・6	1・2・3・6	1・2・3	1・2・3・6	1・2・3・6	1・2・3・6	1・2・3・6
	釜の口出口	●横引場	●横引場	●横引場	●横引場	●横引場	●横引場	●	●横引場	●横引場	●横引場	●横引場
	その他	ドベ小屋	ドベ小屋	ドベ小屋	ドベ小屋	ドベ小屋	ドベ小屋	ドベ小屋	ドベ小屋	ドベ小屋	ドベ小屋	ドベ小屋
荷改・荷分(四ツ留番所)	番所(役所)	●	●	●	●	●	●	●	●	●	●	●
	鍛冶場	●3台	●3台	●3台	●3台	●3台	●1台	●2台	●2台	●2台	●3台	●3台
	建場(荒選鉱)	●	●	●	●	●		●	●	●	●	●
	荷改・荷分						●(荷分のみ)					
	荷下	●(牛3頭)	●(牛3頭)	●(牛3頭)	●(牛3頭)	●(牛3頭)		●(牛3頭)	●(牛3頭)	●(牛3頭)	●(牛3頭)	●(牛2頭)
	その他	間山・六十枚番所	上相川・間山・六十枚番所	上相川・間山・六十枚番所	間山・六十枚番所	間山・六十枚番所		間山・六十枚番所	間山・六十枚番所	間山・六十枚番所	上相川・間山・六十枚番所	間山口番所
砕鉱	焼鉱											
	砕鉱(1手叩き・2搗臼・3水車)	1	1	1	1	1	1	1	1	1	1	1
	その他	買石宅	買石宅	買石宅	買石宅	買石宅	買石宅	買石宅	買石宅	買石宅	買石宅	買石宅
選鉱	磨臼											
	比重選鉱(1子コ流し・2セリ板・3汰板・4その他)	1・3	1・3	1・3	13	13	13	1・3	1・3	1・3	13	13
	その他	買石宅	買石宅	買石宅	買石宅	買石宅	買石宅	買石宅	買石宅	買石宅	買石宅	買石宅
製錬	素吹床(荷吹・荒吹)											
	間吹床											
	小吹床(インゴット)											
	合吹床											
	南蛮絞											
	鉛吹床(鉛回収)											
	煩灰床	●寄床屋	●寄床屋	●寄床屋	●寄床屋	●寄床屋	●寄床屋	●寄床屋	●寄床屋	●寄床屋	●寄床屋	●寄床屋
	灰吹床	●	●	●	●	●		●	●	●	●	●
	吹分床(硫黄分銀炉)	●金銀吹分床屋	●金銀吹分床屋	●金銀吹分床屋	●金銀吹分床屋			●金銀吹分床屋	●金銀吹分床屋	●金銀吹分床屋	●金銀吹分床屋	●金銀吹分床屋
	薬抜床											
	塩銀床											
	筋金(砂金)					●小判所		●小判所	●小判所	●小判所		
	玉吹・惣吹砕金床					●		●	●	●		
	長竃(焼金床)					●		●	●	●		
	寄金床					●		●	●	●		
	延金床					●		●	●	●		
	その他					場面囲い			場面囲い	場面囲い		
後藤役所	小判製造					●(色揚)		●				
	その他											
その他	町並・生活・福利厚生	●(酔っ払い)	●(酔っ払い)	●(酔っ払い)	●(酔っ払い)	●		●(子供)	●(子供)	●(酔っ払い・子供)	●(子供酔っ払い)	
	道具図											
	製品・輸送											
	その他1						佐渡の国金堀乃巻(由来書き)					
	その他2		ホーレーと類似									
浜流し	1水上輪・2ネコダ・3勝場					●123	●123	●1・2・3				
	西三川砂金山											

1. 佐渡金銀山絵巻について　31

103	16	90	5	40	72	14	34	70	4	93	17	62	51
佐渡金山絵巻	佐渡金山絵巻	佐州銀山絵図並小判所之絵図	金銀山敷内稼方之図甲乙	金銀山図会	佐渡之昔甲乙	佐渡金銀山絵巻(仮)	佐渡金山稼方絵巻(彩色図長巻)	佐渡金山絵巻	銀山勝場稼方諸図(夏海)	佐渡金山稼方図巻	金銀山敷岡稼方図(仮)水替え小屋	金銀山敷内稼岡稼方図(佐渡鉱山銅製錬絵巻)	佐渡鉱山坑内絵巻物
		3	2	2	1	2	3	1		2	2	1	1
									白図 27.5×1146		白図		
東京国立博物館	新潟県立歴史博物館	中村俊郎	佐渡市教育委員会	新潟大学図書館	国立科学博物館	新潟県立歴史博物館	ゴールデン佐渡	国立科学博物館	佐渡市教育委員会	中村俊郎	新潟県立歴史博物館	佐渡市教育委員会	京都大学
い	い	い	い	い	い	い	い	い	い	い	い	い	う
山尾信福画	宝暦3年(山尾信福)								石井夏海(1783-1848)				52とセット
●(道遊)	●道遊	●道遊		●道遊		●道遊	●道遊						
		浄瑠璃御前						道具図	水替人足				
●	●	●		●	●	●	●	●	●	●	●	●	●
●	●	●		●	●	●	●	●	●	●	●	●	●
●－	●－＋	●－	(十文字以前)	●－	●－	●	●－＋	●－＋	●－＋(張込)	●－	●－＋	●－＋	●－＋
●	●	●		●	●	●	●	●	●	●	●	●	●
1・2	1・2	1・2	1・2	1・2	1・2	1・2	1・2	1・2	1・2	1・2	1・2	12	1・2
								1	1(張込)	1			1
1・2・3・6	1・2・3・6	1・2・3・6	1・2・3・6	1・2・3・6	1・2・3・6	1・2・3・6	1・2・3・6	1・2・3・6	1・2・3・6	126	1・2・6	123	1・2・5
●横引場	●横引場	●横引場	●横引場	横引場	●横引場	●横引場	●横引場	●横引場	●横引場	●横引場	●横引場	●横引場	●
ドベ小屋	ドベ小屋	ドベ小屋	ドベ小屋	ドベ小屋	ドベ小屋	ドベ小屋・左沢右沢ドベ絵図	ドベ小屋	水替・ドベ小屋	ドベ小屋	ドベ小屋	ドベ小屋	ドベ小屋	ドベ小屋
●3台	●2台	●2台	●3台	●2台(1台無)	●3台	●2台	●3台	●2台	●2台	●2台	●2台	●3台	●2台
●	●	●	●	●	●	●	●	●	●	●	●	●	●
●(牛3頭)	●(牛3頭)	●(牛2頭)	●(牛3頭)	●(牛2頭)	●(牛3頭)	●(牛2頭)	●(牛3頭)	●(牛2頭)	●(牛3頭)	●(牛3頭)	●(牛3頭)	●(牛3頭)	●(牛3頭)
上相川・間山・六十枚番所	間山・六十枚番所	上相川・間山・六十枚番所	間山・六十枚番所	上相川・間山・六十枚番所	間山・六十枚番所	間山・六十枚番所	間山・六十枚番所	水替小屋・間山・六十枚番所	間山・六十枚番所	間山・六十枚番所	間山・六十枚番所・水替小屋	間山・六十枚番所・無宿小屋	間山・六十枚番所
	●(銅床屋)		●(銅床屋)		●(銅床屋)	●(銅床屋)	●(銅床屋)						
1	1	1	1	1	1	1	1	1	1	1	1	1	1
買石宅	買石宅・銅床屋	買石宅・銅床屋	買石宅・銅床屋	買石宅・銅床屋	買石宅・銅床屋	買石宅・銅床屋	買石宅・銅床屋	辰巳口番所・銅床屋	辰巳口番所・銅床屋	銅床屋・辰巳口留番所	銅床屋・辰巳口留番所	銅床屋	銅床屋
●	●	●	●	●	●	●	●	●	●	●	●	●	●
13	13	13	1・3	13	13	13	13	13	1・3	13	13	13	13
買石宅	買石宅・銅床屋	買石宅・銅床屋	買石宅・銅床屋	買石宅・銅床屋	買石宅・銅床屋	買石宅・銅床屋	買石宅・銅床屋	辰巳口番所・銅床屋	辰巳口番所・銅床屋	銅床屋・辰巳口留番所	銅床屋・辰巳口留番所	銅床屋	銅床屋
	●	●	●	●	●	●	●	●	●				
	●	●	●	●	●	●	●	●	●				
	●	●	●	●	●	●	●	●	●				
●寄床屋	●寄床屋	●寄床屋	●寄床屋	●寄床屋	●寄床屋	●寄床屋	●寄床屋	●寄床屋	●寄床屋				
金銀吹分床屋	金銀吹分床屋	金銀吹分床屋	金銀吹分床屋	金銀吹分床屋	金銀吹分床屋	金銀吹分床屋	金銀吹分床屋	金銀吹分床屋	金銀吹分床屋				
	●小判所	●小判所	●小判所	●小判所	●小判所	●小判所	●小判所	●小判所	●小判所				
	●	●	●	●	●	●	●	●	●				
	●	●	●	●	●	●	●	●	●				
	●	●	●	●	●	●	●	●	●				
	場面囲い	場面囲い					場面囲い						金入
●(子供酔っ払い)	●(子供)	●(子供)	●	●(子供)	●	●(子供)	●(子供酔っ払い)	●(子供)	●(酔っ払い張込)	●(子供)	●(子供酔っ払い)	●	●(子供)
							場面入れ違い					阿仁銅山絵巻とセット	52とセット
	●123	●123	●1・2・3	●123	●123	●123	●123	●123	●1・2・3	●123	●123	●123	●123
						全景図(巻頭)	全景	全景図	全景				●

第Ⅰ章 佐渡金銀山絵巻の歴史的価値

52	104	96	6	19	20	10	32	106	15	22	76	33	101
佐渡鉱山製錬絵巻物_14	佐渡金山探鉱絵巻	佐渡金山之図画	佐渡金山絵巻	佐渡鉱山敷内稼方之図	佐渡金銀山絵巻	金銀山絵巻	佐渡金銀山採製図	金銀山敷岡図	佐渡国金銀山敷岡稼方図	佐洲金銀山之図	佐州金銀採製全図	佐渡金銀山採製図（素描）	金銀採製図
1	1	1	1	1	2	2	1	1	1	3	1	1	1
	26×1180		27.5×601								29×2700	27.6×2010.7	30×2000
京都大学	三菱東京UFJ銀行	中村俊郎	佐渡市教育委員会	新潟県立歴史博物館	新潟県立歴史博物館	佐渡市教育委員会	ゴールデン佐渡	三井文庫	新潟県立歴史博物館	新潟県立歴史博物館	国立科学博物館	ゴールデン佐渡	国立公文書館
（う）	う	う	う	う	う	う	う	う	う	う	う	え	え
51とセット								天明8(1788)筆写	文政乙酉（土佐光時）			37に類似	
											●	●	●
												●	●
								由来書き有り				由来凡例	
	●	●	●	●	●	●	●	●	●	●	●	●	●
	●	●	●	●	●	●	●	●	●	●	●	●	●
	●−	●−	●−	●−	●	●−	●	●	●−	●−	●	●煙貫	●煙貫
	●	●	●	●	●	●	●	●	●	●	●	●	●
	1・2	1・2	1・2	1・2	1・2	1・2	1・2	1・2	1・2	1・2	1・2	1・2	1・2
	1							1	1		1		
	126	1・2	1・2・6	1・2・6	1・2	1・2・6	1・2・6	126	1・2・6	1・2・6	1・2	1・2	1・2
	●	●	●		●	●	●	●	●	●	●		
	ドベ小屋	ドベ小屋	ドベ小屋			ドベ小屋	ドベ小屋	ドベ小屋	ドベ小屋	ドベ小屋	ドベ小屋		
	●2台	●両輪1台	●（両輪1台）		●2台	●2台	●2台	●（両輪1台）	●2台	●両輪1台	●両輪1台	●両輪1台	●両輪1台
	●	●	●		●	●	●	●	●	●	●	●	●
		（鉱石広げ）	●（鉱石広げ）					（鉱石広げ）			●	●（鉱石広げ）	●（鉱石広げ）
	●（牛3頭）				●（牛3頭）	●（牛3頭）	●（牛3頭）	●（牛3頭）	●（牛3頭）	●（牛3頭）	●（牛3頭）	●（牛3頭）	●（牛3頭）
	間山口番所		間山・六十枚番所		間山・六十枚番所	間山・六十枚番所	間山・六十枚番所	間山	間山・六十枚番所	間山		間山・六十枚番所	
	●（銅床屋）							●（銅床屋）			●（外場所銅床屋）	●（外場所）	●（銅稼）
1	1	1		1	1	1	1	1	1	1	1・3（大吹所鏈叩水車場）	1・3（御仕入稼）	1・3（御仕入稼水車場）
辰巳口番所	銅床屋	銅床屋		買石屋?	辰巳口番所・銅床屋	辰巳口番所・銅床屋	銅床屋・辰巳口番所	銅床屋・辰巳口番所	銅床屋・辰巳口番所	銅床屋・辰巳口番所	辰巳口番所・銅床屋・大吹所	辰巳口番所・銅床屋・御仕入稼	辰巳口番所・銅床屋・御仕入稼水車場
	●	●		●	●	●	●	●	●	●	●	●	●
13	13	13		13	13	13	13	13	13	13	13	13	13
辰巳口番所	銅床屋	銅床屋		買石屋?	辰巳口番所・銅床屋	辰巳口番所・銅床屋	銅床屋・辰巳口番所	銅床屋・辰巳口番所	銅床屋・辰巳口番所	銅床屋・辰巳口番所	辰巳口番所・銅床屋・大吹所（図は無し）	辰巳口番所・銅床屋・御仕入稼（図は無し）	辰巳口番所・銅床屋・御仕入稼（図は無し）
	●	●			●	●	●	●	●	●	●（銅床屋・大吹所）	●（銅床屋・御仕入稼）	●（銅床屋・御仕入稼）
	●	●			●	●	●	●	●	●	●（銅床屋・大吹所）	●（銅床屋・御仕入稼）	●（銅床屋・御仕入稼）
	●	●			●	●	●	●	●	●	●（銅床屋・大吹所）		●（銅床屋・大吹所）
●寄床屋				●金銀吹方床屋	●寄床屋	●寄床屋	●寄床屋	●寄床屋	●寄床屋	●金銀吹方床屋	●寄床屋	●金銀吹方床屋	●金銀吹方床屋
●金銀吹分床屋・再分所				●金銀吹分所		●再分所	●再分所		●金銀吹分床屋・再分所	●金銀吹分床屋	●金銀吹分床屋	●金銀吹分床屋	●金銀吹分床屋
				●金銀吹分所				●金銀吹分所			●		
●小判所					●小判所	●砂金	●小判所	●小判所	●小判所	●小判所	●小判所	●小判所	●小判所
●					●	●	●	●	●	●	●	●	●
●					●	●	●	●	●	●	●	●	●
●					●	●	●	●	●	●	●	●	●
のみ掃場					のみ掃場	のみ掃場	呑掃場・金入	のみ掃場	のみ掃場		●		
	●（子供）				●（子供）	●（子供）	●（子供）	●（子供）	●（子供）	●（子供）	●（子供）		
51とセット						場面入れ違い	解説有り					勝場と須灰床（金銀吹分）が張違い	
						四留番所他場面張違い							
	●123				●123	●123	●123	●123	●123	●123	●123	●123	●123
					全景図	●		●	●		全景	●	●

37	41	7	8	12	13	18	21	35	36	91	92	102	75
佐州金銀採製全図	金銀山敷内稼方之図	佐渡金山絵巻	西三川砂金山稼場所図	金銀山敷岡稼方図	佐渡金銀山稼方之図	佐渡国□留番所并金銀吹方絵図	佐渡金銀山絵巻	金銀山絵巻	西三川砂金山全図	佐州表金銀山より掘出す絵図	佐州金銀山稼方諸国帖	佐渡金山金堀之図	佐渡金山図
3		1	1	1	1	1	1	1	1	1	1	1	1
	26×252.5								27×370			40×650	
佐渡高校同窓会舟崎文庫	長岡中央図書館	佐渡市教育委員会	佐渡市教育委員会	新潟県立歴史博物館	新潟県立歴史博物館	新潟県立歴史博物館	新潟県立歴史博物館	佐渡市・個人	佐渡市・個人	中村俊郎	中村俊郎	国立公文書館	国立科学博物館
え	え			お**			お***			お*		お****	
33に類似				宝暦4年	丙辰（安政3年か）					享和2年（凉月下院之写建部）	文化5年		（嘉永6三谷五峰春成）
●												●	
由来凡例				●道遊（巻末）				無宿水替		●道遊	●道遊	四留番所内図	
●	●			●		●				●		●	●
●	●			●		●				●	●	●	●
●烟貫	●烟貫			●		●−					●	●−	
●	●			●							●	●	●
1・2	1・2			1・2		1・2				1・2	1・2	1・2	1・2
1・2	1・2			1・2・3・6		1・2				123	1・2・3・6	123	
			●横引場								●横引場		横引場
			ドベ小屋								ドベ小屋		
●両輪1台	●									●2台	●3台	●3台	●4台
●					●					●	●	●	●
●（鉱石広げ）				●						●(牛3頭)	●(牛6頭)	●	●
										上相川・間山・六十枚番所			
1	1			●		1				1	1	1	1
辰巳口番所	買石宅					辰巳口番所				買石宅	買石宅・銅床屋	買石宅	辰巳口番所
●	●			●		●				●	●	●	●
13	1・3			●		13				13	13	13	13
辰巳口番所	買石宅					辰巳口番所				買石宅	買石宅・銅床屋	買石宅	辰巳口番所
										●			
										●			
										●			
●寄床屋	●寄床屋			●寄床屋		●寄床屋				●寄床屋	●寄床屋	●寄床屋	寄床屋
●												●寄床屋	
●金銀吹分床屋	●金銀吹分床屋			●金銀吹分床屋		●金銀吹分床屋				●金銀吹分床屋	●金銀吹分床屋		
●金銀吹分床屋													
●小判所	●小判所			●小判所	●	●小判所						●小判所	
●	●			●		●	●					●	
●	●			●	●	●	●					●	
●	●			●		●	●					●	
	●					●				●			
●	●			●		●				●（小判仕上げ）			
											●（子供酔っ払い）		
			伊那時時丈村	大砲教授木村正勝・山中大観選文							場面囲い	製錬詳細解説	
										●123	●123	●2	
			全景図	●	全景図			●全景	全景				

表2 坑内・製錬項目

		絵巻No.	71	105	103	91	3	16	70	4
		絵図(絵師)の系統等	享保年中(1732-36)	寛政12(1800)狩野融川	山尾信福	享和2年(1802)	尼子正名識由来あり	宝暦3(1753)年(山尾信福)		石井夏美(1783-1848)
		寄勝場	買石屋	買石屋	買石屋	買石屋	買石屋	辰巳・銅床屋	辰巳・銅床屋	銅床屋・辰巳
		坑内パターン	あ	あ	い	お*	い	い	い	い
	巻頭		坑内	坑内	道遊	道遊	坑内	道遊	釜の口	釜の口
	江戸無宿水替(安永7年)								●	
	フランカスホイ(天明2年試行)									
	両輪(寛政3年)									
採鉱(鋪内)	釜の口					●			●	●
	採掘		●	●	●	●	●	●	●	●
	荷揚		●	●	●	●	●	●	●	●
	間切		●	●	●−		●−+	●−+	●−+	●−+(張込)
	山留		●	●	●		●	●	●	●
	灯り(1釣り・2紙燭・3竹・4松明・5サザエ)		1・2	1・2	1・2	1・2	1・2	1・2	1・2	1・2
	換気(1唐箕・2煙戸・3煙管)								1	1(張込)
	排水(1釣瓶・2手繰・3水上輪・4寸方・5ポンプ・6排水溝)		1・2・3・6	1・2・3・6	1・2・3・6	123	1・2・3・6	1・2・3・6	1・2・3・6	1・2・3・6
	釜の口出口		●横引場	●横引場	●横引場		●横引場	●横引場	●横引場	●横引場
	その他		ドベ小屋	ドベ小屋	ドベ小屋		ドベ小屋	ドベ小屋	水替・ドベ小屋	ドベ小屋
荷改・荷分(四ツ留番所)	番所(役所)		●	●	●		●	●	●	●
	鍛冶場		●3台	●3台	●3台		●2台	●2台	●2台	●2台
	建場(荒選鉱)		●	●	●		●	●	●	●
	荷改・荷分		●	●	●		●	●	●	●
	荷下		●(牛3頭)	●(牛3頭)	●(牛3頭)		●(牛3頭)	●(牛3頭)	●(牛3頭)	●(牛3頭)
	その他		間山・六十枚番所	上相川・間山・六十番所	上相川・間山・六十番所		間山・六十枚番所	間山・六十枚番所	水替小屋・間山・六十枚番所	間山・六十枚番所
勝場	石叩		●	●	●	●	●	●	●	●
	磨臼		●	●	●	●	●	●	●	●
	板取		●	●	●	●	●	●	●	●
	ネコ流し		●	●	●	●	●	●	●	●
寄床屋	大吹床(小吹床)		●汰物大吹床	●汰物大吹床	●	●大吹床	●大床	●大床	●大床	●汰物大吹床
	灰吹床		●	●	●	●	●	●	●	●
金銀吹分床	吹分床(大吹床)		●	●	●	●	●	●	●	●
	下シ物床									
	薬抜床									
	灰吹床(金・銀灰吹)		●	●	●		●	●	●	●
小判所	筋金玉吹(灰吹)						●	●	●	●
	筋金惣吹(灰吹)						●	●	●	●
	砕金床						●	●	●	●
	焼金竈(長竈)						●	●	●	●
	塩合船(揉金)						●	●	●	●
	寄金床					●	●	●	●	●
	延金床					●	●	●	●	●
後藤役所	銅気改						●	●	●	●
	延金極印・半切						●	●	●	●
	延金荒切(小判所)						●	●	●	●
	鉤子小判・青小判					●	●	●	●	●
	色揚						●	●	●	●
小判所	灰吹床(波塩・元塩)						●	●	●	●
	塩銀床						●	●	●	●
	吹分床(塩銀に硫黄)						●	●	●	●
	砂金吹床(砂金玉吹)						●	●	●	●
再分所	大吹床									
	吹分床									
呑掃場	ネコ流し									
	磨臼									
	灰吹床									
銅床屋	焙焼						●			
	石叩						●	●	●	●
	磨臼						●	●	●	●
	板取						●	●	●	●
	ネコ流し						●	●	●	●
	荷吹床						●	●	●	●
	間吹床						●	●	●	●
	南蛮床						●	●	●	●
	灰吹床						●	●	●	●
大吹所・御仕入稼	水車場									
	大吹床									
	南蛮床									
	灰吹床									
浜流し場	採鉱(水上輪)						●	●	●	
	ネコ流し						●	●	●	
	磨臼						●	●	●	
	板取						●	●	●	

1．佐渡金銀山絵巻について　35

は絵の系統が異なる。

51・52	106	92	15	76	101	
	天明8(1788)筆写	文化5(1808)	文政8(1825)(土佐光時)			
銅床屋・辰巳	銅床屋・辰巳	買石屋・銅床屋	銅床屋・辰巳	辰巳・銅床屋・大吹所	辰巳口番所・銅床屋・御仕入稼水車場	
う	う	お＊＊＊＊	う	う	え	
釜の口	釜の口	道遊	釜の口	釜の口	釜の口	
●						
●	●		●	●	●	
●	●	●	●	●	●	
●	●	●	●-	●	●烟貫	
●	●	●	●	●	●	
1・2	1・2	1・2	1・2	1・2	1・2	
1	1		1	1		
1・2・5	126	1・2・3・6	1・2・6	1・2	1・2	
●	●	●横引場	●	●	(欠)	
ドベ小屋	ドベ小屋	ドベ小屋	ドベ小屋	ドベ小屋		
			●	●	●	
●2台	●2台		●(両輔1台)	●両輔1台	●両輔1台	
●	●					
●	●		●鉱石広げ	●(鉱石広げ)	●(鉱石広げ)	
●(牛3頭)	●(牛3頭)		●(牛3頭)	●(牛3頭)	●(牛3頭)	
間山・六十枚番所	間山・六十枚番所		間山	間山口番所	間山口番所	
●	●	●	●	●	●	
●	●	●	●	●	●	
●	●	●	●	●	●	
●汰物大吹床	●汰物大吹床	●汰物大吹床	●大吹床	●小吹床	(欠)	宝暦9(1759)辰巳口番所設置(買石勝場・寄床屋・吹分床)
●	●	●	●	●	●	
		●	●	●	●	
			●	●	●	
●		●	●	●	●	
●			●	●	●	
●			●	●	●	
●	●		●	●	●	
●	●		●	●	●	
●			●	●	●	
●	●		●	●	●	元和7(1621)小判製造～元禄8(1695)まで 元禄15(1702)小判製造再開～宝永7(1710)まで 正徳5(1715)再開～享保9(1724)まで 延享4(1732)再設置～文化13(1816)まで
●	●		●	●	●	
●	●		●	●	●	
●	●		●	●	●	
●	●		●	●	●	
●	●		●	●	●	
●	●		●	●	●	
●	●					
●	●		●			宝暦11(1761)～寛政4(1792)再分所設置
●						
●	●	●	●	●	●	
●	●	●	●	●	●	
●	●	●	●	●	●	寛永3(1626)鎮目奉行の代に戸地村水車場 元禄10(1697)間切川に水車場(静野与右衛門) 宝暦13(1763)板町伊兵衛に銅稼方
●	●	●	●	●	●	
●	●	●	●	●	●	
●	●	●			●	
				●	●	文化13(1816)大吹所・文化14(1817)水車場・弘化4(1847)御仕入稼
				●	●	
				●	●	
●	●	●	●	●	●	
●	●	●	●	●	●	
●	●	●	●	●	●	

表3 坑道パターン表

	坑道パターン		絵巻No.	
あ	(図)	*	95佐渡金山稼方図巻	
		01佐州金銀山敷内稼仕方之図	**	
		105金銀山敷内稼方之図	53佐州金山図絵	
		38金銀山敷内稼仕方図		
		71佐渡之国金山之図		
い	(図)	**	97佐渡金山鑓石堀出役所取締図	
		02鉱山絵巻(仮題)	103佐渡金山絵巻	
		03佐渡の国金掘ノ巻		
		05金銀山敷内稼方之図甲・乙	*	
		09佐渡銀山往時之稼行絵巻	04銀山勝場稼方諸図1巻・2巻(夏海)	
		11金銀山稼方図	17金銀山敷岡稼方図(仮)水替え小屋	
		14佐渡金銀山絵巻(仮)	62金銀山敷内敷岡稼方図(佐渡鉱山銅製錬絵巻)	
		16佐渡金銀山絵巻(3巻)	70佐渡金山之図	
		34佐渡金山稼方絵巻(彩色図長巻)	93佐渡金銀山稼方図巻	
		40佐渡金山図会		
		72佐渡之昔甲・乙		
		90佐州銀山稼絵図並小判所之絵図		
う	(図)	06佐渡鉱山絵巻	51・52佐渡鉱山坑内絵巻物・製錬絵巻物	
		10金銀山絵巻	96佐渡金山之図画	
		15佐渡国金銀山敷内稼方図四百二人_23	104佐渡金銀山採鉱絵巻	
		19佐渡金銀山敷岡稼方之図	106金銀山敷岡図	
		20佐渡金銀山絵巻(2巻)	76佐州金銀採製全図	
		22佐洲金銀山之図(3巻)		
		32佐渡金銀山採製図		
え	(図)	101金銀採製図		
		33佐渡金銀山採製図(素描)		
		37佐州金銀採製全図		
		41金銀山敷内稼方之図		
お	(図)	*		
		91佐州表金銀山より掘出す絵図		
		**		
		12金銀山敷岡稼図		
		***		
		21佐渡金銀山絵巻		
		****		
		92佐渡金銀山稼方諸国帖		

凡例
●…採掘
★…間切
△…水場
ヶ…山留
○…梯子
×…唐箕
◎…柄山

表4 製錬工程（佐渡）

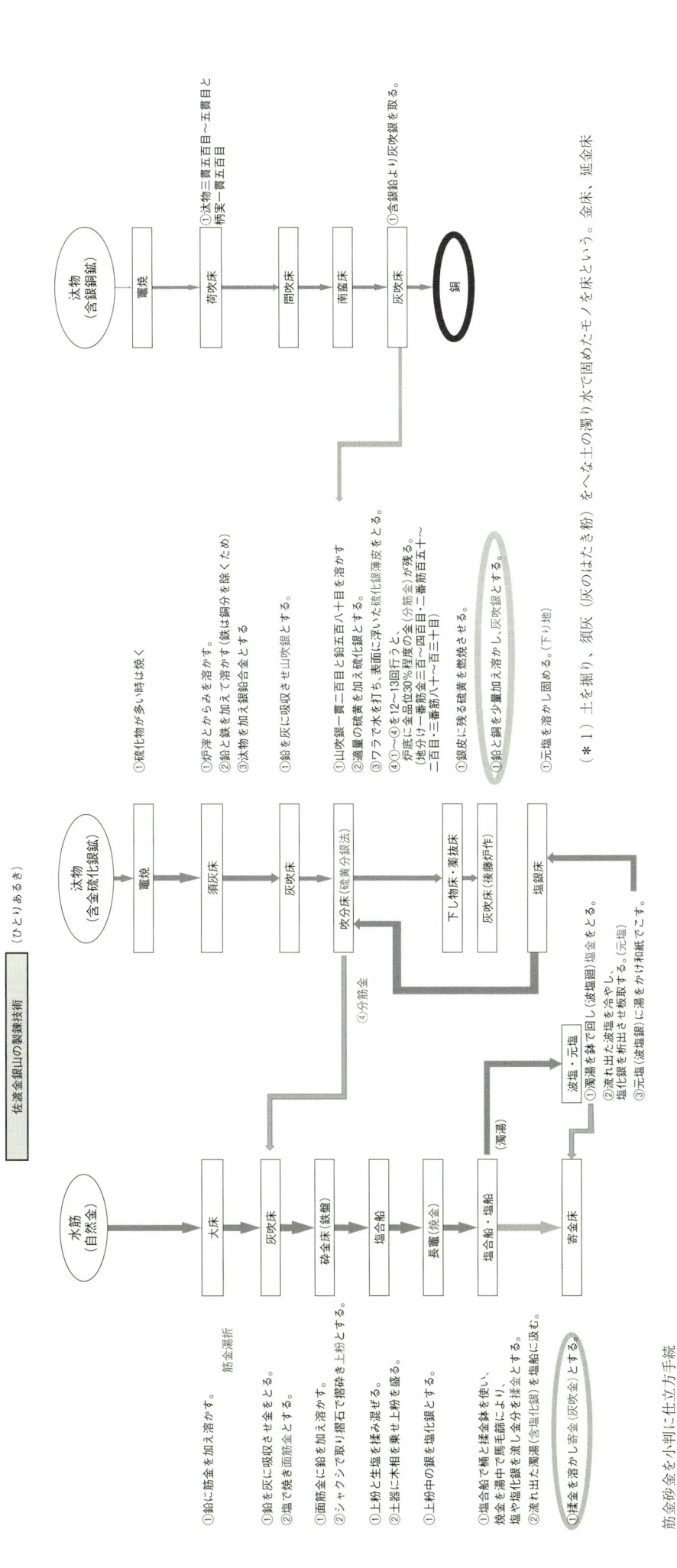

佐渡金銀山の製錬技術

水筋（自然金） → 大床 → 灰吹床 → 砕金床（鉄盤） → 塩合船 → 長竈（焼金） → 塩合船・塩 → 寄金床

（ひとりあるき）

筋金湯折

①鉛に筋金を加え溶かす。
①鉛を灰に吸収させ面筋金とする。
①面筋金に塩を加え溶かす。
②シャクラで取り摺石で摺砕きを上粉とする。
①上粉と生塩を揉み混ぜる。
①土器と木相に塩を盛り上粉を盛る。
①上粉中の銀を塩とする。
①塩合船で揉て樋を使い、焼金を湯中にて馬毛篩により、塩や塩化銀を流し金分を取とする。
②流れ出た濁湯（含塩化銀）を塩合船に汲む。

（濁湯）

（波塩・元塩）
①濁湯を鉢で回し（波塩廻）塩を除く。
②流れ出た波塩を冷やし、塩化銀を析出させ板取する。（元塩）
③元塩（波塩銀）に湯をかけ和紙でこす。

汰物（含金硫化銀鉱） → 竈焼 → 須灰床 → 灰床 → 吹分床（硫黄分銀法）
↓
下物土床・実抜床
灰吹床（後藤炉作）
↓
塩銀床

（4）分銀

①硫化物が多い時は焼く
①炉渣とからみを溶かす
②鉛と鉄を加え溶かす（鉄は銅分を除くため）
③汰物を加え鋼鉛合金とする
①鉛を灰に吸収させ山吹鉛合金とする
①山吹銀一貫二百目と鉛五百目を溶かし
②適量の硫黄を加え硫化銀とする。
③フラフで水を打ち、表面に浮いた硫化銀渋皮を取る。
④①~④を12~13回行うと、炉底に上品位30%程度の（分筋金）が残る。（地付・三番筋三百~四百目・二番筋百五十~二百目・三番筋八十~百三十目）
①銀皮に残る硫黄を燃焼させる。
①鉛と銅を少量加え溶かし灰吹床とする。
①元塩と銅を溶かし固める。（下り地）

汰物（含銀銅鉱） → 竈焼 → 荷吹床 → 間吹床 → 南蛮床 → 灰吹床 → 銅

①汰物三貫五百目と柄実一貫五百目
①合銅鉛より灰吹銀を取る。

（*1）土を掘り、須灰、灰（灰のはたき粉）をべな（の濁り水で固めたモノを床という。金床、延金床

金床（*1）
鉄盤・摺石
砕金船・大土器・鍋
塩合船・木相・竹筒
小板鉢・馬篩・上粉瓶

塩合船
大土器・木相・かれ塩
長竈・請土器・笠土器・羽口・牛蒡炭

熊手・金桶
焼金鍋
（土器洗）

筋金砂金小判に仕立方手続
(1) 砕金之仕法
①筋金1貫目にさし鉛40目を加え溶かす。
②廻し木で湯廻しし、金釣子で鉄盤にすくう。
③鉄盤と両脇の大土桶に砕金船を並べた土器に摺粉からあまを取る。
④塩合船の水を小板鉢に入れ、馬篩で上粉をとり、上粉瓶へ。
⑤あらを小板鉢に入れ、馬篩で上粉をとり、上粉瓶へ。
⑥残ったあらと、紙に包み絞り固めておで突き崩す。

(2) 焼金之仕法
①砕金上粉1貫目に合塩（にがり・生塩）7升の割合で塩合船に入れ良く混ぜる。
②大土器にかれ塩を薄く引き、木相を立て塩合上粉を盛り、木相を除く。
③長竈に盛塩大土器を二行に置き、風廻しの羽口を並べる
④牛蒡炭を足しながら、8時間ほど焼く。
⑤熊手で土器を、4個づつ金桶に入れる。（請土器などは焼金鉢で別個へ）
⑥流しの水で焼金を合わせ、塩合船で洗い、濁らなったら、上粉瓶にいれる。
⑦湯気が抜けるまで湯で洗い、濁水を入れた土器桶にいれ、翌朝再流しする。
⑧合土器や笠土器は塩合船に溜め熱湯を入れ、熱湯流し、溜め塩吹金と塩銀を取る。
⑨⑦⑧の濁水は塩を洗い、灰塩金を洗い、灰塩金とする。
⑩炭に付いた炭を洗い、塩銀と塩銀を取る。

表 5-①　製錬工程（院内大葛）

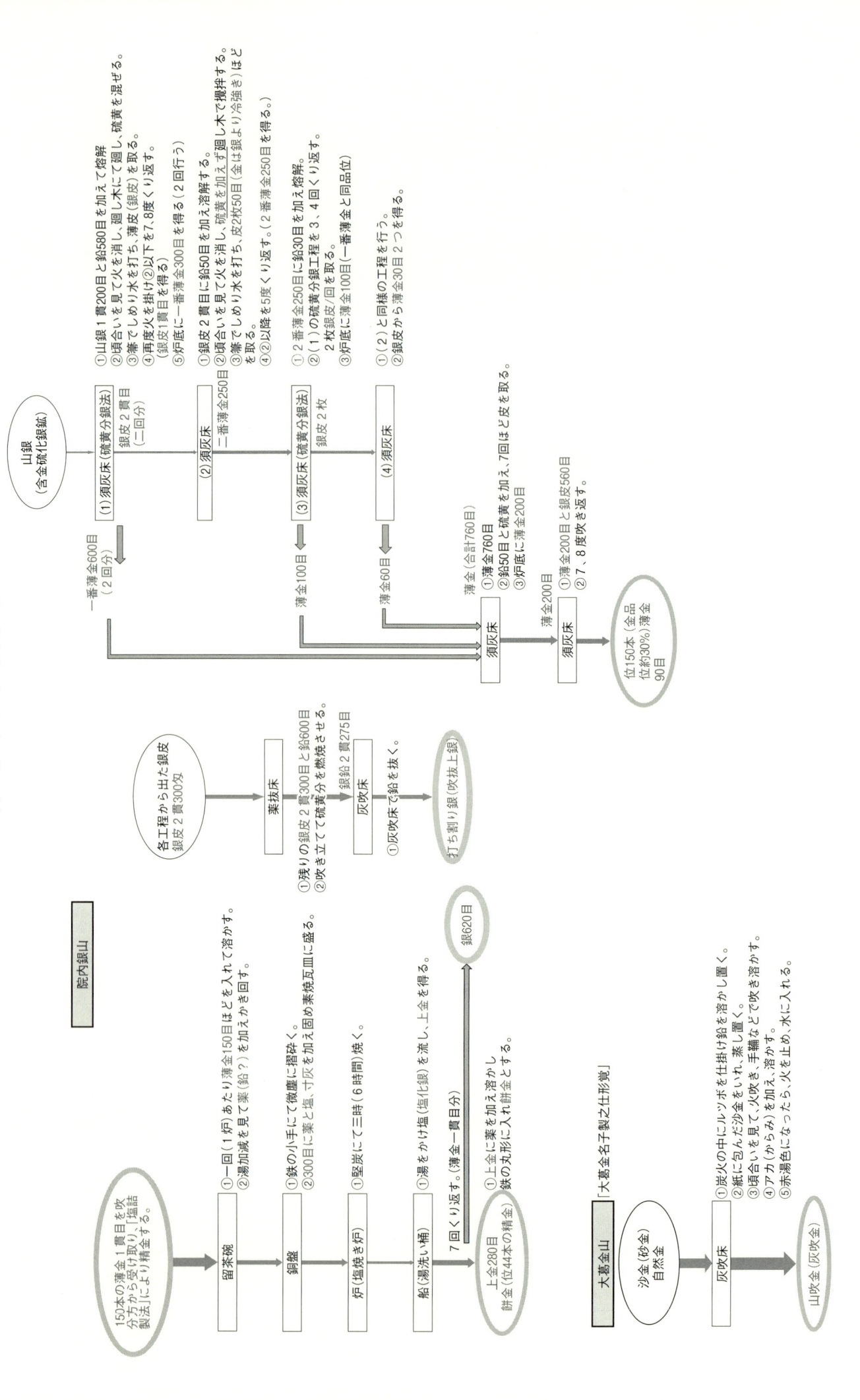

院内銀山

山銀（含金硫化銀鉱）

(1) 須灰床（硫黄分銀法）銀皮 2 貫目分（二回分）
①山銀 1 貫 200 目と鉛 580 目を加えて熔解
②頃合いを見て火を消し、廻しキにて廻し、硫黄（銀皮）を取る。
③箒でしめり木を打ち、薄皮を取る。
④再度火を掛け②以下を 7, 8 度くり返す。（銀皮 1 貫目を得る）
⑤炉底に一番薄金 300 目を得る（2 回行う）

一番薄金 600 目（2 回分）
一番薄金 250 目

(2) 須灰床
①銀皮 2 貫目に鉛 50 目を加え溶解する。
②頃合いを見て火を消し、硫黄を加えず廻し木で攪拌する。
③箒でしめり木を打ち、皮 2 枚 50 目（金は銀より冷え強き）ほどを取る。
④②以降を 5 度くり返す。（2 番薄金 250 目を得る）

(3) 須灰床（硫黄分銀法）銀皮 2 枚
①2 番薄金 250 目に鉛 30 目を加え熔解。
②(1) の硫黄分銀工程を 3, 4 回くり返す。
③炉底に薄金 100 目（一番薄金と同品位）

(4) 須灰床
①(2) と同様の工程を行う。
②銀皮から薄金 30 目 2 つを得る。

薄金 100 目
薄金 60 目

薄金（合計 760 目）
①薄金 760 目
②鉛 50 目と硫黄を加え、7 回ほど皮を取る。
③炉底に薄金 200 目

須灰床

薄金 200 目
①薄金 200 目と銀皮 560 目
②7, 8 度吹き返す。

位 150 本（金品位約 30％）薄金 90 目

各工程から出た銀皮
銀皮 2 貫 300 匁

薬抜床
①残りの銀皮 2 貫 300 目と鉛 600 目
②吹き立てて硫黄分を燃焼させる。

銀鉛 2 貫 275 目

灰吹床
①灰吹床で鉛を抜く。

打ち割り銀（吹抜上銀）

150 本の薄金 1 貫目を吹分方から受け取り、塩詰製法により精錬する。

留茶碗
①一回（1 炉）あたり薄金 150 目ほど入れて溶かす。
②湯加減を見て薬（鉛？）を加えかき回す。

銅盤
①鉄の小手にて微塵に摺砕く。
②300 目に薬と塩、寸灰を加え固め素焼瓦皿に盛る。

炉（塩焼き炉）
①堅炭にて三時（6 時間）焼く。

船（湯洗い桶）
①湯をかけ塩（塩化銀）を流し、上金を得る。

7 回くり返す。（薄金 1 貫目分）

上金 280 目
餅金（位 44 本の精金）

①上金に薬を加え溶かし
鉄の丸形に入れ餅金とする。

銀 620 目

大葛金山

[大葛金名子製之仕形覚]

沙金（砂金）自然金

灰吹床
①炭火の中にルツボを仕掛け鉛を溶かし置く。
②紙に包んだ沙金をいれ、蒸し置く。
③頃合いを見て、火吹き、手鞴などで吹き溶かす。
④アカ（からみ）を加え、溶かす。
⑤赤湯色になったら、火を止め、水に入れる。

山吹金（灰吹金）

表5-②　製錬工程（石見・阿仁・金澤・生野）

石見

様吹（試し吹）
- とかし鏈
- 銅気銀鏈
  → 小吹試（火除・炭灰炉）
  → 灰吹
  → 灰吹銀／皮銅

小鉉物（福石鉱石）
→ 素吹（荒吹）
→ 灰吹（渡木）
→ 清吹
→ 花降上銀

大鉉物（永久鉱石・含銀銅鉱）
→ 焼釜
→ 素吹（荒吹）　鏈・あえ・錬鏈・カラミ・ろかす
  - 銅皮 → 焼釜 → 合吹 →（吹込銅）→ 南蛮絞 → 銅
  - 床尻鉛（含銀鉛）
→ 灰吹（渡木）
  - 絞鉛（銀鉛合金）→（南蛮絞より）
→ 灰吹銀
→ 清吹
→ 花降上銀

阿仁銅山・加護山製錬所

鉑石（含銀銅鉱）

【阿仁銅山】
→ 鉑焼竈
→ 素吹（荒吹）
→ 真吹
→ 荒銅

【加護山製錬所】
→ 合吹
→ 合銅
→ 南蛮絞
  - 絞銅 → 片銅
  - 実鉛（含銀鉛）
→ 灰吹（大灰吹床）
→ 正銀
→ 清吹（小灰吹床）
→ 灰吹銀

金澤金山

砂金（自然金）
→ 索鑪（手鞴・溜茶碗など）
→ 山吹金

生野銀山

鉑石（含銀銅鉱）
→ 素吹（荒吹）
  - 荒吹銅
→ 真吹
  - はがし（含銀銅鉛）
→ 合吹　鉛・留粕
  - 合かね
→ 南蛮絞
  - 銀鉛
→ 灰吹
  - 灰吹銀・留粕
→ 上銀吹
→ 銅／上銀

2．佐渡金銀山絵巻の変遷・分類と絵師

渡部浩二

1．はじめに

　佐渡金銀山絵巻は、佐渡金銀山の主体をなした相川金銀山における採鉱、選鉱、製錬、小判製造等の一連の作業工程を描いた絵巻群の総称である。時期によって西三川砂金山の稼業の様子も付属的に描写される場合もある。後述のように、萩原美雅（はぎわらよしまさ）の佐渡奉行在任中の1732（享保17）年～1736（元文元）年頃に初めて描かれ、以降幕末まで、佐渡奉行および組頭（佐渡奉行の補佐役）交代の度ごとに奉行所の絵図師が制作し、提出するのが恒例となったと考えられている。

　佐渡金銀山絵巻はビジュアルな史料であるため、これまでも新潟県や佐渡市の歴史関係書籍などに挿絵的に頻繁に利用されてきた。また、江戸時代の金銀山技術史解明等の視点から個々の絵巻の紹介や各場面の解説が試みられ、一定の成果をあげてきた[1]。そして、1995（平成7）年に相川郷土博物館において開館40周年記念特別展「佐渡と金銀山絵巻」展[2]が、翌1996年には国立科学博物館において「日本の鉱山文化　絵図が語る暮らしと技術」[3]展が開催され、多数の佐渡金銀山絵巻の存在と、それらが鉱山技術や鉱山文化を知るうえで数多くの情報を含んでいることを広く世に示すこととなった。しかし、全国各地に散在する多数の絵巻の所在把握やそれらの比較検討は必ずしも十分でなく、絵巻に作者・制作年代・制作事情等が記されるのが稀なこともあって、佐渡金銀山絵巻群の全体像の把握や絵巻群全体のなかでの個々の絵巻の位置付けの解明などについては課題が残った[4]。

　近年、佐渡金銀山遺跡の世界遺産登録に向けた調査活動の一環として佐渡金銀山絵巻の調査も進み[5]、国内外に100点以上も所在することがわかってきた（表1参照）。そして、佐渡金銀銀山絵巻を「群」としてとらえ、それらの比較検討から佐渡金銀山の新たな価値が見いだされつつある。本稿は、そのような佐渡金銀山絵巻群の変遷・分類と絵師について検討し、それらの全体像を概観するものである。

2．佐渡金銀山絵巻制作の由来と目的

　まず、多数の所在が確認される佐渡金銀山絵巻制作の由来と目的について確認し、その全体像を探る手掛かりとしたい。関係史料は僅少かつ断片的であるが、次の2点の史料から検討する。

　1点目は、最初期の絵巻の写本と考えられる国立科学博物館所蔵「佐渡国金山之図」[6]（表1絵巻№19、以降№○○と表記）の巻頭部分の記載である（図1）。ここに「有徳院様御代蒙台命松平左近将監殿迄出候図之写」とある。「有徳院」は8代将軍徳川吉宗で、「松平左近将監」は老中松平乗邑（のりさと）である。乗邑が老中となったのは1723（享保8）年4月21日で、免職となったのは1745（延享2）年10月9日である[7]。この間に将軍・老中の意向があり、絵巻の制作・提出がなされたことがうかがわれる。

　2点目は、明治時代以降に筆写された新潟県立佐渡高校同窓会舟崎文庫所蔵「佐州金銀採製全図」[8]

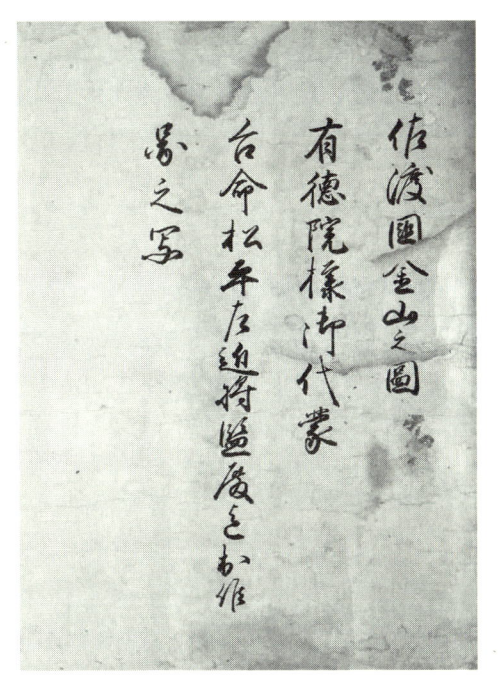

図1 「佐渡国金山之図」（国立科学博物館蔵）

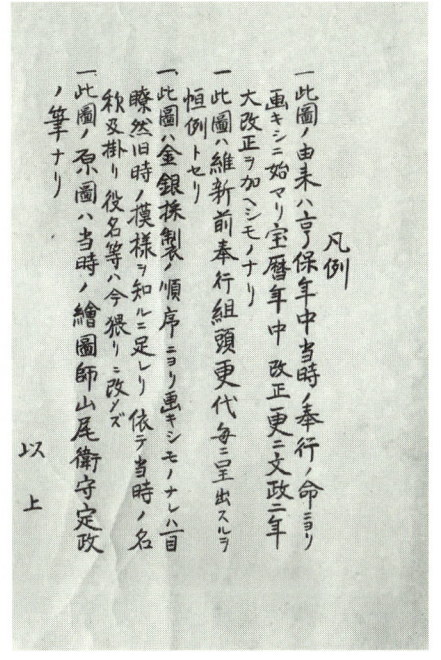

図2 「佐州金銀採製全図」（新潟県立佐渡高校同窓会舟崎文庫蔵）

(No.48) の巻頭部分の記載である（図2）。

一　此図ノ由来ハ享保年中当時ノ奉行ノ命ニヨリ画キシニ始マリ宝暦年中改正更ニ文政二年大改正ヲ加ヘシモノナリ

一　此図ハ維新前奉行組頭更代毎ニ呈出スルヲ恒例トセリ

一　此図ハ金銀採製ノ順序ニヨリ画キシモノナレハ一目瞭然旧時ノ模様ヲ知ルニ足レリ依テ当時ノ名称及掛リ役名等ハ今猥リニ改メズ

一　此図ノ原図ハ当時ノ絵図師山尾衛守定政ノ筆ナリ

一条目には、絵巻は享保年間（1716～1736）に当時の佐渡奉行の命令で画くことが始まり、宝暦年間（1751～1764）に改正、更に1819（文政2）年に大改正を加えたこと、二条目には、明治維新前には佐渡奉行や組頭が交代する度ごとに呈出することを恒例としていたこと、四条目には、本絵巻の原図は絵図師山尾衛守定政によるものであることが記されている。

以上2点の史料の検討から佐渡金銀山絵巻について次のことが指摘されよう。

1点目は、8代将軍徳川吉宗の時代、享保年間（1716～1736）頃にはじめて描かれたと考えられることである。これに関して『相川町誌』(9)には、後述する佐渡金銀山絵巻の制作を担った佐渡奉行所絵図師の山尾衛守鶴軒に関する記事に「萩原奉行徴シテ絵画師ヲ命シ銀山ニ属セシム」とあり、萩原美雅が佐渡奉行に在任した1732（享保17）年閏5月から1736（元文元）年11月の間にはじめて描かれた可能性が高い。より厳密にいえば萩原奉行が佐渡に実際に赴任した1733（享保18）年4月から1736（元文元）年11月の間に限定されるかもしれない。何故この時期に制作が開始されたのか明確ではないが、将軍・老中の意向が垣間見られることから、徳川吉宗の行った産業の開発・奨励政策の一環として今後検討されるべきであろう。

2点目は、絵巻は以降も制作が続けられ、「宝暦年中改正」、「文政二年大改正」といったように、おそらく佐渡金銀山の経営上の変化や新技術の導入に伴い、内容の一部が改められたと考えられることで

ある。

3点目は、佐渡奉行およびその補佐役である組頭の交代毎に制作・提出することを恒例としたと考えられることである。これに従えば、萩原美雅以降の佐渡奉行の人数および組頭職の人数が「正規」の佐渡金銀山絵巻の制作数のベースとなると考えられる。佐渡奉行は萩原美雅以降73人にのぼり、組頭職は宝暦8年（1758）の設置以降、幕末まで36人を数える。これを単純に合計すれば109点にものぼる。なお、絵巻は「幕府提出用と奉行所の控えがつくられ、奉行が離任するときにももたせた」とする説もあり、その控え分を計算に入れれば200点を超えることになる。奉行・組頭の交代ごとに制作された理由については、江戸から派遣される奉行らに対し、複雑で特殊な佐渡金銀山の稼ぎの様子を絵巻というビジュアルな形でわかりやすく説明するため、という考え方がある。

4点目は、絵巻の制作は、佐渡奉行所の絵図師山尾衛守が代々担ったと考えられることである。初代衛守が絵図師として佐渡奉行所に正式に登用されたのは、1737（元文2）年3月1日であった（後述）。そして、「子孫世々衛守ト襲称シハ絵図師ノ職ヲ継ク孫定政ハ鶴斎ト号シ金銀採製図録ヲ画キ名ヲ著ハシ」（『相川町誌』）とあるように、代々「衛守」と称して絵図師の職を継いだ。図2に「此図ノ原図ハ当時ノ絵図師山尾衛守定政ノ筆ナリ」とあるのはそのことを裏付けるものである。

3．絵巻からみる佐渡金銀山の経営と技術の変化

佐渡金銀山絵巻は百数拾年にわたって描き継がれた。前述のように新潟県立佐渡高校同窓会舟崎文庫所蔵「佐州金銀採製全図」（No.48）の巻頭（図2）には、絵巻は宝暦年間（1751～1764）、そして1819（文政2）年に改正された旨が記されているが、絵巻群の比較によって、その年代以外にも経営や技術の変化などを反映して細かに改められていることがわかる。ここではその具体例を示す。

(1) 坑内の排水具

鉱山経営の大きな課題のひとつは、坑道を深く掘り下げるにしたがって湧き出る水の排水であった。このため佐渡金銀山でもさまざまな道具を導入して効果的な排水を試みた。1653（承応2）年にはアルキメデスポンプを祖形とする水上輪が導入されて大きな成果をあげた。しかし、故障も多く、次第に使われなくなった。1730年代に制作されたと考えられる最初期の絵巻群にはまだ水上輪が描かれるが（図3、No.19）、しばらくすると、1753（宝暦3）年制作の図4（No.68）のように、「此水上輪樋ハ古来ノ御稼ニ而当時無之候」という文字が付記されるようになり、実際には使用されなくなったことが反映される。その後は、旧来の手桶と釣瓶による水替が主体となるが、1782（天明2）年に海外わたりの「阿蘭陀水突道具」（フランカスホイ）が導入されると、絵巻にその姿を現すようになる（図5、No.93）。『佐渡年代記』によれば、排水にかなりの効果をあげて水替人件費削減を実現したが、故障も多かったようでしばらくして使われなくなった。1788（天明8）年の年紀のある三井文庫本（No.35）には描かれず、わずかの間しか機能しなかったことを絵巻から確認することができる。そして以降の絵巻には、旧来の手桶と釣瓶による水替の様子が描かれるようになる（図6、No.44）。

(2) 坑内の照明具

坑内の照明具には紙燭（桧を薄く削り、やわらかになるまでもんで縄のようにして油を浸し、これを木に巻きつけて火を灯して用いた照明具）や釣（丸い鉄皿に油を入れ、灯心をひたして火を灯して用いた照明具）を用いた。ところが、18世紀中頃成立の『佐渡相川志』には、「昔ハ紙燭屋廿余軒ア

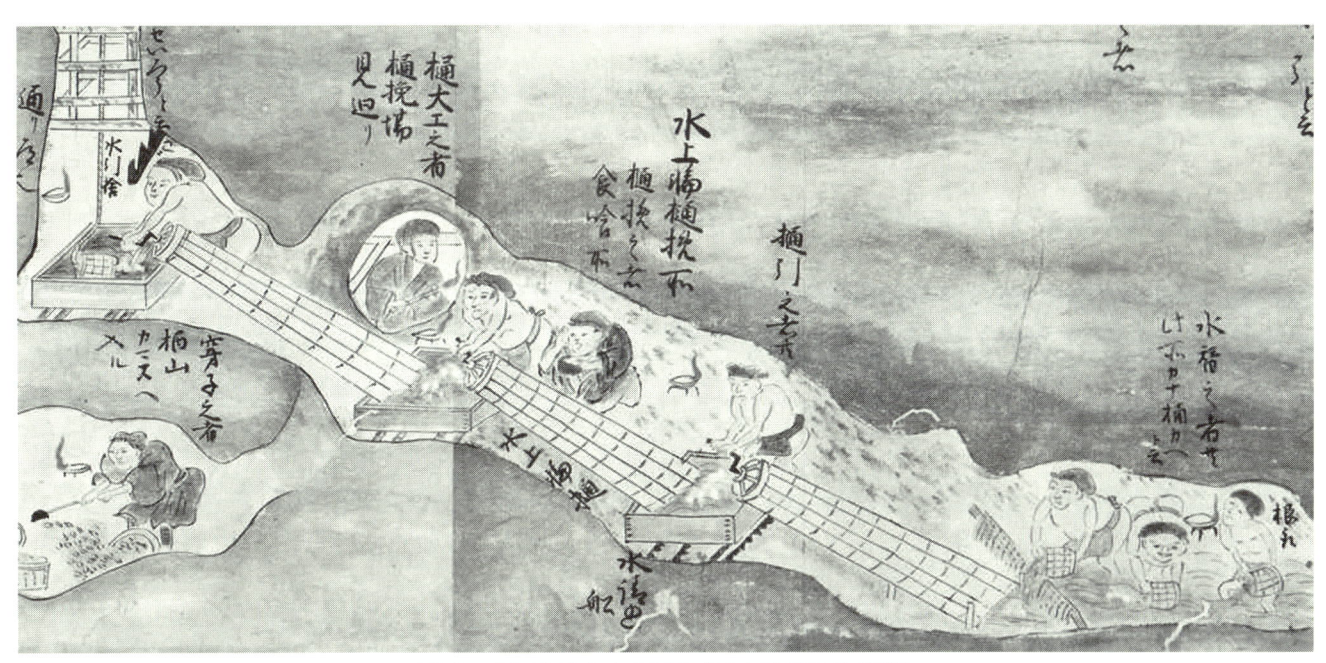

図3　「佐渡国金山之図」（国立科学博物館蔵）

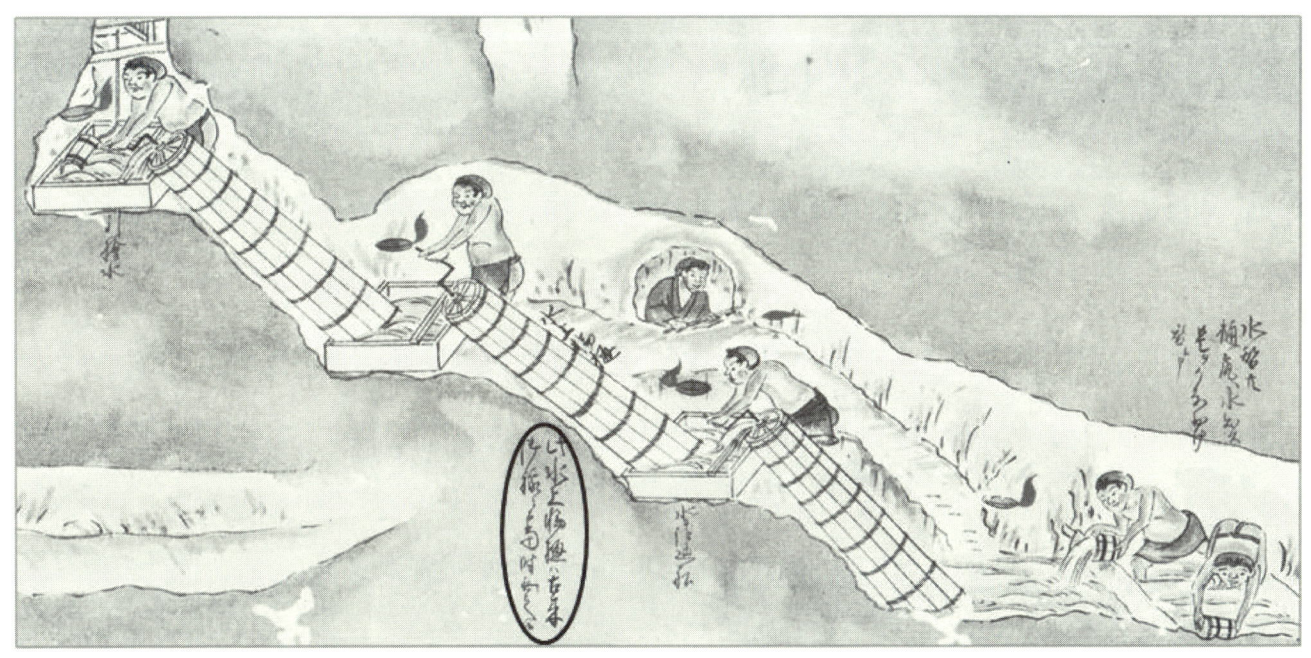

図4　「佐渡国金銀山図」（新潟県立歴史博物館蔵）

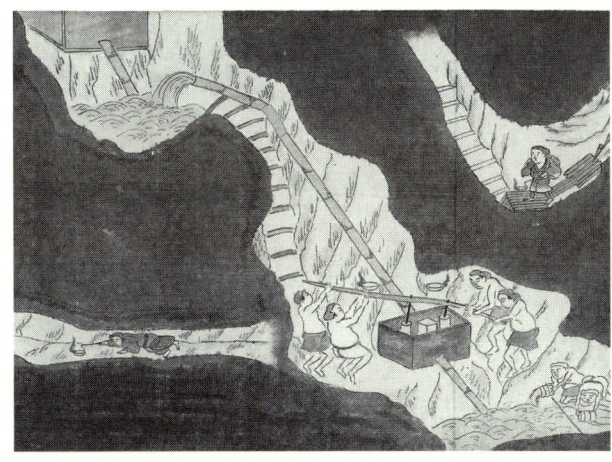

図5　「金銀山敷岡稼方図」（九州大学総合研究博物館蔵） 　　　図6　「金銀山絵巻」（相川郷土博物館蔵）

図7 「佐渡国金銀山図」(新潟県立歴史博物館蔵)

図8 「佐渡国金銀山敷岡稼方図」(新潟県立歴史博物館蔵)

図9 「佐渡国金銀山図」(新潟県立歴史博物館蔵)

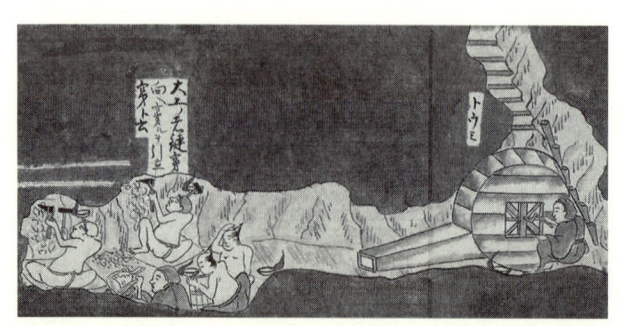

図10 「金銀山敷岡稼方図」(九州大学総合研究博物館蔵)

リ。当時大工町宇右衛門、味噌屋町久兵衛唯弐軒ノミナリ」と、かつて20余軒あった紙燭屋が当時は2軒にまで減少したことが記され、その需要低下を示唆する。鉱山技術書で確認すると、18世紀中頃と推察される『佐州金銀山諸道具其外名附留帳』(16)には坑内の道具として紙燭と釣が併記されるが、19世紀前半の『飛渡里安留記』(17)には紙燭の記載はみられなくなり、釣のみが照明具として示される。このことは絵巻にも反映され、1753(宝暦3)年制作の図7（No.68）には紙燭と釣が併記されるものの、19世紀初期頃制作の図8（No.59）には釣のみが描かれるようになる。

(3) 坑内の換気具

鉱石粉や照明油の煙の充満などにより、坑内で作業する鉱夫の労働衛生環境は劣悪であった。このような状況を少しでも改善しようと、ある時期から唐箕(とうみ)が導入された。唐箕はもともと米や麦を選別するための農具だが、鉱山では換気具として利用されたのである。1759（宝暦9）年の寄勝場(よせせりば)設置以前の絵巻には唐箕は確認できない（図9、No.68）。しかし、1782（天明2）年に導入された排水具「阿蘭陀水突道具」（フランカスホイ）が描かれる図10（No.93）や1788（天明8）年の年紀のある三井文庫本（No.35）などには唐箕がみえる。文献では佐渡金銀山における唐箕の導入時期は明確ではないが、佐渡奉行石野平蔵広通が1782（天明2）年に著した『佐渡事略』(18)に「敷内風廻り不宜所江用ユ」とあって、絵巻と対応する。絵巻の活用によって佐渡金銀山における唐箕の導入時期は、1760〜1780年頃の間に比定できる可能性がある。

(4) 横引場

釜の口の脇に見える小屋を横引場(よこひきば)という（図11、No.68）。ここでは坑内から運び出された鉱石の重さなどを改める。横引場は後に消滅し（図12、

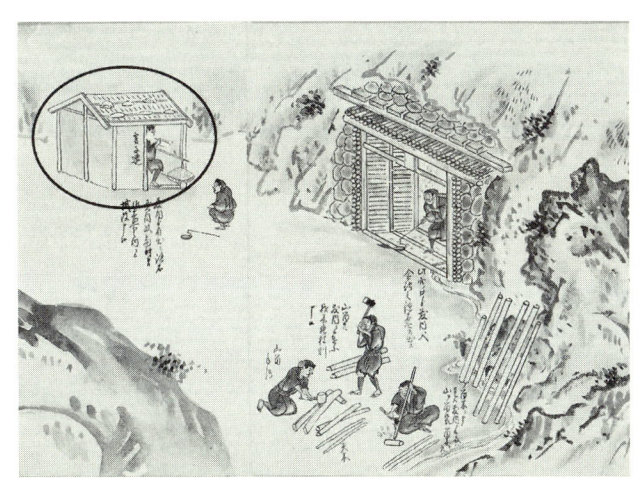

2．佐渡金銀山絵巻の変遷・分類と絵師　45

図11　「佐渡国金銀山図」（新潟県立歴史博物館蔵）

図12　「金銀山敷岡稼方図」（株式会社ゴールデン佐渡蔵）

図13　「佐渡国金銀山図」（新潟県立歴史博物館蔵）

図14　「金銀山敷岡稼方図」（株式会社ゴールデン佐渡蔵）

図15　「佐渡国金銀山図」（新潟県立歴史博物館蔵）

図16　「佐渡国金銀山敷岡稼方図」(新潟県立歴史博物館蔵)

No.49）、鉱石は四ツ留番所（佐渡奉行所直営の間歩（坑道）ごとに置かれた番所）内で改められることになった。19世紀前半の技術書『飛渡里安留記』は横引場について、「是は以前は御雇敷役人之内詰罷在敷々より負揚候鏈并敷内御普請之節取捨候土砂等負揚候穿子の度数帳面ニ記相改候所を云、此義当

時は無之、鏈は御番所ニ而改、取捨候品は貫目持にいたし候」と記す。この横引場消滅の時期は文献では明確ではない。絵巻から検討すると、1778（安永7）年以降に佐渡送りとなった江戸無宿を収容する水替小屋を描くタイプの絵巻（No.22など）には横引場が描かれ、1782（天明2）年に導入された排

水器具「阿蘭陀水突道具」が描かれる絵巻（No.78、93）には見られない。絵巻の活用によって横引場消滅の時期は、1770～1780年頃の間に比定できる可能性があろう。

なお、1788（天明8）年の年紀のある三井文庫本（No.35）や株式会社ゴールデン佐渡所蔵「金銀山敷岡稼方図」（No.49）などには、横引場が姿を消すと同時に、代わって四留番所内で鉱石が改められる様子が描かれている。図13（No.68）と図14（No.49）は横引場消滅前後の四留番所内での変化の様子を比較したものである。図13では坑内から運び出す鉱石を入れるカマスの寸尺を改めたりしている箇所が、図14では坑内から運び出された鉱石の重さを改める描写に変化している。

(5) 鍛冶場の鞴

図15（No.68）は1753（宝暦3）年制作、図16（No.59）は19世紀初期頃の絵巻である。鍛冶場で採鉱のための道具「鏨（たがね）」を作っている場面である。図15は一般的な箱鞴（はこふいご）が描かれているが、図16は少し変わった形になっている。これは鞴指（ふいごさし）1人の力で、左右両方の炉に同時に風を送ることができる鞴（「両縁鞴」）である。人件費削減のために、本来であれば鞴指が2人必要なところを1人で済むような鞴として開発された。19世紀前半の技術書『飛渡里安留記』では、それを1791（寛政3）年のこととするが（「火を取扱候所をほと、云、以前ハ此ほと壱ツニ鞴壱挺居、鍛冶弐人、鞴指壱人ツ、罷在焼立候処、寛政三亥年より両縁鞴ニ相成、ほと弐ツに鞴壱挺、鍛冶四人、鞴指壱人ツ、罷在焼立候」）、やはりこれ以降の絵巻には原則として「両縁鞴」が描かれるようになる。

(6) 江戸無宿と水替小屋

1778（安永7）年以降、江戸無宿（えどむしゅく）が相川金銀山に送り込まれて坑内の湧水を汲みあげる水替作業に従事することになった。図17（No.68）は江戸無宿の水替導入前の絵巻、図18（No.22）は導入後の絵巻である。図17のように、従来は鉱石荷分けの様子に続いて番所（間山口番所（あいのやま）・六十枚口番所）が描かれていたのが、図18ではその間に江戸無宿を収容する水替小屋と鉱山から水替作業を終えて帰ってきた江戸無宿の一行が追記されている。水替小屋は間山地内に建てられており、描写位置も現実に即したものとなっている。なお、江戸無宿の佐渡送りは幕末まで続いたが、このように絵巻に江戸無宿や水替小屋を描くことは一時的で、幕末まで継承されなかったようである。管見では、1819（文政2）年以降に制作されたと考えられる「金銀採製全図」系の絵巻（後述）には、江戸無宿や水替小屋の描写は確認できない。

(7) 四ツ留番所内の鉱石荷分け

四ツ留番所（よつどめばんしょ）内は佐渡奉行所直営の間歩（まぶ）（坑道）ごとに置かれた番所である。坑内作業の維持・管理のために出入りする人々を改めたり、留木・炭・油・鏨（たがね）など鉱山で使う諸物資を支給した。また、四ツ留番所には鏈（くさり）（鉱石）の荷分けや荷売りに関する描写があり、これが年代によって異なっている。18世紀の絵巻は、買石（かいし）（製錬業者）が目利きした本荷鏈をカマスに詰め、符印や等級を付ける描写である（図19、No.68）。これに対し、19世紀初期頃の絵巻は、金銀改役立ち会いのもとで買石が追荷鏈（荷売日の後に出た鉱石）を目利き・等級分けし、その目方を秤ではかる描写となる（図20、No.59）。さらに、1819（文政2）年以降に制作されたと考えられる「金銀採製全図」系の絵巻では、それまで四ツ留番所の外に描かれていた「鏈洗場」（荷売日に買石が鉱石の目利き、入札する場面）が番所内に描かれるなどの変化がある。

図17 「佐渡国金銀山図」（新潟県立歴史博物館蔵）

図18 「佐渡金山之図」（国立科学博物館蔵）

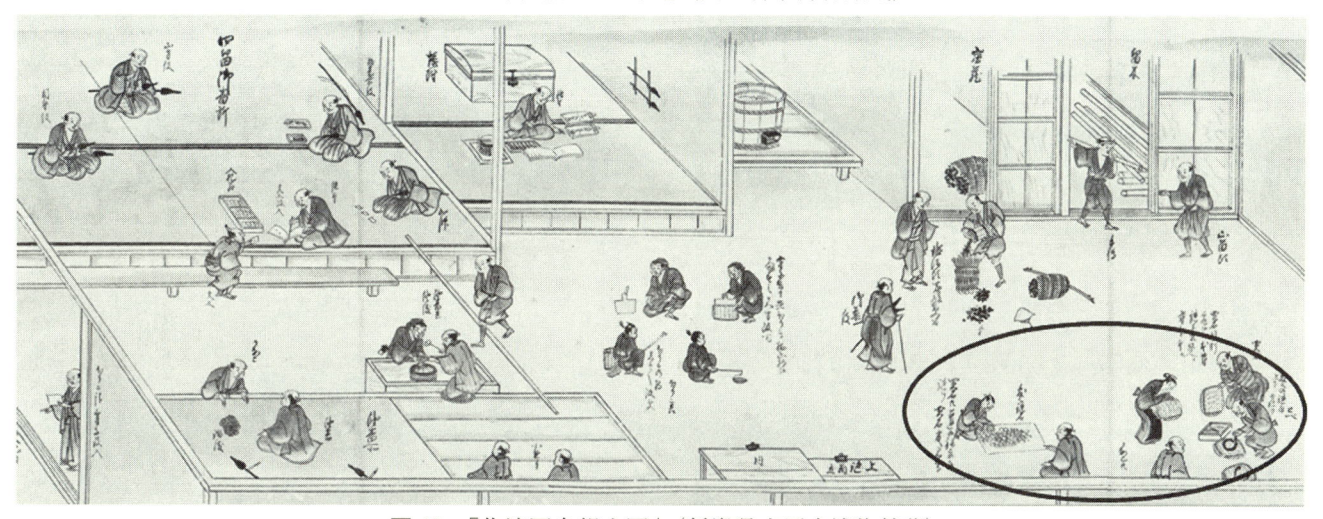

図19 「佐渡国金銀山図」（新潟県立歴史博物館蔵）

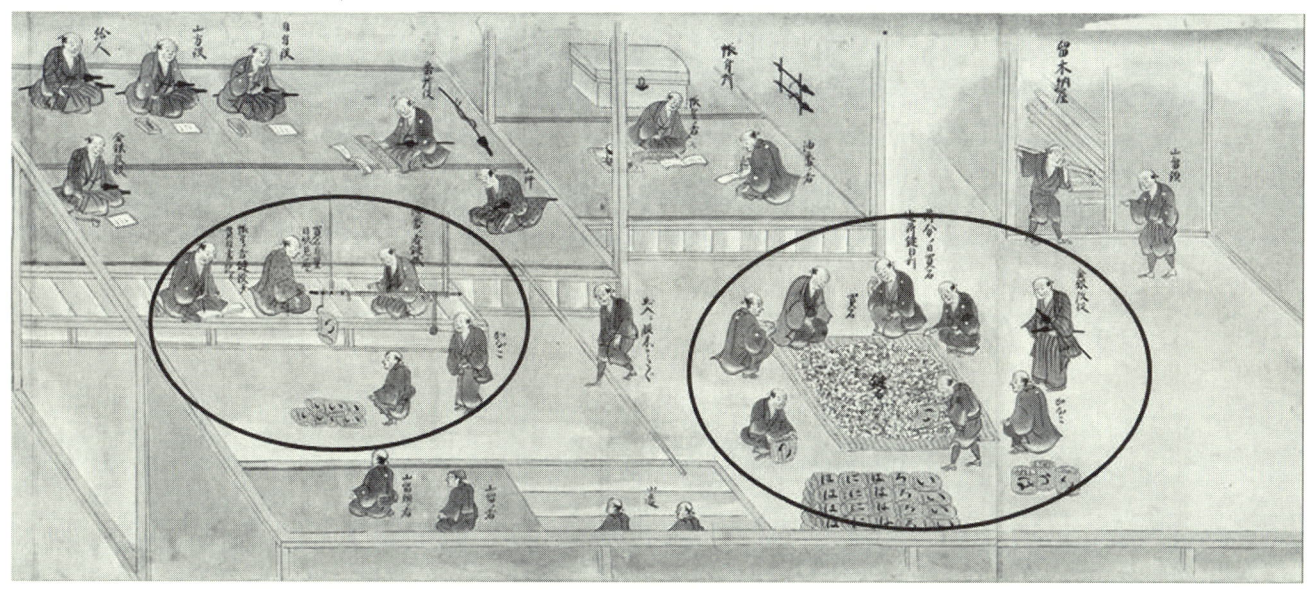

図20 「佐渡国金銀山敷岡稼方図」（新潟県立歴史博物館蔵）

48　第Ⅰ章　佐渡金銀山絵巻の歴史的価値

図21　「佐州金銀山敷内稼仕方之図」（佐渡博物館蔵）

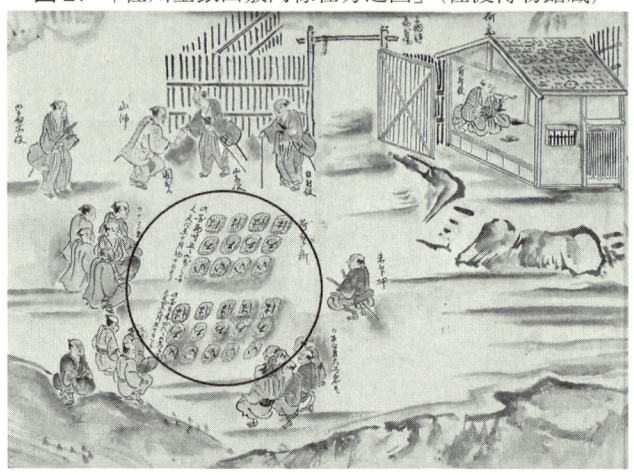

図23　「佐州金銀山稼方諸図帖」（中村俊郎氏蔵）

図25　「佐渡国金銀山敷岡稼方図」（新潟県立歴史博物館蔵）

図22　「佐渡国金銀山図」（新潟県立歴史博物館蔵）

図24　「佐渡国金銀山図」（新潟県立歴史博物館蔵）

(8) 御上納鏈荷置場の鉱石荷分け

御上納鏈荷置場では、佐渡奉行所と採鉱を請け負った山師・金児が掘り出した鏈(鉱石)の分配(荷分け)を行う。公納比率は時代により異なる。『佐渡国略記』1739(元文4)年条には、「未十月二日、銀山荷分四六ヲ五五ノ荷ニ可仕旨、諸山山師共ヘ被仰付」とあり、1739年9月までは10分の4を公納、それ以後は10分の5を公納としたようである。最初期の絵巻には鉱石が入ったカマスが15個描かれている(図21、No.47)。しかし、この後の絵巻には鉱石が入ったカマスが12個描かれるようになる(図22、No.68)。図23(No.82)はその過渡期に描かれたもので、上記の変化をわかりすく対比して描写し、15個描かれたカマスの隣には「此図古来四六ニ御分ケ図　元文四未九月末十日マデ」、12個描かれたカマスの隣には「此図当時五々御分之図　元文四未十月初十日ヨリ」の注記がある。カマス15個の描写は奉行所の取り分6個、山師・金児の取り分9個、すなわち10分の4公納を、カマス12個の描写は両者6個ずつで10分の5公納を意味するかもしれない。

(9) 間山口番所・六十枚口番所

鉱石は間山口番所か六十枚口番所で改めを受け、相川町まで運ばれて選鉱・製錬された(図24、No.68)。1795(寛政7)年、相川金銀山の甚五間歩・雲子間歩の休山に伴って六十枚口番所が閉鎖となった。これに対応して、以降の絵巻には原則として「六十枚口」という文字表記は削除され、間山口番所だけの表記となる(図25、No.59)。このように基本的な構図は同じでも、そのときどきの変化が文字表記に細かに反映されている。

(10) 勝場

山から下げられた鉱石は買石と呼ばれる製錬業者宅等の勝場で選鉱していたが、1759(宝暦9)年に佐渡奉行所敷地内に「寄勝場」として集約された。1753(宝暦3)年制作の図26(No.68)には買石宅での選鉱の様子が、18世紀後期制作の図27(No.44)には寄勝場設置以降の様子が反映されている。図27は牛が鉱石を運んで来る従来の描写を踏襲しつつ、佐渡奉行所敷地内での作業となったことにともなって、まず奉行所の辰巳口番所が描かれ、以降の工程が示される。よって、辰巳口番所・寄勝場の描写があれば1759年以降に描かれた絵巻ということになる。なお、図2(No.48)巻頭に佐渡金銀山絵巻は「宝暦年中改正」されたとあるのは、この寄勝場設置という経営上の大きな変化を反映してのことと思われる。

(11) 再吹分床屋と金銀吹分所

勝場で集められた水筋(自然金)と汰物(硫化銀を主体とする鉱砂)は、寄床屋で製錬して面筋金と山吹銀にする。山吹銀は金銀吹分床屋で分筋金と灰吹銀とに吹き分ける。この灰吹銀のなかに若干残る金の再吹き分けを行うため、1761(宝暦11)年に佐渡奉行所の寄勝場内に再吹分床屋が設置された(図28、No.44)。しかし、山吹銀の吹き方の回数を増して筋金を取りあげた方が効率が良いということで、1792(寛政4)年に再吹き分けは中止となり、再吹分所の銘目を止めて金銀吹分所となった変化が反映されている(図29、No.59)。

(12) 小判所

1730年代に制作されたと推察される最初期の絵巻群には、小判所の様子が描かれていない。巻頭は坑内からはじまり、選鉱・製錬の過程を経て、最後は金銀吹分床屋までの描写となっている。佐渡では1621(元和7)年に小判製造が幕府によって許可され、その翌年から製造が本格化したと考えられる。以降、製造休止と再開を繰り返すが、1730年代は休止していた時期であり、その実態を反映している

図26 「佐渡国金銀山図」(新潟県立歴史博物館蔵)

図27 「金銀山絵巻」(相川郷土博物館蔵)

図28 「金銀山絵巻」(相川郷土博物館蔵)

図29 「佐渡国金銀山敷岡稼方図」(新潟県立歴史博物館蔵)

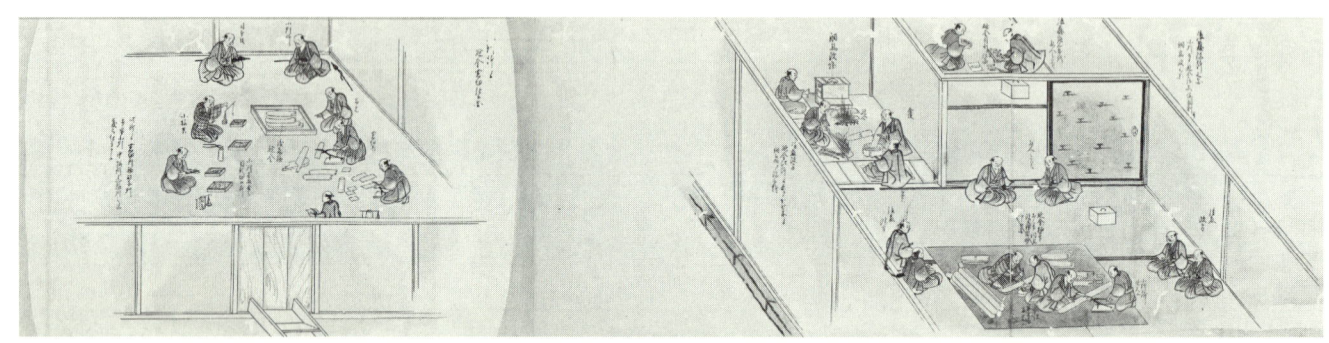

図30 「佐渡国金銀山図」(新潟県立歴史博物館蔵)

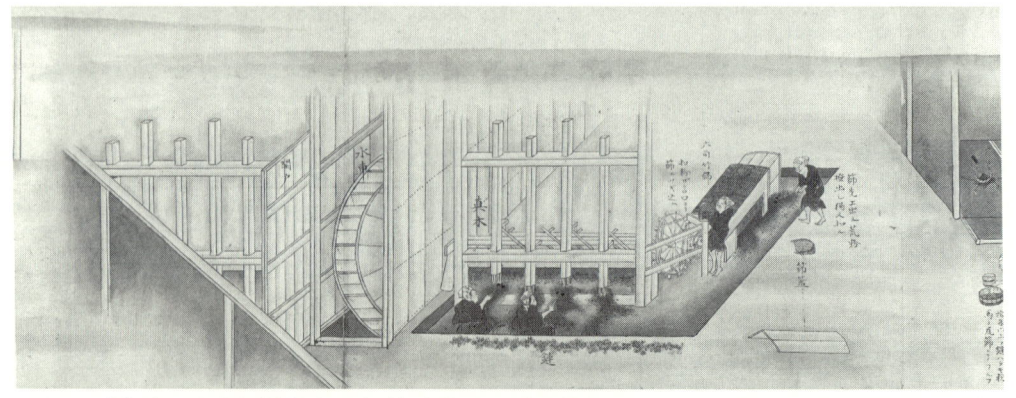

図31 「佐渡鉱山金銀採製全図」(東京大学工学・情報理工学図書館工4号館図書室A蔵)

ことになる。そして、1746（延享3）年に小判所が再開されると[20]、以降の絵巻には小判所における一連の作業の様子が描かれるようになる（図30、No.68）。

(13) 大吹所の設置と鉱石粉成水車の導入

相川金銀山では、1816（文化13）年に次助町に大吹所（おおぶきしょ）が設置され、低品位鉱石の製錬が行われた。多量の低品位鉱を処理するため、翌14年水車を導入し、水力で鉱石を細かく砕いた。これ以降、鉱石の粉成（こなし）に関する場面で水車の描写がみられるようになる（図31、No.33）。

以上、佐渡金銀山絵巻が経営や技術の変化を細かに反映させて描き継がれていることを述べた。佐渡金銀山絵巻は、文献史料だけではイメージできない経営・技術の変化や「阿蘭陀水突道具」（フランカスホイ）や「両縁鞴」といった鉱山用具の姿をビジュアルに伝える、極めて有用な史料といえよう。ただし、1819（文政2）年に中止となった小判製造の様子がその後も描かれ続けるなど、正確に反映されていない点が含まれることにも留意する必要がある。今後、『佐渡年代記』や各種技術書などの文献史料を精査し、絵巻の描写と対比することで、経営や技術の変化が絵巻に反映されていることがより詳細に明らかになるはずである。

4．佐渡金銀山絵巻の分類

佐渡金銀山絵巻は百数十年にわたって描き継がれ、多数の絵巻が存在する。それらは前述のように、「宝暦年中改正」、「文政二年大改正」されたり、それ以外にも佐渡金銀山の経営や技術の変化を細かに反映させて改変されているため、いくつかのパターンが存在する。表2は、表1の絵巻群を絵巻巻頭の表現や描かれた内容などから大きく4タイプに分類し、おおよその年代を比定したものである。以下、各タイプの特徴の概要を述べる。

(1) Ⅰ．巻頭が坑内からはじまるタイプ

① Ⅰ-a

1730年代に制作されたと考えられる最初期の絵巻。1巻で構成される。大きな特徴は40cm程もある紙幅である。この後に制作される絵巻が27～28cm程度であるのと大きく異なっている。坑内における採鉱の様子からはじまり（口絵8、No.19）、金銀吹分床屋までの描写となっており、約10m程の長さである。小判所が描かれないのは当時小判製造が休止していたことを反映していると考えられる。御上納鏈荷置場での鉱石分配（荷分け）の描写をみると、10分の5公納となる1739（元文4）10月以前の状況である。よって、1739年までの状況を描いていると判断される。坑内の排水具には水上輪が描写される。年代を反映するように全体的に古風な描写となっている。

② Ⅰ-b

2巻で構成される。上巻はⅠ-aと同様、坑内における採鉱の様子からはじまり、金銀吹分床屋までの描写。下巻は小判所・銅床屋・浜流しの描写である。1759（宝暦9）年に佐渡奉行所内に設置された寄勝場は描かれていない。よって、小判所が再開された1746（延享3）年から1758（宝暦8）年までの状況を描いていると判断される。坑内の排水具には水上輪が描写される。ただし、「当時此水上輪ハ不用古来用之」（No.27）といった文字が付記される場合がある。

(2) Ⅱ．巻頭が青柳（道遊）割戸からはじまるタイプ

① Ⅱ-a

1巻で構成される。青柳割戸の描写からはじまり、No.14、No.64は金銀吹分床屋までの描写、No.82

はその後に銅床屋・浜流しの描写がある。しかし、小判所の描写はみられない。坑内の排水具には水上輪が描写されるが、No.64には「当時ハ水上輪ハ不用古来是ニテ水ヲくり上ル」といった文字が付記される。御上納鏈荷置場での鉱石分配（荷分け）の描写をみると、10分の5公納となった1739（元文4）年10月以降の状況となっているが、それ以前の様子も併せて注記している。Ⅰ-b、Ⅱ-bに先行する1746（延享3）年の小判所再開前後頃の様子を描いた可能性が高い。

② Ⅱ-b

本書掲載図版の新潟県立歴史博物館所蔵「佐渡国金銀山図」（口絵9、No.68）がこの分類に属する。1巻本、2巻本、3巻本で構成されるものがあるが、青柳割戸の描写からはじまり、小判所・銅床屋・浜流しを含む構成が基本となる。1759（宝暦9）年に佐渡奉行所内に設置された寄勝場は描かれていない。よって、Ⅰ-bと同様に、1746（延享3）年から1759（宝暦9）年までの状況を描いていると判断される。Ⅰ-bと同時並行的に描かれた可能性もあろう。坑内の排水具には水上輪が描写されるが、Ⅰ-b、Ⅱ-aと同様に「此水上輪樋ハ古来ノ御稼ニ而当時無之候」（No.68など）といった文字が付記される場合がある。なお、この巻頭が青柳割戸ではじまる絵巻の小判所の描写は、各場面が○で墨囲いされる独特の表現となっている。

(3) Ⅲ．巻頭が釜の口からはじまるタイプ

このタイプは、1759（宝暦9）年に佐渡奉行所内に設置された寄勝場が描かれている。図2巻頭に佐渡金銀山絵巻は「宝暦年中改正」されたとあるのは、この寄勝場設置という経営上の大きな変化を反映してのことと思われる。1巻本、2巻本、3巻本で構成されるものがあるが、釜の口（坑道入口）の描写からはじまり（口絵10、No.59）、小判所・銅床屋・浜流しを含む構成が基本となる。坑内の排水具に水上輪の描写はほとんどみられなくなる。一方、坑内換気用具として唐箕が描かれるものがみられるようになる。また、西三川砂金山の稼業の様子が描かれることが顕著になる。

① Ⅲ-a

1759（宝暦9）年に設置された寄勝場の「辰巳口番所」が、「寄勝場口留御番所」と表記される傾向がある。後年の絵巻では一般的に「辰巳口番所」と表記される。よってこれは寄勝場設置直後の絵巻の特徴と考えられる。1778（安永7年）以降、水替人足として佐渡送りとなった江戸無宿の様子を描くのもこのタイプである。そして、それまでほとんどみられなかった西三川砂金山の全景がワンカットで巻末に描写されることが顕著になる。本タイプの絵巻には、1791（寛政3）年に鍛冶場に導入された「両縁鞴」が描かれないことから、1759（宝暦9）年から1790（寛政2）年までの状況を描くと考えられる。

② Ⅲ-b

坑内の排水具に水上輪の描写はみられなくなるが、1782（天明2）年に海外わたりの「阿蘭陀水突道具」（フランカスホイ）が導入されると、本タイプの絵巻に描かれるようになる（No.78、93）。Ⅲ-aまで坑道出口に描かれていた横引場（坑内から運び出された鉱石の重さなどを改める小屋）がみえなくなる。また、1761（宝暦11）年に佐渡奉行所の寄勝場内に設置された再吹分床屋が描かれる。そして、西三川砂金山の稼業工程の詳細が描かれる例が出現する[21]（No.35、58、78）。これはⅢ-bと続くⅢ-c（No.74）にのみみられる特徴である。本タイプの絵巻には、1791（寛政3）年に鍛冶場に導入された「両縁鞴」が描かれないことから、1761（宝暦11）年から1790（寛政2）年までの状況を描くと考えられる。

③ Ⅲ-c

四留番所における荷分けの描写等に変化がみられ

表 1　国内における佐渡金銀山絵巻の所在一覧（暫定版）

No.	名称	巻数	所蔵（管理）者	分類	備考
1	佐渡国金山役所図	1巻	秋田大学工学資源学部附属鉱業博物館	Ⅰa	
2	佐州金銀山図	2巻	秋田大学工学資源学部附属鉱業博物館	Ⅲb	2代山尾衛守作か
3	佐渡鑛山金銀採製全図	2巻	東北大学附属図書館狩野文庫	Ⅳ	
4	金銀山稼方絵巻（金銀山敷岡稼方并粉成吹方之図）	1巻	足尾町教育委員会		『岡上景能とあかがね街道』（笠懸野岩宿文化資料館、2002）掲載
5	佐渡小判所并後藤役所絵巻	1巻	東京大学史料編纂所	Ⅰbか	後藤四郎兵衛家寄託
6	佐渡金山絵巻	1巻	国立歴史民俗博物館	Ⅱb	
7	佐渡国金堀之図	1巻	国立公文書館内閣文庫		『日本の鉱山文化』（国立科学博物館、1996）23頁掲載
8	金銀山敷内稼仕方之図	1巻	国立公文書館内閣文庫	Ⅰa	寛政12年（1800）、狩野融川写
9	金銀採製図	1巻	国立公文書館内閣文庫	Ⅳ	『日本の鉱山文化』10～13頁掲載
10	金銀採製全図	1帖	国文学研究資料館	Ⅳ	
11	佐州金銀採製全図	3巻	国立国会図書館	Ⅳ	
12	採金図	1巻	東京都立中央図書館		
13	佐渡金坑図	1巻	東京国立博物館	Ⅰa	『日本の鉱山文化』35頁掲載
14	佐渡金銀山稼方図	1巻	東京国立博物館	Ⅱa	山尾信福の落款。初代山尾衛守作か。
15	金銀山敷岡稼方並買石粉成方寄床屋吹分床之絵図	1巻	東京国立博物館	Ⅱb	No.15・16・17の3巻本。初代山尾衛守作か
16	銅床屋並拾ひ石浜流シノ絵図	1巻	東京国立博物館	Ⅱb	No.15・16・17の3巻本。初代山尾衛守作か
17	小判所並後藤ニテ小判仕立絵図	1巻	東京国立博物館	Ⅱb	No.15・16・17の3巻本。初代山尾衛守作か
18	金銀山之図	2巻	東京国立博物館	Ⅲa	
19	佐渡国金山之図	1巻	国立科学博物館（小森宮コレクション）	Ⅰa	
20	佐渡之昔	2巻	国立科学博物館（小森宮コレクション）	Ⅰb	昭和10年（1935）頃写か
21	金銀山採鉱絵巻	1巻	国立科学博物館（小森宮コレクション）		渡辺華山の落款
22	佐渡金山之図	1巻	国立科学博物館（小森宮コレクション）	Ⅲa	
23	佐渡国掘之図	1巻	国立科学博物館（小森宮コレクション）		嘉永7年（1854）、三谷五峰作
24	佐州金銀採製全図	1巻	国立科学博物館	Ⅳ	『日本の鉱山文化』26頁掲載。明治6年（1873）複製か。
25	佐州金銀採製全図	3巻	江戸東京博物館	Ⅳ	
26	金銀大判小判製作絵巻	1巻	江戸東京博物館		
27	佐渡国金山之図	3巻	日本銀行金融研究所	Ⅰbか	
28	佐州金銀採製全図	3巻	日本銀行金融研究所	Ⅳ	
29	佐州旧金銀採製全図	2巻	日本銀行金融研究所	Ⅳ	
30	佐州金銀採製略図	2巻	日本銀行金融研究所	Ⅳ	
31	佐州金銀採製全図	1巻	日本銀行金融研究所	Ⅳ	
32	古代採金吹絵巻	1巻	日本銀行金融研究所	Ⅲa	
33	佐渡鑛山金銀採製全図	2巻	東京大学工学・情報理工学図書館工4号館図書室A	Ⅳ	『日本の鉱山文化』34頁掲載
34	採金之図	2巻	早稲田大学図書館		
35	金銀山敷内稼方図、勝場鏈粉成之図	2巻	三井文庫	Ⅲb	2代山尾衛守作か
36	佐渡国金銀吹立図	1冊	大東急記念文庫	Ⅳ	3代山尾衛守作か
37	小判仕立工程図海	1巻	東海大学附属図書館	Ⅱb	
38	佐渡金山絵巻	1巻	山梨県立博物館		
39	金銀山敷内稼方図	1巻	相川郷土博物館		『日本の鉱山文化』44頁掲載
40	佐渡の国金堀の巻	1巻	相川郷土博物館	Ⅱb	『日本の鉱山文化』18～19頁掲載。「磯の屋のあるし　尼子正名謹しるす」。
41	銀山勝場稼方諸図	2巻	相川郷土博物館	Ⅲa	『日本の鉱山文化』16～17頁掲載。石井夏海写。
42	佐渡之昔	2巻	相川郷土博物館	Ⅰb	昭和10年（1935）写か
43	佐渡鉱山絵巻	1巻	相川郷土博物館		『日本の鉱山文化』46頁掲載。山本仁平作か。No.89と同筆か。
44	金銀山絵巻	2巻	相川郷土博物館	Ⅲb	2代山尾衛守作か
45	佐渡金山絵巻	1巻	佐渡市教育委員会	Ⅲaか	
46	佐州金銀往時之稼業絵巻物	1巻	佐渡市教育委員会	Ⅱb	初代山尾衛守作か
47	佐州金銀山敷内稼仕方之図	1巻	佐渡博物館	Ⅰa	『日本の鉱山文化』22頁掲載。初代山尾衛守作か
48	佐州金銀採製全図	3巻	新潟県立佐渡高校同窓会舟崎文庫	Ⅳ	明治以降写
49	金銀山敷岡稼方図	1巻	株式会社ゴールデン佐渡	Ⅲb	2代山尾衛守作か
50	佐渡金銀採製図	1巻	株式会社ゴールデン佐渡	Ⅳ	明治以降写
51	金銀山絵巻（砂金山稼請道具絵図）	1巻	株式会社ゴールデン佐渡		『日本の鉱山文化』42～43頁掲載
52	金銀山敷内稼方之図	1巻	佐渡市個人		『日本の鉱山文化』20頁掲載。文久3年（1863）写。
53	西三川砂金山全図	1巻	佐渡市個人	Ⅲbか	『日本の鉱山文化』24頁掲載
54	金銀山採製全図	3巻	佐渡市個人	Ⅳ	『日本の鉱山文化』28～29頁掲載
55	相川金銀山採鉱略図	1巻	佐渡市個人		『日本の鉱山文化』46頁掲載
56	佐渡金山図会	1帖	新潟大学附属図書館佐野文庫	Ⅰb	初代山尾衛守作か
57	佐渡之国金銀山敷内稼方之図	1巻	新潟大学旭町学術資料展示館		文久4年（1864）、西村氏写。No.52を転写
58	佐州金銀山之図	3巻	新潟県立歴史博物館	Ⅲb	
59	佐渡国金銀山敷岡稼方図	1巻	新潟県立歴史博物館	ⅢC	2代山尾衛守作か
60	金銀山敷内稼方図	1巻	新潟県立歴史博物館		
61	金銀山敷岡稼方図	1巻	新潟県立歴史博物館	Ⅲa	白描
62	佐州金銀山敷内稼方之図、金銀粉成吹勝場床屋之図	2巻	新潟県立歴史博物館	Ⅱb	
63	（佐渡金銀山絵巻）	3巻	新潟県立歴史博物館	Ⅱb	
64	金銀山稼方図	1巻	新潟県立歴史博物館	Ⅱa	No.14の類本
65	（佐渡金銀山絵巻）	1巻	新潟県立歴史博物館		明治以降筆写か
66	佐渡金銀山稼方図	1巻	新潟県立歴史博物館		安政3年（1856）、石井文峰作
67	金銀山敷岡稼方図	1巻	新潟県立歴史博物館		宝暦4年（1754）写か
68	佐渡国金銀山図	3巻	新潟県立歴史博物館	Ⅱb	宝暦3年（1753）作。山尾信福の落款。初代山尾衛守作か。
69	佐渡国口留番所并金銀吹方絵図	1巻	新潟県立歴史博物館	Ⅲaか	No.75と同筆か
70	金銀山敷内稼方之図	1巻	長岡市立中央図書館		
71	佐渡金山図	2巻	真гу宝物館	Ⅱb	
72	佐渡金山採鉱絵巻	1巻	三菱ＵＦＪ銀行貨幣資料館	Ⅱbか	『日本の鉱山文化』21頁掲載
73	佐渡小判所絵巻	3巻	三菱ＵＦＪ銀行貨幣資料館	ⅢCか	『日本の鉱山文化』30頁掲載。文政4年（1821）写。
74	西三川砂金山稼方絵図	1巻	京都府立総合資料館	ⅢC	2代山尾衛守作か
75	金山之図	1帖	京都府立総合資料館	Ⅲaか	No.69と同筆か
76	佐渡鑛山金堀之図絵	1巻	京都大学附属図書館		
77	佐渡鑛山絵巻物	1巻	京都大学工学部地球工学科図書室	Ⅰa	
78	佐渡鑛山坑内絵巻物	1巻	京都大学工学部地球工学科図書室	Ⅲb	2代山尾衛守作か。No.79とセット。
79	佐渡鑛山製錬絵巻物	1巻	京都大学工学部地球工学科図書室	Ⅲb	2代山尾衛守作か。No.78とセット。
80	佐渡鑛山旧式鑛業図	1巻	京都大学工学部地球工学科図書室	Ⅳ	
81	金銀山採掘精錬図	1巻	和銅博物館	Ⅱbか	『日本の鉱山文化』20頁掲載
82	佐州金銀稼方諸図帖	1帖	中村俊郎氏（なかむらコレクション）	Ⅱaか	明和7年（1770）写
83	佐州表金銀山より掘出す絵図	1巻	中村俊郎氏（なかむらコレクション）	Ⅱb	享和2年（1802）、建部写
84	佐州銀山稼絵図并小判所之絵図	2巻	中村俊郎氏（なかむらコレクション）	Ⅱb	
85	佐渡金銀山稼方図巻	2巻	中村俊郎氏（なかむらコレクション）	Ⅲa	「吉村里風」の落款
86	佐渡金山稼方図巻	1巻	中村俊郎氏（なかむらコレクション）		『日本の鉱山文化』41頁掲載
87	佐土金山之図	1巻	中村俊郎氏（なかむらコレクション）		
88	小判所之図	1帖	中村俊郎氏（なかむらコレクション）		
89	佐渡金山之図画	1巻	中村俊郎氏（なかむらコレクション）		No.43と同筆か
90	佐渡金山採鉱図巻	1巻	中村俊郎氏（なかむらコレクション）	Ⅳ	
91	佐渡金山図	2巻	（財）鍋島報效会	Ⅳ	『日本の鉱山文化』38～39頁掲載
92	佐州金山図絵	1巻	九州大学総合研究博物館	Ⅱb	『日本の鉱山文化』15頁掲載。寛政4年（1794）、堀越春写。
93	金銀山敷岡稼方図	1巻	九州大学総合研究博物館	Ⅲb	『日本の鉱山文化』14頁掲載
94	佐渡鉱山金銀採製全図	2巻	九州大学総合研究博物館	Ⅳ	No.33を明治以降写

注）個人所蔵の一部や古書店所蔵本などは除いた。

表2　佐渡金銀山

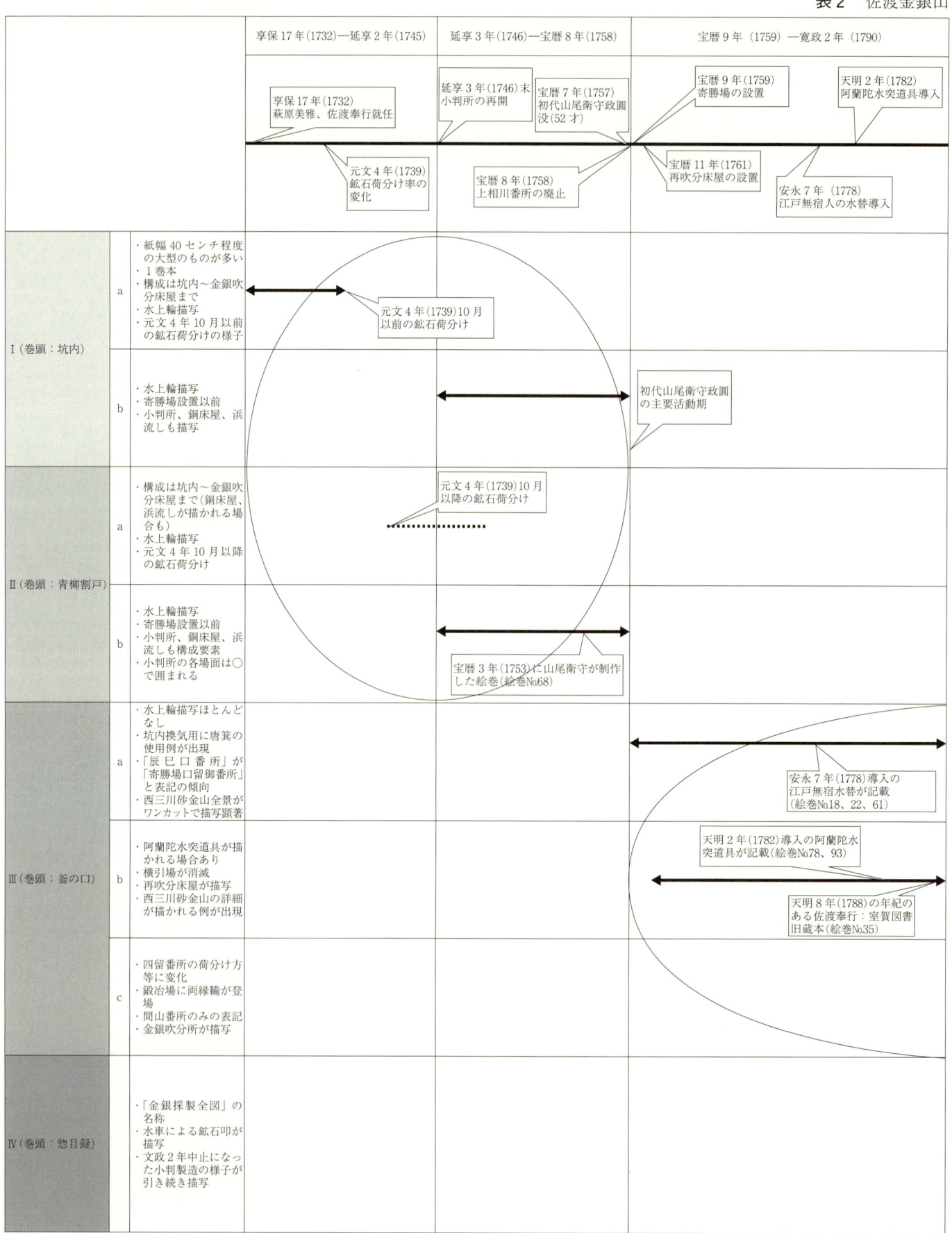

		享保17年(1732)―延享2年(1745)	延享3年(1746)―宝暦8年(1758)	宝暦9年(1759)―寛政2年(1790)
		享保17年(1732) 萩原美雅、佐渡奉行就任 / 元文4年(1739) 鉱石荷分け率の変化	延享3年(1746)末 小判所の再開 / 宝暦7年(1757) 初代山尾衛守政圓没(52才) / 宝暦8年(1758) 上相川番所の廃止	宝暦9年(1759) 寄勝場の設置 / 宝暦11年(1761) 再吹分床屋の設置 / 天明2年(1782) 阿蘭陀水突道具導入 / 安永7年(1778) 江戸無宿人の水替導入
I（巻頭：坑内）	a	・紙幅40センチ程度の大型のものが多い ・1巻本 ・構成は坑内～金銀吹分床屋まで ・水上輪描写 ・元文4年10月以前の鉱石荷分けの様子	元文4年(1739)10月以前の鉱石荷分け	
	b		・水上輪描写 ・寄勝場設置以前 ・小判所、銅床屋、浜流しも描写	初代山尾衛守政圓の主要活動期
II（巻頭：青柳割戸）	a		・構成は坑内～金銀吹分床屋まで（銅床屋、浜流しが描かれる場合も） ・水上輪描写 ・元文4年10月以降の鉱石荷分け / 元文4年(1739)10月以降の鉱石荷分け	
	b		・水上輪描写 ・寄勝場設置以前 ・小判所、銅床屋、浜流しも構成要素 ・小判所の各場面は○で囲まれる / 宝暦3年(1753)に山尾衛守が制作した絵巻（絵巻№68）	
III（巻頭：釜の口）	a	・水上輪描写ほとんどなし ・坑内換気用に唐箕の使用例が出現 ・「辰巳口番所」が「寄勝場口留御番所」と表記の傾向 ・西三川砂金山全景がワンカットで描写顕著		安永7年(1778)導入の江戸無宿水替が記載（絵巻№18、22、61）
	b	・阿蘭陀水突道具が描かれる場合あり ・横引場が消滅 ・再吹分床屋が描写 ・西三川砂金山の詳細が描かれる例が出現		天明2年(1782)導入の阿蘭陀水突道具が記載（絵巻№78、93） / 天明8年(1788)の年紀のある佐渡奉行：室賀図書旧蔵本（絵巻№35）
	c	・四留番所の荷分け方等に変化 ・鍛冶場に両縁轆が登場 ・間山番所のみの表記 ・金銀吹分所が描写		
IV（巻頭：惣目録）		・「金銀採製全図」の名称 ・水車による鉱石叩が描写 ・文政2年中止になった小判製造の様子が引き続き描写		

絵巻分類試案

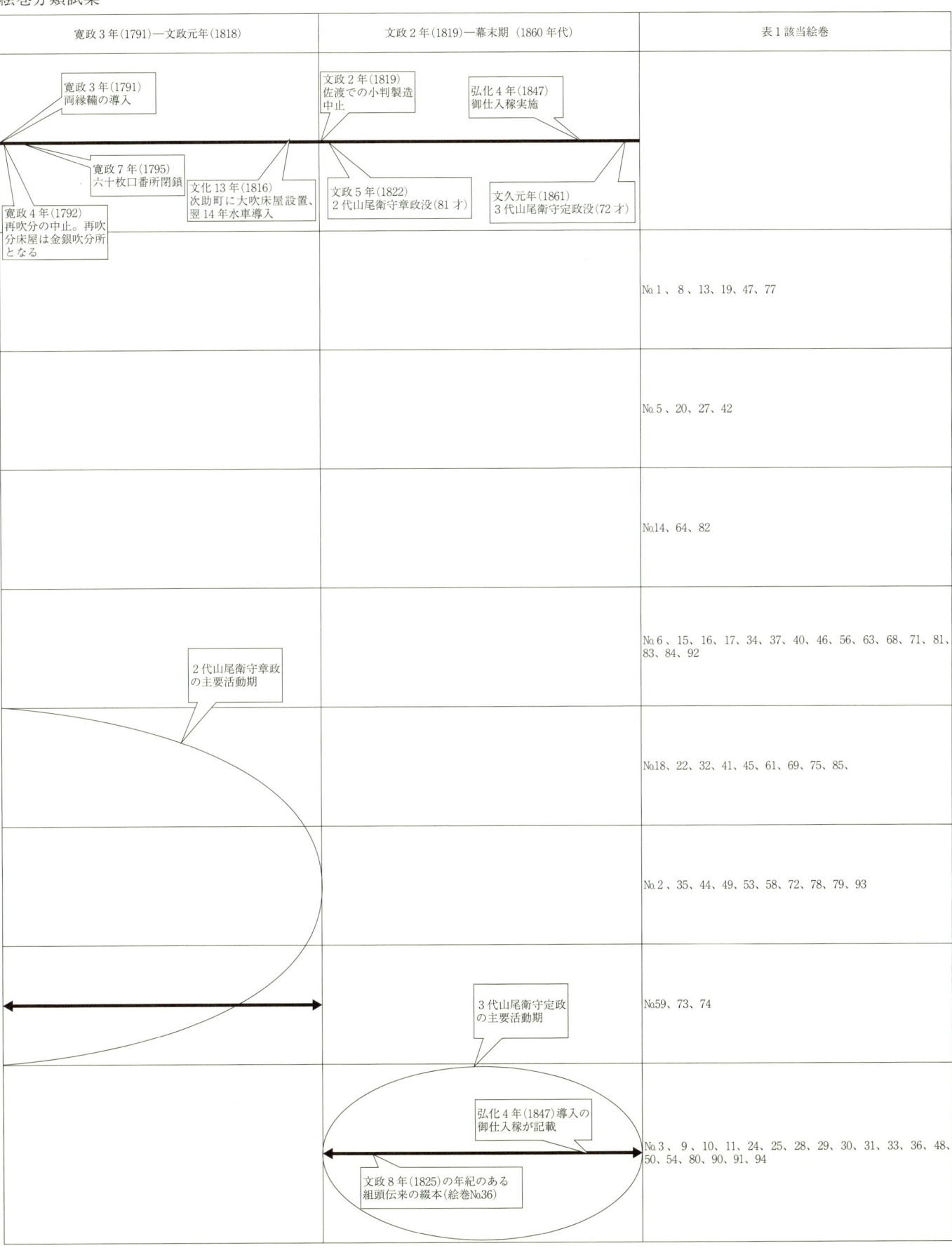

寛政3年(1791)—文政元年(1818)	文政2年(1819)—幕末期（1860年代）	表1該当絵巻
寛政3年(1791) 両縁鞴の導入 / 寛政7年(1795) 六十枚口番所閉鎖 / 寛政4年(1792) 再吹分の中止。再吹分床屋は金銀吹分所となる / 文化13年(1816) 次助町に大吹床屋設置、翌14年水車導入	文政2年(1819) 佐渡での小判製造中止 / 文政5年(1822) 2代山尾衛守章政没(81才) / 弘化4年(1847) 御仕入稼実施 / 文久元年(1861) 3代山尾衛守定政没(72才)	
		No.1、8、13、19、47、77
		No.5、20、27、42
		No.14、64、82
		No.6、15、16、17、34、37、40、46、56、63、68、71、81、83、84、92
2代山尾衛守章政の主要活動期		No.18、22、32、41、45、61、69、75、85、
		No.2、35、44、49、53、58、72、78、79、93
	3代山尾衛守定政の主要活動期	No.59、73、74
	弘化4年(1847)導入の御仕入稼が記載 / 文政8年(1825)の年紀のある組頭伝来の綴本(絵巻No.36)	No.3、9、10、11、24、25、28、29、30、31、33、36、48、50、54、80、90、91、94

2．佐渡金銀山絵巻の変遷・分類と絵師

るようになり、鍛冶場には1791（寛政3）年に導入された「両縁鞴」が描かれるようになる。また、1795（寛政7）年に六十枚口番所が閉鎖となったことに伴い、番所を示す文字表記は「間山番所」のみとなる。また、1792（寛政4）年に再吹分けが中止となり、再吹分所の銘目を止めて金銀吹分所となった変化などが反映されている。本タイプの絵巻は、1791（寛政3）年から1819（文政2）年頃までの状況を描くと考えられる。

(4) Ⅳ．巻頭が「惣目録」からはじまるタイプ

巻頭が絵巻の描写内容の目次を墨書した「惣目録」からはじまり、「金銀採製全図」という名称を冠するようになる（口絵11、No.33）。相川金銀山では多量の低品位鉱を処理するため、1816（文化13）年に次助町に大吹所が設置され、翌年水車を導入した。これを反映するように、このタイプの絵巻には鉱石の粉成に関する場面で水車の描写がみられるようになる。また、1819（文政2）年中止になった小判製造の様子が引き続き描写される。なお、前述のように図2巻頭に、佐渡金銀山絵巻は「文政二年大改正」されたとあるが、それはこの「金銀採製全図」の成立を示すと思われる。1819（文政2）年頃から幕末までの状況を描くと考えられる。

以上、佐渡金銀山絵巻を巻頭の表現から大きく四つに分類できることを示した。ただし、上記の分類基準に合致しない絵巻も多い。たとえば、No.87は、Ⅰbの坑内の描写からはじまるタイプであり、原則としては1759（宝暦9）年の寄勝場設置までの様子を描くはずである。しかし、1778（安永7）年以降に佐渡送りとなった江戸無宿を収容する水替小屋が描かれている。No.51は、Ⅱ-bの青柳割戸の描写があり、原則としては1759（宝暦9）年の寄勝場設置までの様子を描くはずである。しかし、Ⅲ期以降にみられるはずの寄勝場での製錬作業の様子が描かれている。これらは、古い年代の絵巻を全くそのまま模写するのではなく、模写した時点での金銀山の状況を反映させ、一部を改変して描いた結果と考えられる。よって、巻頭の表現は絵巻の年代を特定する大きな手掛かりとなるものの、絵巻全体の詳細を検討することが必要である。また、後述のように、この分類に属さない独創的構成の絵巻もいくつか存在することにも留意が必要である。

5．佐渡金銀山絵巻の絵師

(1) 佐渡奉行・組頭用絵巻の絵師とその作例

佐渡金銀山絵巻は本来、佐渡奉行およびその補佐役である組頭用として、彼らが交代の度ごとに制作された。そして、これらの絵巻の制作は、佐渡奉行所附の絵図師である山尾衛守が代々担ったと考えられる。ここでは山尾氏3代について概観するとともに、その作例について述べる。

初代山尾衛守は、江戸時代中期に成立した『佐渡相川志』によれば、「衛守政圓という。先祖の山尾治太夫は三河国の生まれで、丹波亀山の城主松平伊賀守忠晴に仕えた。祖父伊兵衛のとき分家して佐渡にやってきた。このころ（越後の画家）長谷川信雪が佐渡に逗留しており、伊兵衛はこれに学んだが、画という程にはいたらなかった。政圓は初め政助といい、1729（享保14）年、江戸に出て狩野春賀に師弟となる約束をして帰国した。翌年4月に再度江戸に出て、狩野永真の弟子となった。1732年5月に帰島し、1737（元文2）年3月1日に（佐渡奉行所附の）絵図師となった」とある。

ただし、『佐渡古実略記』1736（元文元）年の条に「三町目山尾衛守、向後広間へ式日節句等御礼被仰付」とあり、翌年3月1日に佐渡奉行所附絵図師として正式に登用される以前から奉行所とかかわりがあった。前述のように、佐渡金銀山絵巻が佐渡奉行・萩原美雅の代に山尾衛守によって描かれたとす

れば、萩原の佐渡奉行在任期間は1732（享保17）年閏5月から1736（元文元）年11月までであるため、それは衛守がまだ正式に奉行所附絵図師に登用される前ということになろう。この初代衛守は名を政圓といい、鶴軒と号し、1757（宝暦7）年2月に51歳で没したようである。[22]

山尾衛守政圓の作例の一つに、本書掲載図版の新潟県立歴史博物館所蔵「佐渡国金銀山図」（No.68）がある。これは1753（宝暦3）年、佐渡支配の機構改革に伴い、勘定奉行支配代官の配下を勤める「御金方」（御金同心）として江戸から佐渡に派遣された幕臣鶴間彦八郎が、山尾衛守に制作させたものである。各巻末には「山尾信福」の落款があり、「信福」は衛守の別号と考えられる。1757（宝暦7）年に没したという衛守政圓晩年の作となろう。[23]この「山尾信福」の落款がある絵巻は、現時点では東京国立博物館所蔵「佐渡金銀山稼方図」（No.14）が知られるのみである。数ある佐渡金銀山絵巻でもこのように来歴がはっきりしており、絵師の落款や制作年のわかるものは極めて稀である。また、佐渡奉行や組頭の交代の度ごとに制作・提出されたとされる佐渡金銀山絵巻が、それ以外にも制作される場合があったことがわかる点でも貴重な作例である。

東京国立博物館所蔵「佐渡金銀山稼方図」（No.14）の他にも、本絵巻とほぼ同様な構成である佐渡市教育委員会所蔵「佐渡銀山往時之稼業絵巻物」（No.46）、新潟大学附属図書館所蔵「佐渡金山図会」（No.56）、東京国立博物館所蔵の3巻本（「金銀山敷岡稼方並買石粉成方寄床屋吹分床之絵図」（No.15）、「銅床屋並拾ひ石浜流シ之絵図」（No.16）、「小判所並後藤ニテ小判仕立絵図」（No.17））などが同筆である可能性が高い。

2代衛守は名を章政といい、1822（文政5）年2月に81歳で没したようである。[24]1759（宝暦9）年の寄勝場設置以後の、巻頭が釜の口からはじまるタイプ（Ⅲ期）の絵巻を中心に制作されたと考えられる。『佐渡国略記』1756（宝暦6）年12月28日条に「山尾衛守二代」が御代官に御目見した旨の記事があり、これが章政と考えられる。翌1757年2月に没したという父・衛守政圓の跡を継ぐ準備はできていたことになろう。

章政の落款のある絵巻は確認されていない。しかし、1788（天明8）年の年紀のある佐渡奉行・室賀図書正明の旧蔵本（No.35）は、奉行用として描かれたことを勘案すれば、当時佐渡奉行所絵図師であった章政画とみるのが妥当である。これをⅢ期の絵巻群と筆致を比較すると京都大学工学部本（No.78、79）、新潟県立歴史博物館本（No.59）、京都府立総合資料館本（No.74）、秋田大学本（No.2）、相川郷土博物館本（No.44）、株式会社ゴールデン佐渡本（No.49）などが同筆である可能性が高い。そしてそれらは、章政が奉行・組頭用、もしくはそれに準じる目的で描いたとみることができよう。章政の時期の絵巻は、1759（宝暦9）年の寄勝場の設置、1778（安永7）年の江戸無宿の導入、1782（天明2）年の阿蘭陀水突道具（フランカスホイ）の導入、1791（寛政3）年の両縁輪の導入、1795（寛政7）年の六十枚口番所の閉鎖、といった佐渡金銀山経営の変化や新技術の導入などをその時々の絵巻に反映させていることになる。

3代衛守は名を定政といい、1861（文久元年）7月に72歳で没したようである。2代章政の実子ではなく義子であったようで、幼名を治七といい、鶴斎と号した。[25]「定政ハ鶴斎ト号シ金銀採製図録ヲ画キ名ヲ著ハシ」（『相川町誌』）とあるように、1819（文政2）年以降の「金銀採製全図」系（Ⅳ期）の絵巻を中心に制作したと考えられる。組頭・大原吉左衛門（大伴景氏）の旧蔵本とみられる1825（文政8）年「佐渡国金銀吹立図」（No.36）の巻末には、「依公命佐渡国蒙頓首彼之国在住之砌絵図師山尾治七画之」と記載があり、定政が組頭職用に描いたことがわかる貴重な作例である。今後、本作と「金銀

採製全図」系（Ⅳ期）に属する絵巻群との筆致を比較検討することで、定政作の絵巻が明らかになるはずである。また、原図ではないが、図2に示した新潟県立佐渡高校同窓会舟崎文庫所蔵「佐州金銀採製全図」（No.48）の巻頭にも「原図絵図師山尾衛守定政筆」と記載がみえ、佐渡市個人所蔵の「金銀山敷内稼方之図」（No.52）の巻末にも「原本者佐州雑太郡相川住御絵師山尾次七蔵書」とあり、定政の作例をうかがうことができる。なお、山尾氏の菩提寺である大安寺（佐渡市相川江戸沢町）には、1827（文政10）年定政筆の「相川八景」が伝えられており、その作風をうかがうことができる。

(2) その他の絵巻の絵師とその作例

前述のように、佐渡金銀山絵巻は本来佐渡奉行や組頭用に制作された。その制作を担ったのは佐渡奉行所絵図師の山尾氏であった。そして、そのような経緯で制作された絵巻は、さまざまな経緯で転写された。また、単なる模写ではなく、アレンジが加えられるなどした多様な絵巻も存在する。現存する佐渡金銀山絵巻の大多数はこのような写本である。それらに筆写年代や絵師が記されることは多くないが、判明するものについて以下紹介する。

著名な絵師のものとしては、幕府の御用絵師としても活躍した濱町狩野家五代目の狩野融川（1778～1815）が、1730年代の最初期の絵巻を1800（寛政12）年に筆写した国立公文書館所蔵「金銀山敷内稼仕方之図」（No.8）がある。佐渡金銀山絵巻が江戸にもさまざまな経緯で伝わっていて、狩野派絵師までもが写したということがうかがわれる。相川郷土博物館所蔵「銀山勝場稼方諸図」（No.41）は、佐渡奉行所の地方附絵図師である石井夏海（1783～1848）が若年の頃に写したというものである。なお、国立科学博物館所蔵「金銀山採鉱絵巻」（No.21）には、江戸時代後期の画家・蘭学者で三河国田原藩の家老である渡辺崋山（1793～1841）の落款が複数個所に押されており、注目される。

早稲田大学図書館所蔵「採金之図」（No.34）の上下各巻の巻末には、「慶長五年ニかき申候　後藤八蔵十六才」とあるが、絵巻の制作が1600（慶長5）年にまで遡ることは考えられず、留意が必要である。相川郷土博物館所蔵「佐渡の国金堀の巻」（No.40）には、「磯の屋のあるし　尼子正名謹しるす」と記載がある。九州大学総合博物館所蔵「佐州金山図絵」（No.92）の巻末には、「寛政四壬子夏六月□中村候乞需是写　堀越春（花押）」とあり、1792（寛政4）年に堀越春なる人物によって写されている。島根県のなかむらコレクション中の3点の絵巻にも筆写年や作者が記されている。「佐州金銀山稼方諸図帖」（No.82）の巻末には、「明和七庚寅年春三月三日写于五雲館」とあり、1770（明和7）年に写されていることがわかる。「佐州表金銀山より掘出す絵図」（No.83）の巻末には、「于時享和二壬戌年涼月下院写之　建部（印）」とあり、1802（享和2）年に建部なる人物に写されている。そして、「佐渡金銀山稼方図巻」（No.85）は上下各巻の巻末に「吉村里風」なる人物の落款がある。三菱東京ＵＦＪ銀行貨幣資料館所蔵「佐渡小判所絵巻」（No.73）の巻末には「文政四年歳舎辛巳十月十七日之夜依令命伝写之畢　算□之画士」とあり、何らか命令により1821（文政4）年に写されている。佐渡市個人所蔵の「金銀山敷内稼方之図」（No.52）の巻末には、「原本者佐州雑太郡相川住御絵師山尾次七蔵書　文久三年癸亥二月　任望山田氏写之　佐藤六郎愚記」とあり、1863（文久3）年に佐渡奉行所絵図師山尾治七（3代目衛守か）の蔵書を写したものである。これをさらに翌1864（文久4）年に転写したのが新潟大学旭町学術資料展示館所蔵「佐渡之国金銀山敷内稼方之図」（No.57）で、「文久四元治改甲子年二月中旬写之　西村氏（印）」と巻末にある。

新潟県立歴史博物館所蔵「金銀山敷岡稼方図」（No.67）は、単なる模写ではなく、アレンジが加え

られた事例である。道遊割戸や坑内の様子を描くとともに、佐渡の金石類・銀石類などの文字情報も併せて写し、巻子仕立としている。1754（宝暦4）年の年紀と「信ノ伊奈郡飯田領時又村今村忠蔵（花押）」という記載がある。現在の長野県飯田市域の人物が鉱山開発の参考とするような意図があって写した可能性も考えられよう。

そして佐渡金銀山絵巻は、明治時代以降にも相当数書写されたようである。たとえば、前述した新潟県立佐渡高校同窓会舟崎文庫所蔵「佐州金銀採製全図」（No.48）などは、巻頭凡例の記載から明らかに明治時代以降に写されたものである。国立科学博物館所蔵「佐州金銀採製全図」（No.24）は、1873（明治6）年のウィーン万国博覧会に出展するため複製されたといわれる。九州大学総合研究博物館所蔵「佐渡鉱山金銀採製全図」（No.94）も明治時代以降に東京大学所蔵本（No.33）を模写したものと推察される。相川郷土博物館所蔵「佐渡之昔」（No.42）は、箱書から1935（昭和10）年頃に模写されたようである。これとほぼ同じ内容の箱書をもつ国立科学博物館所蔵「佐渡之昔」（No.20）も同年代の模写本であろう（佐渡相川生まれで三井財閥を支えた実業家の益田孝〔1848～1938〕による箱書で、原本は名古屋徳川侯所蔵のものという）。その他、年紀を欠くものの、絵巻に使用された料紙や顔料などから明治時代以降に写されたと判断される絵巻も多い。

なお、幕末期頃には単なる模写ではなく、山尾氏が描き継いできた絵巻の構図にとらわれない独自の絵巻を描く事例がいつくか見られるようになる。たとえば、国立科学博物館所蔵「佐渡国金掘之図」（No.23）は巻末に「嘉永甲寅夏六月応需　五峯谷春成製」とあり、1854（嘉永7）年に五峯谷春成という絵師が制作したことがわかる。五峯谷春成は京の人で、四条派岡本豊彦に画を学び山水人物画をよくした三谷春成のことであるという。どのような経緯でこの絵巻を描いたのか定かでないが、独自の構図で非常に丁寧に描いている。また、1856（安政3）年の新潟県立歴史博物館所蔵「佐渡金銀山稼方之図」（No.66）は、異国船を追い払うための西洋流砲術の指導に佐渡にやってきた木村正勝が江戸に帰ることになり、土産として石井文峰なる絵師に描かせたという由緒書が巻末にある。このような絵巻を土産にしたのは、佐渡＝金銀山というイメージが江戸時代からあってのことと思われる。通常の絵巻と異なり、文人画風のタッチで描いており、佐渡金銀山絵巻の多様性を示す。

以上、筆写年代や目的は必ずしも明確ではないが、多様な写本・諸本が確認されることを述べた。このことは、佐渡金銀山および絵巻への関心の高さを示しているといえよう。

6．おわりに

以上、佐渡金銀山絵巻群の全体像を概観してきた。最後にその特色および史料的価値についてまとめる。

1点目は、1730年代から幕末まで約百数十年間にわたって数多く描き継がれ、そのときどきの新技術の導入や経営・管理体制の変化がビジュアルに反映されていることである。日本には10ほどの金銀銅山に絵巻が伝わるが、このように長期にわたって描かれ、技術や経営の変化が追えるのは、佐渡金銀山絵巻だけの大きな特色である。

2点目は、本来、佐渡奉行や組頭用に描かれた絵巻がさまざまな経緯で筆写され、またアレンジが加えられるなどした多様な絵巻が存在するということである。他国の鉱山経営の参考資料として、佐渡を訪れた人の土産として、また、美術品としての関心から筆写・制作したと考えられる絵巻などもある。

3点目は、本稿では触れられなかったが、佐渡金銀山絵巻が他の鉱山の絵巻の手本ともなったということである。近年、佐渡金銀山絵巻が石見銀山絵巻

の制作に影響を与えたことが明らかになりつつある。また、越中国松倉金山の「松倉金山絵巻」や周防国一ノ坂銀山の「一ノ坂銀山絵巻」の「成立」にも大きな影響を与えている。

そして4点目は、佐渡金銀山絵巻は海外にも持ち出されて、日本の鉱山文化を伝える大きな役割を果たしたということである。江戸時代末期に2度目の来日を果たしたドイツ人医師シーボルトが持ち帰った絵巻や、明治時代に来日したお雇い外国人が持ち帰った絵巻などがイギリス・アイルランド・ドイツ・ロシアなどに保管されている。このようにして伝わった佐渡金銀山絵巻は、古代ヨーロッパの採鉱・製錬過程・技術を知る手段として重要な役割を果たすとともに、佐渡のみならず日本の鉱山全体を代表・象徴するものとして高く評価されている。

以上のように、佐渡金銀山絵巻は日本の鉱山絵巻全体の中でもその数量、内容、そして影響力は突出している。そのことは佐渡金銀山そのものの重要性や影響力、そして人々の関心の高さを如実に示すと考えてよい。佐渡金銀山絵巻はこれまで研究史料としては本格的に活用されてこなかった向きがある。今後、さまざまな視点から学際的な研究を進め、佐渡金銀山の重要性を明らかにするために活用することが必要であろう。

註
（1）たとえば、①小森宮正惠氏所蔵（現国立科学博物館小森宮コレクション）「佐渡国金山之図」を解説した、小森宮正惠　1968　『恋金術』　小森宮金銀工業株式会社資料室、②新潟県立佐渡高校同窓会舟崎文庫所蔵「佐州金銀採製全図」を解説した、小菅徹也　1970「金銀のできるまで」田中圭一編『佐渡金山史』中村書店、③国立科学博物館所蔵「佐州金銀採製全図」を葉賀七三男氏が解説した、1976　『江戸科学古典叢書1』　恒和出版、④相川郷土博物館所蔵「銀山勝場稼方諸図」を解説した、新潟県編　1981　『新潟県史資料編9 近世四 佐渡編 附録』　新潟県、⑤株式会社ゴールデン佐渡所蔵「金銀山敷岡稼方」を解説した、テム研究所編　1985　『図説佐渡金山』　河出書房新社、⑥小森宮正惠氏所蔵（現国立科学博物館小森宮コレクション）「佐渡国金掘之図」や東海銀行貨幣資料館（現三菱UFJ銀行貨幣資料館）所蔵「金山銀山敷岡稼方之図」を葉賀七三男氏が解説した、日本鉱業史料集刊行委員会編　1988　『日本鉱業史料集 第九期 近世篇 中巻』　白亜書房、⑦元新潟県立佐渡中学校所蔵「佐州金銀採製全図」を解説した、長谷川利平次　1991　『佐渡金銀山史の研究』　近藤出版社、⑧東京大学史料編纂所寄託「佐渡小判所并後藤役所絵巻」を解説した、西脇康　1996　「絵解き・金座絵巻（1）－元文金・文政金を中心に－」『収集』21-5、⑨国立公文書館内閣文庫所蔵「金銀採製図」を葉賀七三男・鈴木一義氏が解説した、国立科学博物館編　1996　『日本の鉱山文化　絵図が語る暮らしと技術』　国立科学博物館、⑩新潟県立歴史博物館所蔵「佐州金銀山之図」の第3巻「西三川砂金山稼方図」を解説した、小菅徹也　2000　「佐渡西三川砂金山の総合研究」小菅徹也編『金銀山史の研究』高志書院、⑪新潟県立歴史博物館所蔵「佐渡国金銀山敷岡稼方図」などを解説した、渡部浩二編　2003　『新潟県立歴史博物館所蔵資料目録 佐渡金銀山絵巻三種』　新潟県立歴史博物館、⑫九州大学工学部（現九州大学総合研究博物館）所蔵「佐渡鉱山金銀採製全図」・「金銀山敷岡稼方図」を解説した科学研究費補助金（特定領域研究）「江戸のモノつくり」A01-d班 研究課題「日本の鉱山技術資料の総合的調査と総合目録の作成」（課題番14023212）報告書である、2005　『九州大学工学部所蔵 鉱山・製錬関係史料』　宮崎克則、⑬新潟大学旭町学術資料展示館所蔵「佐渡之国金銀山敷内稼方之図」を解説した、橋本博文　2012　「佐渡之国金銀山敷内稼方之図」『新潟大学旭町学術資料展示館開館十周年記念特別展示、新潟大学所蔵貴重学術資料公開展示会記録集』新潟大学学術情報基盤機構旭町学術資料展示館、などがある。

（2）相川郷土博物館編　1996　『開館四十周年記念特別展報告書　佐渡と金銀山絵巻』　相川郷土博物館、が刊行され、①本間寅雄「鉱山絵図の社会史」、②佐藤利夫「「佐州相川銀山敷岡地行高下振矩絵図」の考察」が所収される。

（3）前掲註（1）⑨。

（４）佐渡金銀山絵巻群の分類・変遷についての先行研究として、前掲注（１）⑤や毛塚万里　2002　「佐渡金山図」『チェスター・ビーティ・ライブラリィ絵巻・絵本解題目録』、勉誠出版、植田晃一　2008　「佐渡金銀山絵巻について―絵巻制作の動機と画かれた鉱山技術の進歩と変遷―」資源・素材学会研究報告資料、などがある。また、佐渡金銀山絵巻の概要については、前掲註（１）（２）の各書の他、岡田陽一　1922　「佐渡金銀山絵図の由来と其序」『甲寅会誌』３も参照。

（５）具体的成果として、①新潟県教育庁文化行政課世界遺産登録推進室編　2010　『国際シンポジウム「絵巻から見える佐渡金銀山」―佐渡金銀山遺跡を世界遺産に―シンポジウム記録』　新潟県教育委員会・佐渡市・新潟大学旭町学術資料展示館、②橋本博文　2009　「佐渡金山銀山に関わる資料をヨーロッパに訪ねて－オーストリア、ドイツ、チェコ、スロヴァキアの調査結果－」『旭町学術資料展示館の国際化』による報告会 佐渡金銀山に関わる資料をヨーロッパに訪ねて－世界遺産登録推進への取り組み－パンフレット、などがある。

（６）註（１）①参照。

（７）大石学　1992　「松平乗邑」、『国史大辞典』13、吉川弘文館

（８）前掲註（１）②参照。

（９）岩木　擴　1927　『相川町誌』　相川町教育会

（10）山本　仁・田中圭一・本間澪子編　2005　『佐渡江戸時代史年表』　佐渡史学会

（11）前掲註（１）⑤参照。

（12）前掲註（１）⑤参照。

（13）佐渡金銀山の経営・技術については、①麓三郎　1973　『佐渡金銀山史話 増補版』三菱金属鉱業株式会社、②田中圭一　1986　『佐渡金銀山の史的研究』刀水書房など参照。

（14）佐渡郡教育会編　1974　『佐渡年代記』中巻　臨川書店

（15）田中圭一編　1968　『佐渡相川志』　新潟県立佐渡高等学校同窓会

（16）新潟県立歴史博物館所蔵。渡部浩二　2012　「新収蔵の佐渡金銀山関係資料について」『新潟県立歴史博物館研究紀要』13、参照。

（17）新潟県立佐渡高等学校同窓会舟崎文庫所蔵。前掲註（13）②に所収。

（18）国立公文書館内閣文庫所蔵。

（19）伊藤三右衛門　1986　『佐渡国略記』上巻　新潟県立佐渡高等学校同窓会

（20）佐渡小判所については、西脇　康　2013　『佐渡小判・切銀の研究 付佐渡銭』　書信館出版、参照。

（21）前掲註（１）⑩参照。

（22）山尾政圓の没年等については、前掲註（２）①、本間周敬　1915　『佐渡人名辞書』本間周敬、を参照。

（23）前掲註（16）参照。

（24）山尾章政の没年等については、前掲註（２）①、本間周敬　1915　『佐渡人名辞書』本間周敬、を参照。

（25）山尾定政の没年等については、前掲註（２）①、本間周敬　1915　『佐渡人名辞書』本間周敬、を参照。

（26）前掲註（１）⑨参照。

（27）相川町史編纂委員会　2002　『佐渡相川郷土史事典』　相川町、巻頭口絵参照。

（28）前掲註（１）④参照。

（29）前掲註（１）⑬参照。

（30）前掲註（１）③参照。

（31）前掲註（１）⑫参照。

（32）鈴木一義　2006　「『佐渡国金堀之図』を読み解く」、『ビジュアル NIPPON 江戸時代』小学館、前掲註（１）⑥参照。

（33）前掲註（５）①参照。

（34）前掲註（１）⑨、前掲註（５）①参照。

（35）鳥谷芳雄　2013　「石見銀山絵巻上野家本について（２）－石見銀山絵巻は佐渡金銀山絵巻を参考に成立した－」『古代文化研究』21

（36）「松倉金山絵巻」と佐渡金銀山絵巻の類似については、渡部浩二　2010　「「松倉金山絵巻」と佐渡金銀山絵巻」『新潟県立歴史博物館研究紀要』11、参照。「一ノ坂銀山絵巻」と佐渡金銀山絵巻の類似については、前掲註（１）③、⑥参照。

（37）本書所収のレギーネ・マティアス論文および前掲註（５）①参照。

第Ⅱ章 佐渡金銀山と鉱山技術

1. 絵巻にみる粉成技術

萩原三雄

1. 山金採掘時代と粉成技術

　永い砂金、柴金採取の時代から、およそ15世紀末ないし16世紀初頭頃に始まる山金採掘の時代になると、鉱山技術は大きく転換する。その一つである粉成技術は、それまでの過程ではほとんど見られなかった新技術であり、鉱石の粉砕という役目を担う鉱山技術中では欠かすことができないものであった。

　この粉成技術は、佐渡金銀山をはじめ各地に残る鉱山絵巻には必ず描かれる鉱山技術中の一工程であり、かつ、かなり重要な工程の一つであったことが、印象的かつ、リアルに描かれる絵巻から理解することができる。

　本稿では、その粉成技術の態様について、佐渡金銀山絵巻などの絵巻類から読みとるとともに、粉成の過程で必須の道具であった鉱山臼などから、前近代の粉成技術のあり方を探ることを目的とする。

2. 絵巻に見る粉成技術

　絵巻の中に粉成の場面が鮮明に描かれている佐渡金銀山絵巻と「金澤御山大盛之図」(1)(以下、「金沢金山絵巻」と略称)の二つから、粉成技術の実態をながめてみよう。金銀山から採掘された鉱石は、まず挽き臼中のいわゆる供給口に落とし込む程度の大きさに荒割りされる。この時に土台石として使われる臼がある。これは搗き臼と呼ばれる鉱山臼の一種で、佐渡金銀山では「叩き石」と呼ばれているものである。この種の鉱山臼は、列島中の多くの金銀山で見られ、なかには石見銀山のように、この種の鉱山臼のみで粉成の工程が成立しているところもある。この点については、後述したい。

(1) 佐渡金銀山絵巻にみる粉成技術

　荒割りされ細かく粉砕された鉱石は、佐渡金銀山では、挽き臼による粉成の工程にかけられる。絵巻中にも、上半身裸になった男たちが大きな挽き臼を回している様子が描かれている。挽き臼に付けられたヤリ木という柄に屈強な男たちが2〜3名とりつき、挽き臼の上臼を回転している。挽き臼の上臼はかなりの高さがあり、巨大である。その重さゆえに、複数の人間が必要であったのだろう。上下の挽き臼の重なったところにも男がおり、ヤリ木を支えながら、上臼中央の供給口に柄杓に入れた鉱石を流し込んでいる。細かく砕かれた金銀鉱石は若干の水も加わってドロドロした状態となっている。こうした水を含ませた状態の金銀鉱石によって、挽き臼もスムースに動き始める。

　佐渡金銀山絵巻に見える挽き臼は、一様に大きい。前近代の鉱山のうち、これだけの挽き臼を使用しているところは、他にない。挽き臼の場合、鉱石はとくに上臼の重みとその回転作用によって細粒化し微粉化していくのであって、重量のある上臼を使用するということはその分鉱石が硬いことを意味している。佐渡金銀山の場合は、鉱石が硬く、そのために上臼も大きく、それに対応するために労働力も

それだけ必要であったことがわかる。

　微粉化された金銀鉱石は、佐渡金銀山絵巻では、ネコ流しにかけられる。およそ3名程度の女たちが、長い板に張られた木綿の布の上に、先の微粉化された鉱石を流していく。重い金銀粒を荒い木綿の布に引っ掛けて、採取するのである。一定量の金銀鉱石がネコ流しされたのち、木綿についた金銀粒を採取するためネコといわれているこの木綿の布を巻き上げるのは、どうやら男の役目であったらしく、佐渡金銀山の場合にはこのシーンが必ずといってよいほど描かれている。布の巻き上げ風景を丁寧に描いているのは、ネコ流しの一連の工程を説明するためでもあろう。

　ここまでが、粉成作業のおおよその工程であった。佐渡金銀山絵巻には順序だててこの作業が詳細に描かれており、前近代の粉成技術を知るうえで重要な資料となっている。

(2) 「金澤御山大盛之図」にみる粉成技術

　本絵図に描かれている粉成作業は、佐渡金銀山絵巻に描かれる作業と比較すると、大筋の流れは同じであるが、細部を追っていくと異なる点が多い。金沢金山の場合、この作業に従事しているのは、なによりも女性たちである点である。しかも、ヤリ木をもちながら挽き臼を回しているのはたった1人であり、回している挽き臼をみると、佐渡金銀山よりもはるかに薄く、軽いようである。むろん、これは金鉱石の質や硬さに対応するもので、金沢金山の金鉱石が脆いことを示している。ここでの粉成作業が佐渡金銀山のように男たちの世界ではなかったことがよくわかるシーンである。鉱山における世界が、男たちだけの独占的なものではなく、女性たちも重要な役割を果たしていたことがわかる。

　金沢金山の粉成技術のなかで、もう一つ見落とせない点は、「セリ板」を使用している場面である。「セリ板」とは、格子目状に刻む細かい溝をもつ細長い板で、金沢金山絵巻をみると溝が刻まれたセリ板が斜めに2枚繋がれて置かれている。挽き臼によって微粉化された金粒は、細い樋を通り、若干の水が加えられ、このセリ板の上に流れ落ちるような仕組みになっている。重い金粒は、セリ板に刻まれたこの溝の中に落ち込むようになっているのである。セリ板に刻まれた溝の角度と、斜めに置かれたセリ板の角度が微妙に計算されているようであり、金粒がうまく溝の中に落ち込むように設定されているのであろう。セリ板に流し込む際には、水も加えているが、しかし水量が多すぎないように、ここでもまた微妙な調整が行われていることがわかる。

　以上のように、金沢金山の絵巻には粉成技術の態様が細部まで描かれており、佐渡金銀山絵巻とはやや異なった粉成技術の世界をみることができる。粉成技術が多様であったことを示している。

3. 粉成技術上の鉱山臼の位置

　粉成作業には、各種の絵巻中にも見られるように、鉱山専用の臼が使われる。この鉱山臼は、いわば山金開発にとって必須の道具であり、鉱山技術上極めて重要な役割を果たしているものである。近年の鉱山遺跡の考古学的研究上でも、この鉱山臼に関する研究が最も進んでおり、それらの成果にもとづきながら、そのありようをながめていく。

　粉成作業は主に、搗く・磨る・回すという3種類の作業によって行われる。この3種類の作業はすべて併用されていた鉱山もあるが、反面搗くという作業だけで十分な場合もある。おそらく鉱石の種類や質などによって差異が生じているのであろう。先にあげた石見銀山のように、搗くという作業だけで十分に粉成ができた鉱山もあるが、甲斐金山の場合のように、すべての作業が行われていた鉱山も存在する。

　搗く作業は一般に搗き臼によって行われる。この

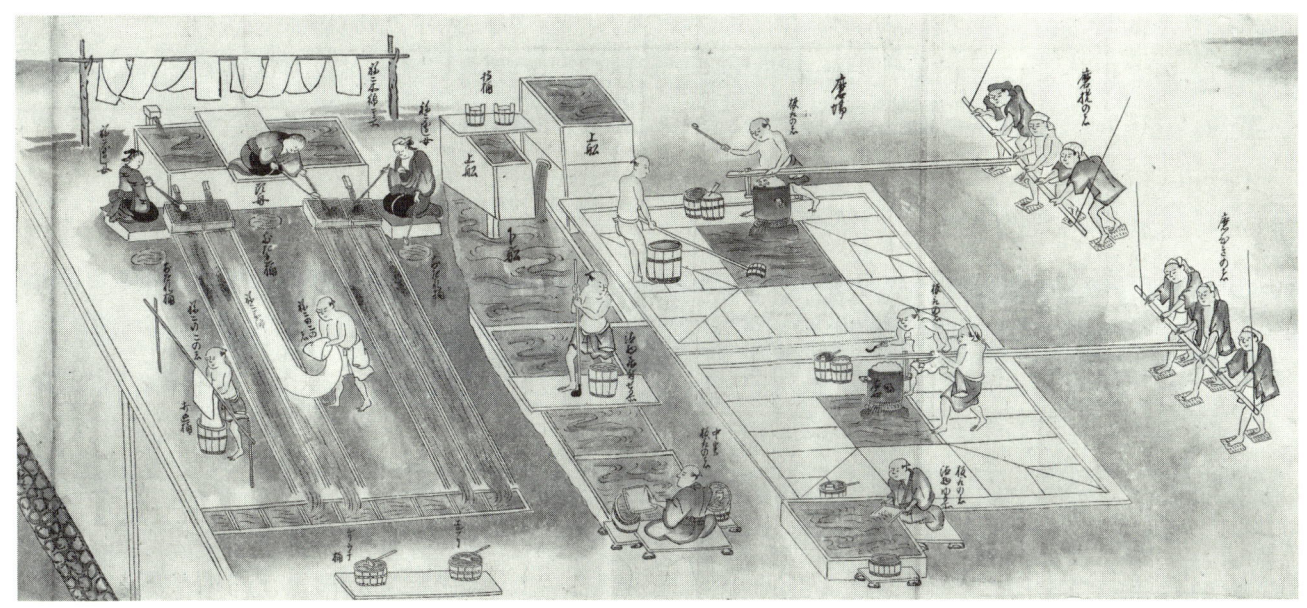

図1　「佐渡金山稼方絵巻」（株式会社ゴールデン佐渡蔵）

図2　「金澤御山大盛之図」（岩手県立博物館蔵）

搗き臼は、鉱山ごとに独自の呼称があり、佐渡金銀山では「叩石」、石見銀山では「要石」というように呼ばれている。搗き石だけで、あるいは搗き石主体で粉成が行われていた鉱山をみると、石見銀山をはじめ秋田院内銀山のように銀山が多いように見受けられる。しかし、福島の半田銀山のように、挽き臼が多量に使用されていた鉱山もあり、銀山に共通の特色と位置づけることはできそうもない。

搗き臼で粉砕する場合、鉄のハンマーのほか、かなりの鉱山で搗き石が使われている。絵巻の中にも搗き石を使って粉砕している場面が描かれており、「唐臼」と呼ばれている。甲斐金山遺跡では細長い形状を呈した重量感のある搗き石が確認されているが、おそらく挽き臼にかける前段階の、いわば荒割りの際に使用されたものであろう。

挽き臼については、佐渡金銀山のうち、とくに相

川金銀山で多量に使われている。佐渡の場合、この挽き臼は「石磨」と表記されており、鉱山技術上で最も特徴となっているものである。近年の研究成果によれば、この挽き臼は、山金開発初期の段階に出現し、以後近代初頭における西欧技術の導入時まで使用された極めて息の長い鉱山道具であることが判明している。その間、細かい部分では当然いくばくかの変遷過程があることもわかってきたが、年代的変遷などいまだ十分な成果は得られていない。

山金開発初期から近世初期までに使われていた挽き臼には、「黒川型」挽き臼[3]と「湯之奥型」挽き臼[4]があったことが、現在までの研究で判明している。前者の「黒川型」は甲斐金山のうちの黒川金山遺跡から出土した挽き臼が標式となって命名されたもので、後者はやはり甲斐金山遺跡のうちの湯之奥金山遺跡から出土した挽き臼によって命名されたものである。その特徴は、いずれも近世に一般化した挽き臼よりも口径は小さく、30数cm程度の小ぶりのものが多い。これらの挽き臼についてはとくに上臼と下臼を繋ぐ軸の据え方に特徴があらわれている。「黒川型」挽き臼というのは中央に設けられた供給口の壁際に軸が置かれたもので、上臼の供給口の内側を観察すると、軸が据えられた痕跡が明瞭に残っている。「湯之奥型」の場合は、供給口とは全く別の位置に新たに軸を置く孔を設けているのが特徴で、鉱石を落とす供給口と軸孔を別にするという構造をもっている。いわば、穀臼と同じような構造を呈しており、前近代を通じて長く使われた鉱山臼中、「湯之奥型」挽き臼はかなり特異な存在となっている。ちなみに、この両者の列島各地の鉱山でのありようをみると、「黒川型」挽き臼は全国に広く分布し、「湯之奥型」挽き臼は甲斐金山のほか甲斐の十島金山、伊豆の土肥金山のほかは、佐渡金銀山にしか見当たらない。後者はきわめて局地的な分布の状況を呈しており、その意味でも特異な存在である。

この二つのタイプの挽き臼の後を受けるかたちで、「定形型」と呼ばれている挽き臼が登場してくる。このタイプは、供給口の内部に「リンズ」と呼ばれる軸を固定する装置をはめこみ、それを使って上下の臼を繋ぎ、回転作業を安定化させているものである。この「リンズ」を上臼に据えることによって、挽き臼は同心円状にスムースに回転し、粉成作業が大きく飛躍することになった。以後、近世を通じて、この「リンズ」を用いた「定形型」挽き臼が広く普及し、「黒川型」と「湯之奥型」挽き臼はしだいに消滅していくことになった。ただし、「黒川型」と「湯之奥型」挽き臼から、いわば近世の「定形型」挽き臼にどの時点で転換したのか、詳細はわからない。佐渡金銀山絵巻にみられる挽き臼は絵巻中では観察できないが、当然すべて「定形型」の挽き臼であった。

「磨り臼」については、あまり研究が進んでいないが、早くから開発され比較的脆い鉱石を産出する鉱山から確認されることが多く、今村啓爾氏から甲斐金山に特有な鉱山臼と指摘されているものである。甲斐金山から出土している磨り臼を見ると、十分に使いこなされている状況が観察でき、特定の鉱山の粉成作業には欠かせない鉱山臼であったことがわかる。

4. 粉成技術をめぐる諸問題

(1) 絵巻にみる粉成技術の成立

佐渡金銀山絵巻や金沢金山絵巻などの絵巻にみる粉成技術は、ほぼ共通したあり方を示している。上下に重ね合わせた挽き臼にヤリ木を付けて回転させ、微粉化した金銀粒をそののちネコやセリ板によって採取するといった方法である。絵巻から観察し得る唯一の方法である。しかし、この構造的で、ほぼ画一化された粉成技術がいったいいつ頃成立し、その後どのような発展をとげたのかはまったく

明らかにされてはいない。佐渡金銀山絵巻の成立時期には、すでにほぼ完成された姿をみせており、絵巻からは初期の段階のありようはつかめない。

直接的にこの課題を解く鍵にはならないが、興味深い資料群がある。新潟の越後黄金山出土の鉱山臼(5)と福井大野の阪谷金山の鉱山臼(6)である。このいずれの鉱山臼にも共通する特徴は、自然石をあまり加工せずに、供給口と柄をつける孔を設けて、挽き臼として使用している点で、磨り面には回転痕がつき、擦り減った状況からかなり使いこなされた様子も読みとれる。自然石そのままのものもあり、形を円形に整えようとする意識すら感じとれないものもある。一目して、鉱山臼のうちで最も初期の様子を示していることがわかる。

鉱山臼の初源期のものとも目されるこの両金山の挽き臼で注目しなければならない点は、その大きさである。直径が30cmにも満たないものもあり、一様に小さいものが多い。それゆえに、形状や大きさからみると、ヤリ木をつけた構造的なものではなく、おそらく、きわめて簡便な方法である手回しによる粉成用の臼であったことが想定できる。すなわち、山金開発の初源期の鉱山臼は、こうしたきわめて素朴で小さなものであり、手回しによる粉成作業が行われていた可能性が高く、挽き臼を巧みに組み込んで作られた構造的な仕組みをもつものではなかったのである。

(2) ネコ流しとセリ板採りに関する問題

挽き臼による微粉化ののち、佐渡金銀山絵巻に描かれるネコ流しの方法と金沢金山の絵巻にみるようなセリ板を使用した2種の方法によって金銀採取が行われていたことはすでに述べてきたが、この点については江戸期の元禄年間に秋田藩士の黒澤元重によって著された『鉱山至宝要録』(7)のなかに「ねこなりせり板にて流し」と記述されているように、この二通りの技術が少なくとも江戸前期には成立していたことがわかる。しかしなぜ、この二つの方法が存在していたのかは同書からもうかがえないが、むしろ記述がないこと自体、この二つの方法が当時ごく当たり前に普及していたものであったことを示していよう。

この点に関しては近年井澤英二氏の優れた研究成果が報告され(8)、2種類の方法がどのように使い分けられていたのかおおよそ明らかにされてきた。しかしいくつかの疑問点も浮かんでくる。それは、金沢金山のような、セリ板を使用している状況を描く絵巻が少ないという点である。また、佐渡金銀山では、ネコ流しもセリ板採りもいずれもが行われていたことは資料によって知られているが、佐渡金銀山絵巻に描かれるのはほとんどがネコ流しの場面である。なぜ、佐渡金銀山の絵巻にはネコ流しと同じようにセリ板採りも積極的に描かれなかったのか。なお、付言しておきたい点は、セリ板を使用して粉成を行っている鉱山は、秋田の尾去沢金山の絵巻などをみても、なぜか東北地方の金山に多い点であり、これを単に地域性とみるべきかどうか、今後の検討課題とすべきであろう。

『鉱山至宝要録』のなかに「ネコなりセリ板にて流し」とある点にも留意すべきかもしれない。「なり」という文言を使用し、「ネコとセリ板」と表現していない分、粉成ではそのいずれかの方法で十分であったことを言い表しているのであって、鉱石の質などに対応してより効果的などちらかの方法が選択されていたとみるべきかもしれない。

秋田藩士であった黒澤元重がこの書物を著すに際しては、まず身近な秋田藩内で行われていた鉱山技術が採り入れられていたであろうことは言を待たないが、いったい列島中のどの範囲の技術を視野においていたのかは興味のある点である。この点に関しては、同書に対する今後の詳細な研究を待つことになろう。

5．鉱山の賃金体系

　佐渡金銀山絵巻をはじめとする鉱山絵巻には粉成の工程は上記にみるように詳細に描かれており、当時の粉成技術を克明に読みとることができるが、反面では絵巻の成立以前の時代の様子は残念ながらつかむことができない。各絵巻をみても、粉成の場面はほぼ完成された様相が示されているのであるが、その技術を獲得するまでにどのような過程があったのだろうか。粉成技術の変遷過程の解明は、鉱山技術の発展過程を知るうえで欠かせない重要な点であり、その究明に意を注がなければならない。

　金沢金山絵巻の粉成の場面には、興味深い事実もわかっている。女性たちがヤリ木をもって挽き臼を動かしている場面の、正面の台の上に載っている小さな短冊状の板切れである。この板切れはいったいどのような用途を有していたのかはこの場面からは読みとれないが、しかしこの絵巻の最終場面を見ると、この板切れは内部が小さく区切られた箱の中に納まっており、その脇には、その日の賃金を支払っている男がいる。この両場面を重ね合わせてみると、どうやら粉成作業はその時々の稼ぎ高に応じて賃金が支払われる体系をもっていたようであり、その板切れは粉成の数量を示していたのである。

　鉱山に働く人々の賃金体系などがどのようになっていたのかは、絵巻中からは詳細には読みきれない。それは鉱山技術を描くのが主要目的となっているからであろうが、しかし絵巻の節々に鉱山の社会が見え隠れしているのである。

註
（1）岩手県金沢金山の稼業の様子を描いた絵巻。絵師佐々木濫田の筆。
（2）甲斐湯之奥金山に深く関わる門西家には、現在でも多数の「セリ板」が伝えられており、絵巻との照合が可能である。
（3）黒川金山遺跡研究会他　1997『甲斐・黒川金山』塩山市教育委員会。
（4）湯之奥金山遺跡学術調査会他　1992『湯之奥金山遺跡の研究』下部町教育委員会他。
（5）萩原三雄　1999「越後黄金山の鉱山臼とその歴史性」『帝京大学山梨文化財研究所報』第35号。
（6）萩原三雄　2012「小型鉱山臼をめぐる諸問題」『山梨県考古学協会誌』第21号。
（7）朝日新聞社　1944「鉱山至宝要録」『日本科学古典全書』。
（8）井澤英二　2012「金属鉱業の歴史から見た紛体技術」『紛体技術』Vol.4（No6）。

2．江戸期佐渡金銀山絵巻の製錬技術

植田晃一

1．まえがき

　この小論の目的は、佐渡金銀山絵巻に登場する製錬技術の解説である。それは、江戸時代に佐渡金銀山において、実際に操業して金銀銅を生産した技術である。

　解説をわかり易くするために、その工程を画いている絵図の名称を記載するので、その絵図をご覧になりながら、読んで頂ければ幸いである。

　製錬技術は、その鉱山の鉱石組成と密接に関係しており、その鉱山の製錬原料である鉱石を形成している鉱物の組成に大きな影響を受ける。鉱物の組成に適合した技術が必要ということになる。

　佐渡の場合は、金銀が一つの鉱物の中に共存しており、金銀合金として回収されるので、最終的には、金と銀を分離し、それぞれを純度の高い金属とすることが、製錬技術の基本的課題であり、江戸期佐渡鉱山の技術者達は、そのために懸命の努力を惜しまなかった。わが国で最初の採用である長竈による塩化法は、佐渡鉱山絵巻に一際、華やかに画かれ、海外の複数の冶金学術書にも引用されている。

　この金銀分離技術に重点を置いて、鉱石処理の順序に従い製錬技術の解説を進めて行くこととしたい。

　なお、論考を進めるにあたり、絵巻中の該当する絵図の名称を挙げるので、絵図を見ながら読み進めて頂ければ幸いである。

2．製錬の原料

　製錬の対象となる原料は下記のA、B、Cの3種である。

A．永筋（みすじ）（自然金、エレクトラム）

　金60％、銀40％から成る金銀合金で、鉱物名はエレクトラムである。

B．汰物（ゆりもの）（含金硫化銀鉱）

　1.6％の金と87％の銀を含む輝銀鉱（Ag_2S）で、硫黄を含むので焼いて脱硫する必要がある。

C．汰物（ゆりもの）（含銀硫化銅鉱）

　銀を含む黄銅鉱（$CuFeS_2$）で、Bと同様に硫黄を含むので、焼いて脱硫する必要があり、また、金銀が銅鉱物に含まれているので、製錬工程で銅に入った金銀の回収のために南蛮吹を行う。

　佐渡の製錬技術全体を通して目立つのは、鉛という低融点で、金銀収容能力の大きな金属の巧妙な使い方である。装入物の熔解時に、まず鉛を加えて装入物全体を熔け易くしてから仕事にかかる。

　また、不純物除去のために、随所で鉛を加えて灰吹法を行うなど、鉛の活用が目立つのは、手押しの鞴による送風で、温度を上げていた時代の知恵であろう。

3．製錬法概要

　3種の製錬原料はメタル（A）と硫化物（B、C）から成り、金銀品位も異なり、また、銅を含むもの

図1　「寄床屋」『佐渡金銀山図』（新潟県立歴史博物館蔵　以下図9まで同じ）

と、含まないものとに分かれる。Aはメタルであるが、BとCは硫化物であり、硫黄を除去するために焙焼（竈焼）して硫黄分を亜硫酸ガスとして除去する必要がある。

Cは含銀硫化銅鉱であり、A・Bの床屋とは別の場所にある銅床屋で処理する。銅鉱中の金銀を回収するために、金属銅に入った金銀を鉛の中に移すための南蛮吹を行う。

A・B・C 3種の原料から取り出した金銀合金は、二つのプロセスによって、それぞれ純度の高い金と銀に分離される。その一つは、硫黄分銀法で、銀を硫化銀として金から分離する。二つ目は、焼金法で、長竈による焼金により、銀を塩化銀として分離して金の純度を上げ、小判製造に向かうのである。

以下、製錬の工程にしたがって説明を進める。

(1) 焙焼（焼竈）（図1）

寄床屋之図の左下隅近くに、円筒形の竈があり、焼汰物蒸焼之図とある。

Bの汰物は、この竈で焼き、硫黄分を亜硫酸ガスにして除去する。

$Ag_2S + O_2 = 2Ag + SO_2$
（硫化銀）（酸素）（銀）（亜硫酸ガス）

(2) 熔錬と鉛添加（図1）

水筋と焼汰物（硫化銀焼鉱）は、寄床屋の大床で別々に熔かす。吹大工は、熔剤として鉛と鉄を加えている。

鉛は、装入物全体を熔け易くし、かつ、金銀を収容するために加える。鉄は硫化銀分解の役目を負う。珪酸や酸化鉄などの不純物は、カラミを形成して湯面に浮くので、水を散布して冷やし、固体にしてから掬い上げ、アイカラミと称する。

次に、鉄を加えて硫化銀を分解し、金属銀と硫化第1鉄とする。

$Ag_2S + Fe = 2Ag + FeS$
（硫化銀）（鉄）（銀）（硫化第1鉄）

生成した硫化第1鉄は、表面に浮いてくるので、散水し冷やして固め、掬い取って炉外に出す。この硫化第1鉄は色が黒いので、黒からみと呼んでいる。アイカラミと共に炉の左横に置いてある。

大床の工程の産物は、金銀を含む鉛（貴鉛）であり、之を灰吹床に送る。

(3) 灰　吹（図1　寄床屋之図右側にある灰吹床）

図の右側に灰吹床が3基並び、そのうち2基は仕事中である。灰吹床は鉄鍋を用い、その内側に白色

の骨灰（主成分は燐酸カルシウム、$CaPO_3$）を厚く張っている。鉄鍋式灰吹炉は、1533年に朝鮮半島端川銀坑の技術が日本に入ってきた。この技術と交換に日本からは間（真）吹の技術を与えたと云われている。

大床の産物である金銀を含む鉛を、この鉄鍋式灰吹床に入れて吹き熔かし、加熱しながら直上から空気を吹き付けて鉛を酸化する。

$2Pb(Au\cdot Ag) + O_2 = 2PbO + 2Au\cdot Ag$
（鉛）（金銀）　　（空気）（酸化鉛）（金銀合金）

鉄鍋は、金銀熔体が漏れる心配の無いという点で、灰吹の容器として最適である。鉄鍋の内側には、動物の骨灰を厚く貼り付けている。

酸化鉛は、金銀より比重が軽いので、湯面に浮上する。金銀に比して表面張力が小さく、骨灰に濡れやすいので、骨灰の中に染み込んで吸収される。鉛がすべて酸化し灰の中にしみ込んだあとには、金銀合金が残る。

灰吹床の産物は、水筋からの産物の筋金と、硫化銀汰物からの産物の山吹銀であり、筋金は金銀改役の前に在り、山吹銀は金銀改役の右側で秤量中である。

(4) 含銀硫化銅鉱の製錬（図2）

この鉱石の処理は、粉砕・選鉱の段階から、他の鉱石とは別系統の銅床屋で行われ、場所も離れた所にある。ここでは、粉砕・選鉱の工程の説明は他稿に譲り、製錬工程について説明する。

① 竈　焼（図2）

銅床屋之図の最後尾に3基の定置型の焼竈が画かれている。この竈で焼いて脱硫する。亜硫酸ガスが発生して臭いので、竈は離れた場所に設置されている。原料である銅鉱をこの竈で焼いて脱硫する。

$CuFeS_2 + 7/2\, O_2 = CuO + 1/2\, Fe_2O_3 + 2SO_2$
（黄銅鉱）（空気）（酸化第2銅）（酸化第2鉄）（亜硫酸ガス）

勿論、完全に脱硫されるわけではなく、硫黄分も残留している。この焼鉱を荷吹にかける。なお、図に示すように、汰物に柄実（からみ）を混ぜて焼くことにより、焙焼時の溶融焼結を防ぐことができる。

② 荷吹（図3）

図2　焼状物竈の図

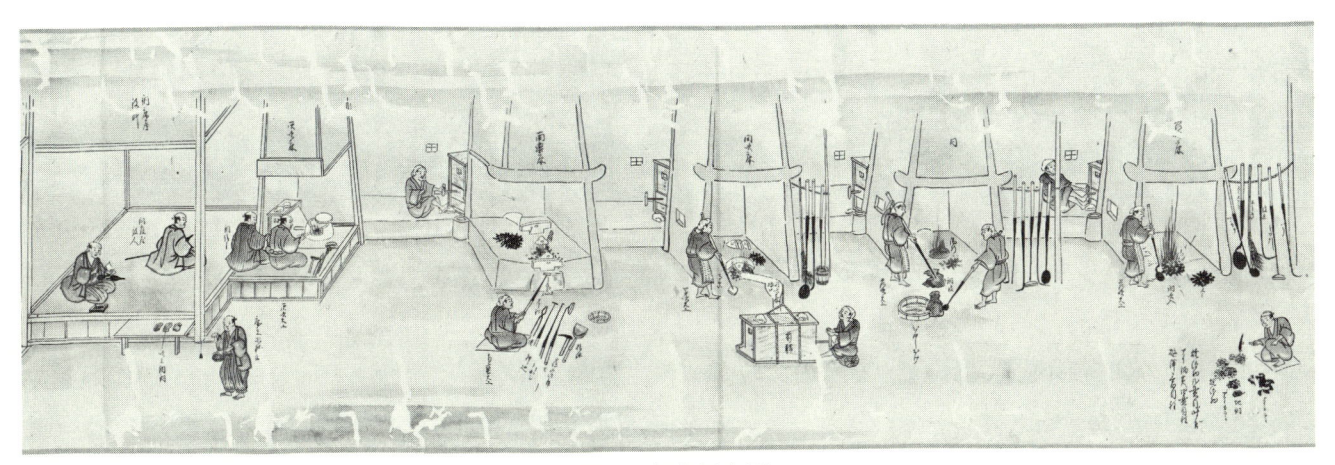

図3　銅床屋之図

焼いた鉱石3.5～5貫目に、熔剤としてアイカラミ1.5貫を加えて吹き熔かす。これを荷吹と称える。荷吹の産物は銅の硫化物を主体とする銅カワで、一部、銅メタルが混じっている。これを間吹（真吹と書くこともある）にかけて金属銅を得る。金銀はこの銅に含まれるので、金属銅から金銀を取り出すために南蛮吹を行う。まず間吹を説明する。

③ 間吹（真吹と書くことあり）

2基の荷吹床の左側に、間吹床がある。他の床とは異なり、大きな鞴が炉の前方に在り、その名称は前鞴とある。一際、目立つ巨大な送風管が炉に向かって延びている。間吹では、熔体の表面に、空気を吹き付けて、銅カワを酸化し金属銅を得る。

$$Cu_2S + O_2 = 2Cu + SO_2$$
（銅カワ）（酸素）（金属銅）（亜硫酸ガス）

上式に示すように、空気酸化した時に、酸化物にならず、金属に留まるのは、銅という金属の特質である。この銅の特質を生かした間吹は、日本の近世製錬技術の中で、最もすぐれた技術とされている。当時、海外では、焙焼と還元吹を何度も繰り返すことにより、銅を得ていた。

これに対して、間吹では、熔融状態の湯面に直上から連続して空気を吹き付けることにより、硫黄分を亜硫酸ガスにして除去し、一気に銅メタルを得ることができた。現代の最新冶金技術であるトップ・インジェクション製錬法（上方から空気と鉱石を炉内の熔湯中に吹き込む銅製錬法）に通ずる、優れた製錬技術として、海外の冶金学術誌にも紹介されており、近世日本の製錬技術の誇りとされている。

④ 南蛮吹

南蛮吹とは、金銀を含む銅に鉛を加えて攪拌し、一旦冷却して固める。鉛との親和力が強い金銀は、銅から鉛の中に移行する。鉛と銅は殆ど熔け合わないので、一つの塊を形成してはいるが、その塊の中で銅と含金銀鉛は分かれて存在している。

次に加熱して、含金銀鉛が熔けて銅が熔けない温度範囲（約600～800℃）に温度を上げると、金銀を含む鉛が、銅から分離して熔け出し、金銀を伴って南蛮床から流下する。銅は残り、鉛が流出した痕が蜂の巣のようになる。この含金銀鉛を灰吹法にかけることにより、鉛中の金銀を回収できる。この南蛮吹と灰吹のコンビネーションにより、銅鉱に含まれる金銀の回収が可能となった。

(5) 硫黄分銀法（図4）

金銀の原料は、いずれも金と銀が共存しているので、産物である筋金も山吹銀も金銀の合金であり、最終的には金と銀を分離して、それぞれを純粋に近い単体金属にする。そのために当時、用いられた方法が硫黄分銀法と焼金法である。

この二つを行うことにより、金と銀が分離され、それぞれが純粋に近い金属になる。

この2法のうち、吹分床屋では、山吹銀について硫黄分銀法を行ない、焼金法は小判所で行う。硫黄分銀法では、まず熔け易くするために鉛を加えて山吹銀を熔かす。吹大工の右膝の辺りに置かれている「さし鉛」がそれである。

次に、硫黄粉を添加して鉛と銀を硫化鉛と硫化銀として金から分離する。まず、熔融状態の金銀鉛合金（比重10～15程度、金と銀の比率により異なる）に、硫黄の粉を振りかけると、硫化鉛が浮上するので、藁束に含ませた水を湯面に散布し、冷やして固め、掬い上げる。これが黒物鉛である。

$$Pb + S = PbS \uparrow$$
（鉛）（硫黄）（硫化鉛）

更に硫黄粉を添加すると、銀が選択的に硫黄と反応して硫化銀（比重7.3）となり、湯面に浮いてくる。

$$2Au \cdot Ag + S = 2Au + Ag_2S \uparrow$$
（金銀合金）（硫黄）（金）（硫化銀）

硫化銀も散水して円盤状に固め、杓子で掬い上げる。これを銀カワと称する。

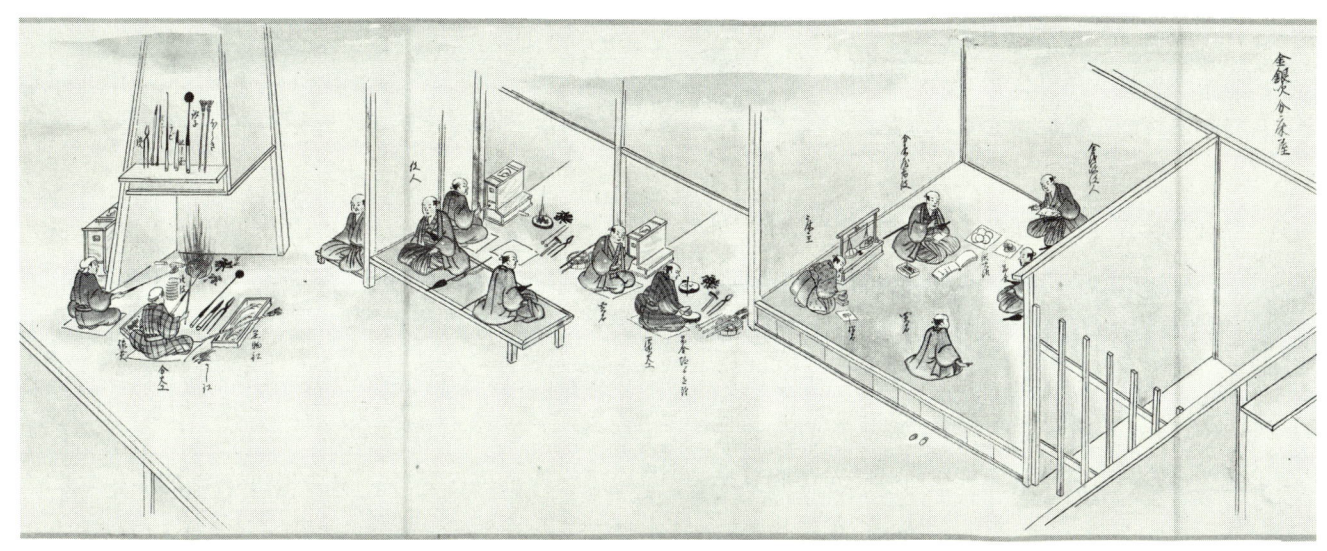

図4 「金銀吹分床屋之図」

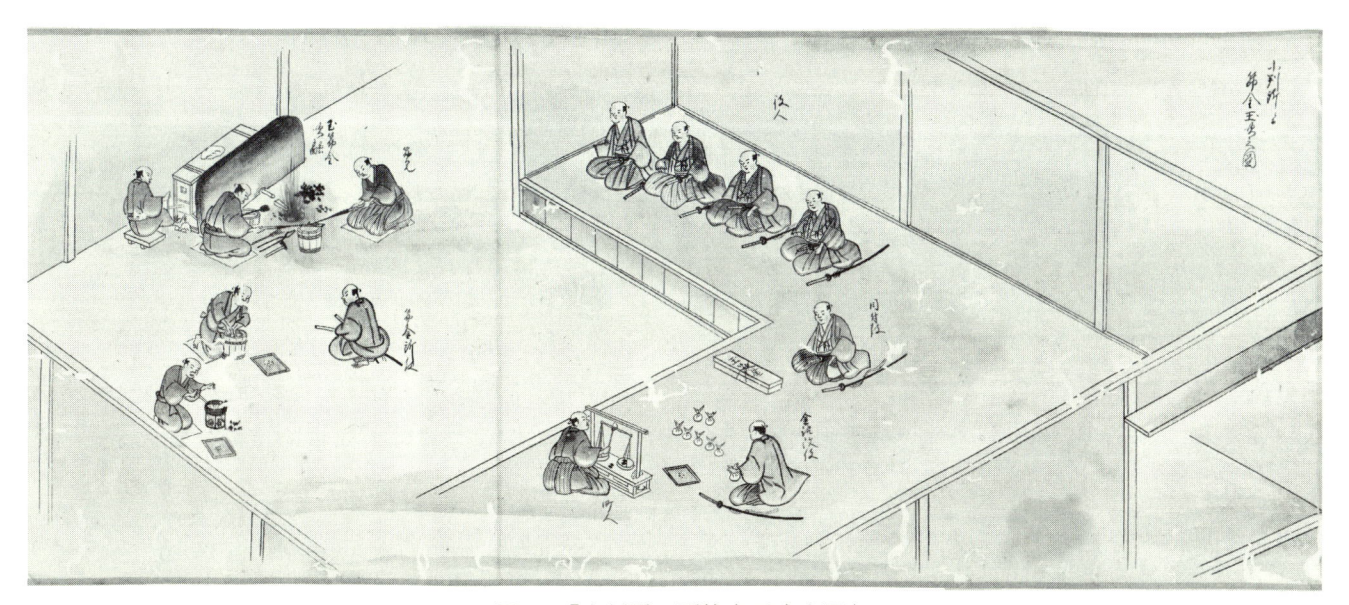

図5 「小判所ニ而筋金玉吹之図」

　吹大工の右側に黒物鉛が置かれている。吹分大工の左膝の辺りに、硫黄粉が置かれ、その前方の、炉に近い所に円盤状の銀カワが7枚程、積み重ねて在る。

　この方法により、山吹銀中の銀品位は、30％程度に低下し、筋金と同等の金品位となる。オール筋金になったのである。

　硫黄分銀法を更に続けると、金の濃度は更に上がるが、硫化銀の中に巻き込まれる金が増えるので、銀30％程度で打ち止めとし、あとは焼金法により銀を分離する。

　なお、硫黄添加により、硫化銀として分離した銀カワは、薬抜床に入れて熔かし、上から風を当てて、硫黄分を亜硫酸ガスとして除去し、金属銀を回収する。

　$Ag_2S\ +\ O_2\ =\ 2Ag\ +\ SO_2$
　（硫化銀）（酸素）（銀）（亜硫酸ガス）

　絵巻の金銀吹分床屋之図では、金銀改役人の前に、寄床から送られて来た筋金と灰吹銀（山吹銀）が並び、灰吹床では、銀の試し吹きをして、銀の品質をチェックしている。分床屋書役が帳面に重量などを記入している。吹分床の床主と買石が之を見

守っている。ここから先の工程は、小判所の管理下に置かれるので、筋金は小判製造の原料であり、受け入れ金銀量を念入りにチェックする。

(6) 筋金玉吹き－小判所での筋金の受け入れ検査
(図5)

上段に役人4人が並んで、作業を見守っている。その右側に、目付役が一人離れて座り、その前に「筋金」と書いた木箱が置かれている。その左側には、金銀改役が座り、その前に、白い袋が7個置かれている。その左側では、町人が筋金を秤量している。

下段の左手奥では、筋金を熔融し、筋見役の眼前で熔湯を鉄柄杓に酌み、水桶の中に落としている。それを筋見の役人が向かい合って見ている。

水中に落とされた筋金は、水中で急速に固まる。静かに糸を引くように落とすと、均一な直径数ミリの玉になって固まり、桶の底に沈む。これが玉筋金であり、玉吹という名称の由来である。金銀以外の銅や鉄などの金属が玉筋金に含まれていると、熔融状態で水中に入った時に酸化して、玉の表面に曇りが出るので、不純物の有無をチェックできる。

座敷中央に座を占める筋金所役の前に水桶を運び、水桶に手を入れて玉筋金を取り出し、角盆にのせて差し出し、曇りの無いことを確かめて貰う。検査の終わった玉筋金は、水に濡れているので、鉄鍋に入れて火で焙り乾燥する。

(7) 惣吹（図6）

「本掛筋金玉掛筋金端打仕候計吹融」とあり、玉吹による検査を終えて受け入れた筋金、検査試料とした玉金、問筋金箱に保管していた筋金を合わせて吹き熔かし、また水桶の中に投入して冷やし、桶から取り出した筋金を角盆に載せ、筋金改役の前に差出し、検査を受けている。

筋金検査で不合格のものは、鉛を入れて熔かし、灰吹をやって悪気（不純物）を除去する、と述べている。灰吹によって金属不純物を酸化し、酸化鉛と共に骨灰に吸収させて除去する、というのである。

(8) 焼金法（長竈による銀の塩化製錬）の準備
(図7)

既に述べたように、硫黄分銀法は、金の品位が上がるに従い、金の損失が増加するという問題点があり、その適用には限度がある。

眩い黄金色に輝く、純粋に近い金を得るためには、更なる金銀分離が必要であり、そこで登場するのが、長竈による焼金法である。今日の言葉では、塩化焙焼法と呼ぶ製錬法である。

焼金法では塩化剤として塩を用い、目的金属（銀）を塩化して塩化銀とし、金から分離する。その反応を促進するために、原料の金銀合金をできるだけ細かくして、塩との接触を良好にすることが肝要であり、原料の金銀を細かく砕く。

砕金床で加熱して柔らかくした金を鉄盤の上で、摺石でこすり微粉とする。この作業では、金の熔解や微粉砕作業で舞い上がる金微粉を捕集する目的で、千両棚と称する板を天井近くに設けている。

次に金微粉と塩をよく混ぜて、木相（塩金を詰める木型、塩金を上下から挟む盤状土器）と称する型に詰めて円柱状のケークを作り、このケークの中心に粘土棒、ケークの上に粘土蓋、下に粘土製盤状皿を置いて、長竈の底に2列に並べ、木炭を周りに立て、焼金の準備をする。粘土中の酸化鉄と珪酸が、塩化銀生成反応促進の触媒の役目をする。

この図には、焼金用の長竈が在り、竈の寸法が長さ2間、巾2尺と記載されている。竈の右側に仕切を隔てて、スバイ（炭灰）を作っている。スバイとは、木炭細粒と粘土粉を4：6ないし3：7の割合に混ぜたもので、耐火性の必要な炉床の構築材として、今日でも採用されている。竈の底部や側壁など熱に曝される構造物をこれで作ったのであろう。

図6 「小判所ニ而筋金惣吹之図」

図7 「小判所ニ而小判所初日砕金之図」

竈の左側の柱には「柱ノ根土ニテ塗上図」と書いてあり、竈に近い位置にある柱の耐火のために土を塗っている、と説明している。

図の下のほうには、筋見・小判所役・目付役・役人・吹大工などが仕事中である。

(9) 焼金（図8）

焼金の操業は、竈の中に2列に並べたケークを木炭が取り囲み、着火して加熱を続け、取り出して、塩化銀と金を分離する。温度は600～800℃の範囲で塩が熔け落ちぬように、塩の融点以下に保つ。

朝から準備をして、長竈の床にセットし、着火して加熱し翌朝に取り出す。通常、焼金は2回繰り返

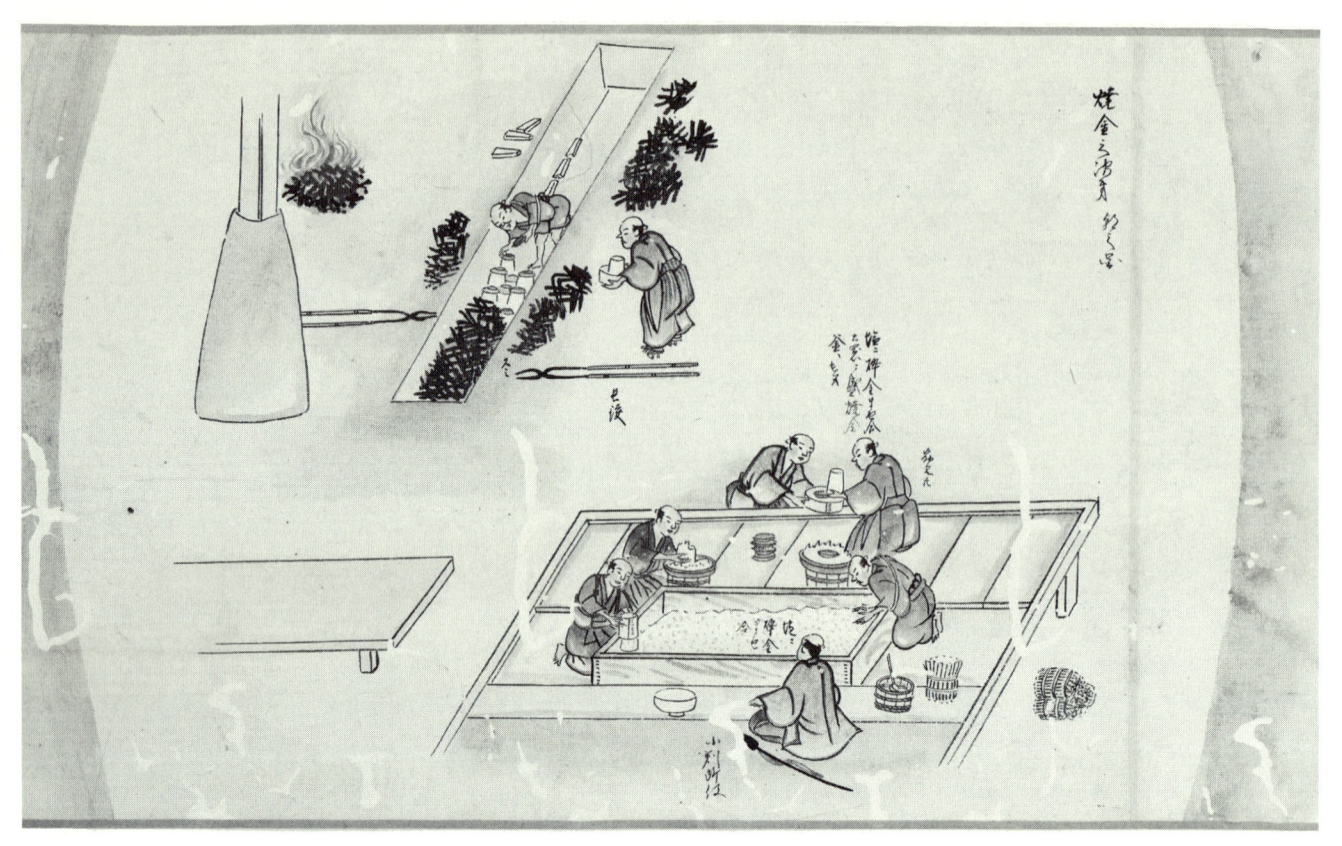

図8　「焼金之次第朝之図」

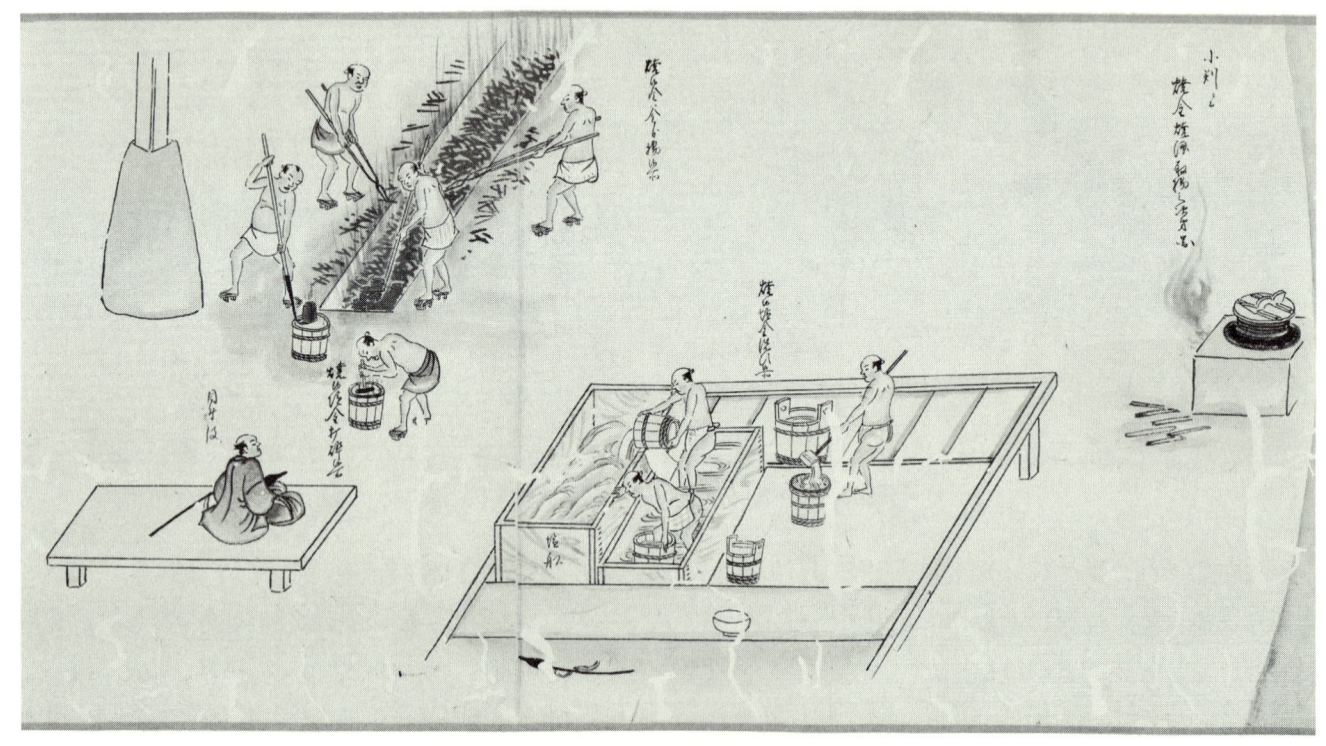

図9　「小判所ニ而焼金焼済取場之次第図」

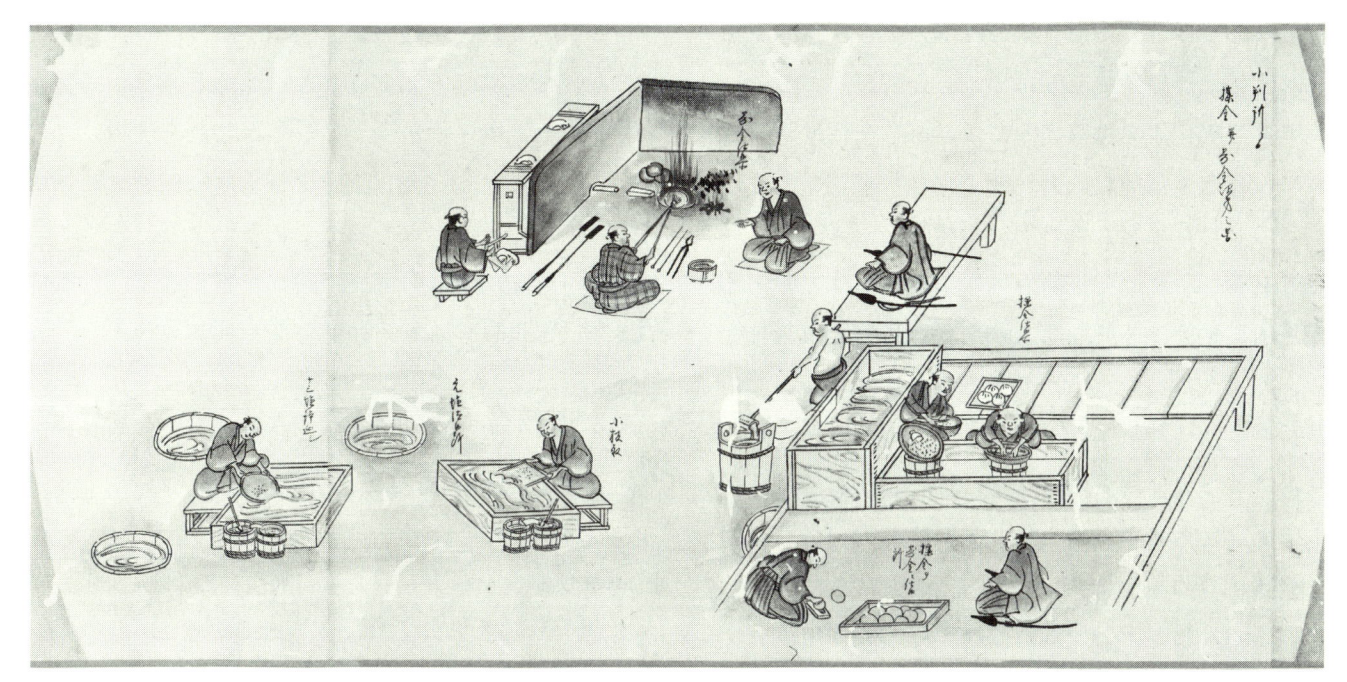

図10 「小判所ニ而揉金ならびに寄金次第之図」

して行ない、塩化銀生成反応を徹底した。

① 焼金の化学反応

600〜800℃（塩の融点800.4℃を上回らないこと）の温度範囲で、粘土系物質中の珪酸（SiO_2）と酸化鉄（Fe_2O_3）の存在下で、下記の反応が進行する。すなわち、

$2NaCl + H_2O + SiO_2 = Na_2O \cdot SiO_2 + 2HCL$ （1）
（塩）（水）（珪酸）（珪酸ナトリウム）（塩酸）

（1）式で発生した塩酸ガス（HCl）は、酸化鉄と反応して、塩化第2鉄を生成する。

$3HCL + 1/2Fe_2O_3 = FeCl_3 + 3/2H_2O$ （2）
（塩酸）（酸化第2鉄）（塩化第2鉄）（水）

塩化第2鉄は銀と反応して塩化銀を生成する。

$FeCl_3 + Ag = FeCL_2 + AgCl$ （3）
（塩化第2鉄）（銀）（塩化第1鉄）（塩化銀）

生成した塩化第1鉄（$FeCl_2$）は、酸素の存在において塩化第2鉄に戻る。

$FeCl_2 + HCl + 1/4O_2 = FeCl_3 + 1/2H_2O$ （4）
（塩化第1鉄）（酸素）（塩化第2鉄）（水）

上記の4式が主反応であるが、その他に塩化第2鉄が塩化第1鉄と塩素ガスに分解する反応による塩素ガスの発生もあり得る。

$FeCl_3 = FeCl_2 + 1/2Cl_2$ （5）
（塩化第2鉄）（塩化第1鉄）（塩素）

塩素ガスは銀と反応して塩化銀を生成する。

$Ag + 1/2Cl_2 = AgCl$ （6）
（銀）（塩素）（塩化銀）

以上の反応によって、金銀合金中の銀が塩化銀になる。塩化銀の生成により、銀は、金との合金状態から解放されて、単体の無機化合物である塩化銀になったのである。

塩化銀は、水中での溶解度が極めて小さいので、水中に放つことにより、金から容易に分離し、水で希釈すればするほど、溶解度を失って析出し、固体粉末としての回収が可能になる。

以上の化学反応を促進するには、微粒の金銀と塩が相互によく混合して接触しており、かつ、酸化鉄と珪酸が存在することが肝要であり、経験に基き工夫を重ねた結果が砕金であり、次項で述べる粘土棒や粘土製盤状土器となったのであろう。

② 反応を促進する酸化鉄と珪酸の存在－盤状土器と棒状土器について

焼金で塩化銀を生成するには、反応を促進する触媒の役目をする酸化鉄と珪酸の存在が重要である。この役目を果たしたのが、木相である。

佐渡奉行所跡の発掘報告書によれば、上記の土器製作用の胎土は「酸化第二鉄を含む良質の水簸粘土で、わずかに白い石粒が混じる」と述べている。白い石粒には珪酸を含んでいる。塩金のケークの中心および上下に位置するこれらの粘土製土器が塩化銀生成反応に重要な役目を果たした、と推定される。

盤状土器は焼金竈周辺から 1500 個以上も出土している。単なる土器であれば繰り返して使用可能であるが、反応促進の役目を果たすためには、新鮮な表面状態でなければならず、かくも多くの土器が出土した所以であろう。

また、棒状土器も非常に興味深い存在である。この土器は、絵巻の中では、長竈底部に散乱して火床の役目を果たしたと推定される。しかし、火床として使用する前に、塩金ケークの中心に置いて、焼金反応を促進する役目を負っていたのではないか、との仮定に基き、分析調査を提案した。

海外の焼金では、塩金に煉瓦粉や粘土粉を混ぜて、反応促進を図っている。佐渡の場合も、盤状土器だけでは、塩金反応促進効果不十分と考えて、ケークの中心に棒状土器を置いたのでないか。

⑽ 焼金の後処理の1 （図9）

焼金を終了し、竈より引き上げたケークを水桶に入れ、金槌で叩いてケークを砕き、土器も壊して、付着している金銀を分離する。金はそのまま金であるが、銀は塩化銀になっている。

⑾ 焼金の後処理の2 （図10）

焼金を水中でモミ洗うことを揉金と云う。揉金により、金と塩化銀が別々になる。これを汰板にかけて金を分離する。塩化銀を含む水は右側の大きな木槽に移して大量の水で薄めることにより、水中に溶けていた塩化銀は溶解度を失い析出するので、紙で濾過して回収する。そのあと鉛を加えて熔かし、金属銀を得る。

以上「佐渡国金銀山図」に画かれている製錬技術を工程順に説明した。

参考文献

相川町教育委員会 2001『佐渡金銀山遺跡佐渡奉行所跡』。
相川町史編纂委員会 1973『相川の歴史』相川町。
植田晃一 2008「佐渡金銀山絵巻について」『絵巻制作の動機と画かれた鉱山技術の進歩と変遷』資源・素材学会。
小葉田 淳 1999『貨幣と鉱山』思文閣出版。
勝 海舟 1976「吹塵録」勝海舟全集9、到草書房。
塚本豊次郎 1972『日本貨幣史』復刻版、思文閣出版。
麓 三郎 1973『佐渡金銀山史話』三菱金属株式会社。
吉田賢輔 1896『大日本貨幣史』大蔵省。
渡辺俊雄 1911「本邦ニ於ケル選鉱術ノ沿革大要」『日本鉱業会誌』第 316 号。
A. Ramage and P. Craddock, King Kroesus Gold, 1998, *Excavation at Sardis and the History of British Library*.
J. G. Yannoupoulos, 1991, *The Extractive Metallurgy of Gold*, Van Nostrand Reinhold.
T. D. Ford, I. J. Brown V, Early Mining in Japan, More Sado Scrolls, March 1999, The Bulletin of the Peak District *Mines Historical Society*, Vol.13, No.6.

3．佐渡金銀山の鉱山技術書

余湖明彦

1．佐渡金銀山絵巻と技術書

　国内外に100点をこえる所在が確認されている佐渡金銀山絵巻は、主として佐渡金銀山における採鉱・選鉱・製錬・小判製造等の一連の工程を描いたもので、萩原源左衛門美雅の佐渡奉行在任中（1732〈享保17〉年―1736〈元文元〉年）頃に描かれはじめ、幕末までの約130年間にわたり描かれ続けた。絵巻には、金銀生産における各工程の様子が具体的に描かれており、適宜書き込まれた説明とあわせて、工程の状況が分かりやすく理解でき、佐渡金銀山における鉱山技術・経営仕法を解明していくうえで貴重な資料となっている。
　一方、佐渡金銀山に関する鉱山技術書についても、国内の他鉱山と比較しても格段に多くの書が残されており、江戸時代における佐渡金銀山の鉱山技術や経営の実態を解明するうえで、重要な手がかりとなっている。本稿では、それら技術書の概要について紹介する。さらに採鉱技術の実態と変遷について、技術書の中でも体系的に編纂されている『飛渡里安留記』を中心に、他の技術書との比較・検討を加えて考察する。

2．佐渡金銀山の鉱山技術書

　江戸時代の佐渡金銀山に関する技術書には、鉱山技術全般にわたって詳細または概略的にまとめられたものと、採鉱・選鉱・製錬・小判製造の各工程の中の1～2の工程について記されているものとに分類される。まず、鉱山技術全般にわたる技術書ついて、その概要を以下に示す。

（1）　鉱山技術全般
① 『飛渡里安留記』佐渡高等学校舟崎文庫[1]
　文政後半から天保の初め頃に編纂されたと考えられ、上・中・下の3巻で構成される。内容は山見立てから採鉱・選鉱・製錬及び砂金流しにわたり、佐渡金銀山における鉱山技術を最も体系的に著した技術書であるが、大吹[2]、御仕入稼ぎ[3]、銅稼ぎの内容は欠落している。その内容から、鉱山の実務に携わった人間がそれぞれの持ち場の技術について書き上げたものを編纂したものと思われる。詳細については、後に触れる。
② 『独歩行（ひとりあるき）』東北大学狩野文庫
　文化の終わり頃から文政年間にかけて成立した

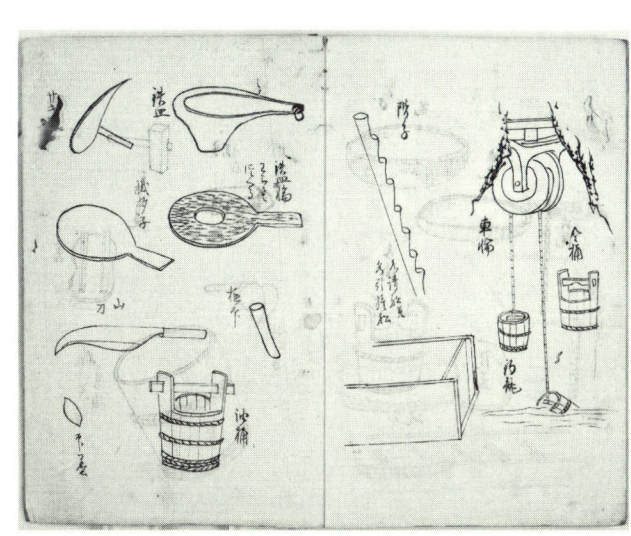

図1　『飛渡里安留記　上巻』に描かれた鉱山で使用する諸道具

と考えられ、全5冊で構成される。

5冊のうち「大吹所基本」・「大吹所・銅山勝場」の2冊は『日本科学古典全書』(三枝 1944)に収録されている。他の3冊の表題は「吹分所・小判所」・「穿鑿掛（せんさくがけ）・砂金山」・「金銀山出方御入用差引」となっており、採鉱部分については欠落していると思われる。刊行されている「大吹所基本」・「大吹所・銅山勝場」の内容を見ると、佐渡奉行金沢瀬兵衛千秋（1811〈文化8〉年—1816〈文化13〉年）・水野藤右衛門信之（1814〈文化11〉年—1823〈文政6〉年）連名で製錬仕法を大吹に変更した旨を幕府に報告した書状をはじめ、佐渡における鉱山経営上の事柄を江戸に報告した書状などが多く見られることから、佐渡奉行所の支配層の視点からまとめられた書であると考えられ、『飛渡里安留記』とは系統の異なる技術書である。

③ 『正徳四年　諸役人勤書』相川教育財団文庫、岩木文庫

佐渡奉行所の機構は、「江戸時代のはじめには極めて簡単で、必要に応じて設置され、不要になればいつでも廃止するなど流動的なものであった」（相川町史編纂委員会 1978）が、1713（正徳3）年に新井白石により佐渡奉行所の機構改革が行われ、奉行所の職掌が整えられた。『諸役人勤書』は、正徳期以降の新しい奉行所機構とそれぞれの職務内容を詳細に書き記したものである。

職掌のうち、金銀山に直接関係する役目としては、筋座役、小判座役、銭座役、小判座昼番役、極印（ごくいん）座役、極印座昼番役、鉛座役、諸御直山四留番所役、鑪（くさり）売役、符付役、間山（あいのやま）御番所役、六十枚口御番所役、金銀改役、定床屋番役、西三川金山役、山方役が書き上げられており、それぞれの役務内容について記されている。

このうち「山方役」の項目について見てみると、山の見立てについて「一　銀山有之所之様子者、山高険阻ニ而、立合東西へ引通、用水有之所ヲ能山所と申候事」と書き記されているが、これは『飛渡里安留記』上巻の「金銀山稼方」の書出し「惣して金銀山有之所之様子ハ、高く険阻にして、立合東西江引渡り、用水有之所ヲ能山所と云」と酷似しており、この書が後に作成される採鉱に関する技術書の参考とされたことが分かる。

④ 『佐渡御用覚書』相川教育財団文庫

佐渡奉行北条新左衛門氏如（在任 1715〈正徳5〉年—1717〈享保2〉年）の佐渡奉行在任中の公文書と公務の覚書を収録したもので、江戸からの達書、佐渡からの報告、佐渡奉行より諸役人への通達、諸役人からの伺書などで構成され、その中に佐渡金銀山の経営仕法や鉱山技術に関する内容が見られる。

金銀山に関する主な項目として、「巡見衆好ニ付銀山いたし方書出し候扣」・「小判所焼金并塩銀吹分仕立様之覚」・「河野勘右衛門勤役之内極究候大工穿子控書写」・「佐州山出灰吹銀上納之書付」・「西三川金山制札」・「小床屋制札」・「戸地床屋制札」・「金銀吹立様之次第」があり、とりわけ製錬に関する技術について子細に記述されている。相川の北方に当たる戸地地区は、江戸初期に水車による鉱石の粉砕を行なっていた場所として知られるが、18世紀初頭に床屋（製錬を行う場所）があったことにも注目される。

『正徳四年　諸役人勤書』及び『佐渡御用覚書』は純粋な技術書とは言い難いが、文献において佐渡金銀山の最も古い鉱山技術を書き記したものとして注目される。

⑤ 『金銀山大概書』相川郷土博物館

山の見立や坑道掘削の方法、採掘道具の紹介など採鉱技術に関する記述を中心に20帖ほどにまとめられた技術書であるが、排水に際して佐渡金銀山以外の鉱山には用いられなかった水上輪（すいしょうりん）の製作方法が図示されているなど、他の技術書にな

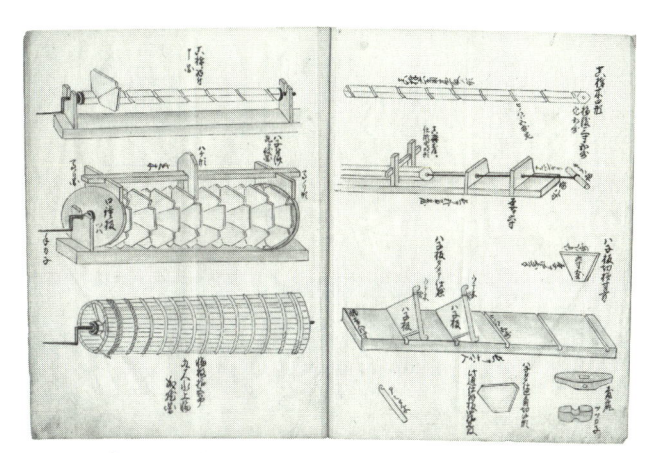

図2　『金銀山大概書』中の水上輪製作方法を記した図

い内容も記されている。

⑥　『銀山仕様書』佐渡総合高等学校橘鶴堂文庫[4]

採鉱を中心に選鉱、製錬工程全般について記述されている。山師下田利左衛門と秋田権右衛門による1745（延享2）年の間歩の調べとして、鶴子百枚間歩・割間歩・青盤間歩・清次間歩・中尾間歩・与次右衛門大切山間歩・新間歩・鳥越間歩・右沢甚五間歩・雲子間歩・市之瀬間歩・弥兵衛間歩・茶屋平間歩の来歴と稼ぎ場について詳細に書き記されている。また、1613（慶長18）年より1748（延享5）年まで136年間の江戸上納高（小判21万両余、灰吹銀14万貫余）が記されている。これらのことから1740年代後半に作成されたものと考えられる。

内容は、山見立て、鉱山内外の施設、鉱山関係者、鉱山道具等について書き記されており、鉱山関係者・鉱山道具の記述は、新潟県立歴史博物館所蔵の『佐州金銀山諸道具其外名附留帳』、相川郷土博物館所蔵の『金銀山稼方仕様書』の内容と類似している。選鉱では、寄勝場設立以前の荷分けや買石宅における選鉱の様子が記されている。

⑦　『佐州金銀山稼方金銀仕立方手続』
　　　　　　　　　　　　　　　（細野家文書）

山の様子から金銀山を見立てる方法に始まり、坑道の掘り進め方や坑内における普請の仕方、大工・穿子などの職分、荷分の方法、寄勝場において鉱石を扣石や石磨で粉砕し、板取やねこ流しによって水筋や汰物を回収する選鉱法、灰吹法や硫黄分銀法、焼金法による製錬などが概略的に書き記されている。

以上紹介した技術書は鉱山技術全般にわたって書き記された書物であるが、工程ごとの技術について書かれた技術書も以下のとおり多数存在する[5]。

(2) 採　鉱

① 『銀山独歩行』　　　　　　　　　（橘鶴堂文庫）
② 『金銀山勝場仕様書』　　　　　　（橘鶴堂文庫）
③ 『金銀山稼方取扱一件』　　　　　（佐渡博物館）
④ 『金銀山取扱一件』　　　　　　　（赤石家文書）
⑤ 『金銀山取扱一件』　　　　　　　（須田家文書）
⑥ 『金銀山稼方仕様書』　　　　　（相川郷土博物館）
⑦ 『佐州金銀山諸道具其外名附留帳』
　　　　　　　　　　　　　　（新潟県立歴史博物館）
⑧ 『金銀山鋪内留山仕法并荷揚車之図大概書』
　　　　　　　　　　　　　　　　　（橘鶴堂文庫）
⑨ 『諸間歩鋪内御普請仕様凡例帳』　（橘鶴堂文庫）

(3) 粉成・吹立

① 『本途勝場床屋粉成吹手続大概』　（舟崎文庫）
② 『金銀山出鏈粉成吹方仕法大概書』
　　　　　　　　　　　　　　　　　（赤石家文書）
③ 『粉成吹方大概覚』　　　　　　　（金子家文書）
④ 『鏈粉成方金銀吹立方取扱大概書』
　　　　　　　　　　　　　　　　　（細野家文書）
⑤ 『天明以来粉成方転変之次第取調書』
　　　　　　　　　　　　　　　　　（須田家文書）
⑥ 『勝場床屋仕事師賃并諸品物代其外凡例』
　　　　　　　　　　　　　　　　　（橘鶴堂文庫）
⑦ 『大吹所取扱一件』　　　　　　　（舟崎文庫）
⑧ 『大吹所取扱一件』　　　　　　　（細野家文書）
⑨ 『大吹所御取立一件』　　　　　　（須田家文書）

(4) 吹 分
① 『山吹銀吹分筋金灰吹銀吹立仕法大概』
　　　　　　　　　　　　　　　　（舟崎文庫）
② 『金銀吹分大概書』　　　　　　（赤石家文書）
③ 『山吹銀吹分方仕法』　　　　　（細野家文書）

(5) 小判所
① 『筋金砂金小判ニ仕立方手続大概』（舟崎文庫）
② 『筋金砂金小判ニ仕立方手続大概書』
　　　　　　　　　　　　　　　　（細野家文書）
③ 『佐州山出金銀吹方鏈石其外品合留帳』
　　　　　　　　　　　　（新潟県立歴史博物館）
④ 『佐州相川小判所金銀焼立仕上覚帳』
　　　　　　　　　　　　（新潟県立歴史博物館）
⑤ 『小判所一件』　　　　　　　　（橘鶴堂文庫）
⑥ 『小判所一件覚書』　　　　　　（須田家文書）
⑦ 『小判所覚書』　　　　　　　　（細野家文書）
⑧ 『小判所取扱大概』　　　　　　（須田家文書）
⑨ 『小判所金銀仕立方手続大概』　（赤石家文書）

(6) 御仕入稼
① 『御仕入稼所取扱一件』　　　　（橘鶴堂文庫）
② 『御仕入稼役所取扱一件』　　　（赤石家文書）

(7) 銅 稼
① 『銅稼並粉成吹方取扱一件』　　（舟崎文庫）
② 『銅山稼并粉成吹取扱一件』　　（橘鶴堂文庫）
③ 『銅稼粉成吹取扱一件』　　　　（須田家文書）
④ 『銅稼并粉成方取扱一件』　　　（細野家文書）
⑤ 『銅山稼并粉成吹取扱一件』　　（赤石家文書）

(8) 西三川
① 『西三川金山稼方手続大概』　　（舟崎文庫）

⑩ 『本途銅床屋大吹之御仕法ニ御改正一件』
　　　　　　　　　　　　　　　　（須田家文書）
② 『西三川金山独歩行』　　　　　（細野家文書）
③ 『西三川砂金山稼方取計書』　　（赤石家文書）

3. 『飛渡里安留記』について

　前述したように、佐渡金銀山の技術書のうち、最も体系的かつ詳細に鉱山技術・経営仕法について記述されているのは、『飛渡里安留記』である。この書は上・中・下の3巻から成り、それぞれ独立した内容の技術書をまとめて編纂したものである。内容は、佐渡金銀山における探鉱・採鉱から選鉱・製錬、小判製造に至るまでの鉱山技術・鉱山経営仕法について言及されており、『佐渡金銀山の史的研究』（田中 1987）の巻末史料として全文が活字化されている[6]。

(1) 『飛渡里安留記』の内容
　『飛渡里安留記』における各巻の内容について、概略を以下に示す。

① 上巻

「金銀山稼方」という表題がつけられており、探鉱から採鉱に至る坑内作業に関する内容が網羅的に書き記されている。また、採掘された鉱石の荷分け法や、坑口周辺の施設とそこでの作業にも言及している。

〈探鉱に関する内容〉

　金銀が含まれている山を見分ける山見立ての方法や青盤（岩山の事を盤といい、鉱脈が含まれる青みのあるものを青盤という）の種類、相川金銀山の立合（鉱脈）の名称、色や形状により区分される鏈（鉱石）の名称などについて記されている。

〈採鉱に関する内容〉

　間切・鉢合穿（けんぎり）・貫目穿など坑道掘削の態様、釜ノ口・廊下・かなぐり・しずり・矩定場などの坑内各所、打かへ・栖楼・棚・龍頭など坑内の普請場所、鉢合穿・けだえなど坑内労働の結果生ずる状況、敷

（坑道内の稼ぎ場）の稼ぎ方などについて説明がなされている。

また、荏桐油・鑽・上田箸・釣など鉱山稼ぎに必要な道具類や品々を図入りで紹介しているほか、当時稼がれていた間歩（坑道）の来歴・付属の施設、銀山1カ年の諸経費、相川金銀銅山古間歩大概についての説明がされているほか、山師・金児(かなこ)など間歩や敷の経営者、大工・穿子・水替・山留などの労働者、絵図師・振矩師などの技術者、帳付・油番などの下級役人など、鉱山御雇の者についての説明がなされている。

〈坑外の施設・作業〉

四ツ留番所、立場小屋、鍛冶小屋など坑外に設置された諸施設の説明とそこで行なわれた作業の様子について記されている。

② 中　巻

「本途粉成吹取扱」と「筋金砂金小判に仕立方手続」という2種類の技術書から構成されている。

「本途粉成吹取扱」

〈選鉱工程〉

山から掘り出された鉱石を、買石（製錬業者）が品位鑑定した後、役人立会のもとで関係者に配分する荷分法、勝場における扣石・石磨等による鉱石の粉砕、板取・ねこ流しによる水筋（銀を若干含んだ金）や汰物（金を若干含んだ銀）回収の手順について書き記されている。

〈製錬工程〉

選鉱によって回収された水筋・汰物の製錬について説明されている。水筋は鉛を加えて溶かし、柄実（鉱滓）を除いたのち灰吹法で金を回収して吹分所へ回す。汰物は鉛と鉄を加えて吹き溶かし、柄実を除いて下り地(お)にした後、灰吹法で銀（山吹銀）を回収する。またこのとき分離した柄実にも若干の銀が残っているため、更に柄実吹を行い銀を回収する手順などについて記されている。

「筋金砂金小判に仕立方手続」

〈小判所の変遷〉

江戸幕府開設間もない頃は、筋金・砂金・灰吹銀のままで江戸・駿府へ上納していたが、1621（元和7）年に相川に小判所を設立し、その後断続的に経営されて1822（文政5）年に廃止されるまでの経緯について記されている。

〈焼金法〉

筋金を細かく砕き、炉の中で生塩と銀とを結合させて金と分離し、小判に仕立てるまでの手順、また、分離した銀を下り地にして回収する吹分技術について記されている。後段には、この工程で使用される諸道具が図入りで紹介されている。

③ 下　巻

「吹分所取扱」、「西三川金山取扱」、「穿鑿掛取扱」の3種の技術書から構成されるが、「穿鑿掛取扱」については大半の内容が欠落している。

「吹分所取扱」

金銀吹分の結果生じた灰吹銀の中には、わずかに金が含まれているため、1761（宝暦11）年に再吹分床屋が設置された。この書では再吹分所の経営形態の推移と再吹分を行う際の金皮并水片吹分、灰先のみ掃、柄実絞など各種製錬の手順について記されている。

「西三川金山取扱」

西三川砂金山における砂金回収技術である「大流し」について記されている。山肌の砂金の含まれている層とを水路内に掘り崩した後、堤に溜めておいた水を水路に流して土砂を取り去り、砂金を回収する手順は西三川独自のものである。

「穿鑿掛取扱」

坑道を新たに掘り進めたり、古い坑道を再度取り明ける際の手順や穿鑿掛の役務について記してい

(2)「金銀山稼方」について

ここでは、主に佐渡金銀山の採鉱技術・経営仕法とその変遷について見ていくが、『飛渡里安留記』における該当箇所は上巻の「金銀山稼方」に当たる。この書の内容のあらましについては前項で触れたが、「金銀山稼方」とほぼ同内容・同形式の技術書として、以下のものがある。

○『銀山独歩行』　　　　　　　　（橘鶴堂文庫）
○『金銀山勝場仕様書』　　　　　（橘鶴堂文庫）
○『金銀山稼方取扱一件』　　　　（佐渡博物館）
○『金銀山取扱一件』　　　　　　（赤石家文書）
○『金銀山取扱一件』　　　　　　（須田家文書）

これらの技術書は「金銀山稼方」と内容においてほぼ変わりないが、「当時御稼間歩」として、間歩の来歴や付属する施設、間歩ごとの役人の役職・人数が記された部分、及び当時お雇いの山師の名前などが記載された部分については、それぞれの書が作成された時期を反映しており、記述が相違している。そこで、これらの部分を手がかりとして、それぞれの技術書が作成された年代を考察してみたい。

① 『銀山独歩行』

これらの書のうちで唯一作成年代が特定できるのが、『銀山独歩行』である。ここには当時お抱えの山師として12人（味方孫太夫・松木藤太郎・小川金左衛門・和田与太郎・大坂庄右衛門・喜多平八・味方与次右衛門・秋田権左衛門・村上善太夫・下田理左衛門・嶋川左右兵衛・寺崎貞太郎）の名が記されており、山師が鉱山経営者から奉行所のお抱えになった経緯について、次のように記している。

　　最早御直山ニ相成候節より山師江ハ領前トテ出
　　鏈之内十分一を下置候処、銀山不盛打続、被下
候領前も少分ニ相成、何れも致困窮難相勤続躰ニ付、<u>十三年以前宝暦元未年</u>より為御手当右銘々御扶持方被下之候

ここでは、坑道の経営者であった山師達が、出鉱量の減少により経営が成り立たなくなり、1751（宝暦元）年から佐渡奉行所の御雇いとなって扶持米が与えられたことが記されているが、それがこの当時よりも13年前の事であると記されている。つまり、『銀山独歩行』は、1751年から数えて13年後、すなわち1763（宝暦13）年に作成された事が特定できる。

しかし、『銀山独歩行』以外の書には作成年の特定できる記述がないので、次に各書の「当時御稼間歩」の部分について比較検討していくことにする。

最初に、『飛渡里安留記』上巻「金銀山稼方」の記述を以下に示す。『飛渡里安留記』には、「当時御稼間歩」として青盤間歩・鳥越間歩・中尾間歩・清次間歩・雲子間歩が[7]、当時稼がれていない間歩として割間歩・新間歩・甚五間歩があげられている。これらのうち、当時稼行の5間歩については、次の様に記されている。

　一　青盤間歩
　　　此間歩之儀、慶長九辰年開発以後盛衰に寄
　　　三度中絶いたし候処、元禄四年未年再興以後
　　　当時迄中絶無之候
　一　鳥越間歩
　　　此間歩之儀、天和元酉年開発以後三度中絶
　　　いたし候処、元禄四未年再興以後当時迄中絶
　　　無之候
　一　中尾間歩
　　　此間歩之義、寛永三未年開発以後両度中絶
　　　いたし候処、宝永六丑年再興以来享和二戌と
　　　し御休間歩ニ相成、尤間切者相立有之候処、
　　　文化十酉年御取明御普請被仰付、同六月より
　　　御普請取掛、御普請中十一月初十日より追々
　　　御稼入有之、御普請者翌戌年七月皆出来仕

候、引続穿鑿稼相立候処、同十三子年三月初十日より御直山ニ相成、引請稼被仰付、御雇之者共儀新規被仰付候
一　清次間歩
　　此間歩之義、元和五未年開発以来盛衰ニ付度々致中絶候得共、宝暦元未年迄は少々御稼有之候処、至而不景気ニ付御稼ハ相止メ御間切被仰付、同年六月より切候処、是又無程相止、又々少々御稼被仰付、同三酉年迄御稼山ニ而有之候処、一躰其節相稼候長作敷と申所けたへ候場所ニ而、宜鏈も有之候得共、御稼相続致間敷候趣ニ而、同年より又々相止申候、然所右長作敷之義難捨置場所ニ付、宝暦九卯年隣山大切山間歩より長作敷江之烟貫切山折々相立候処、文化十酉年四月大切山吉助間切より貫合、けたへ障無之様罷成候ニ付、追々大工御仕掛歩捜鎚相立、代銀売立罷在候処、同十二亥年八月中十日より御直山ニ相成、引受稼被仰付、尤御雇之者共義も新規被仰付候
一　雲子間歩
　　此間歩之儀元禄九子年開発、享保五子年洪水ニ而稼所埋り御休山ニ相成、同十七子年上ハ口御取立有之、寛政七卯年迄御稼有之候内盛衰ニ寄中絶之儀も御座候処、猶又文化八未年九月より本口御取明有之、文化十三子年八月初十日より五ヶ年之間為御試御直山ニ相成、引受稼被仰付、御雇之もの共儀も新規被仰付、文政四巳年より猶又五ヶ年御試、同十亥年八月より永々御直山被仰付候
　　合五ヶ所　当時御稼山[8]
ここでは、『飛渡里安留記』が編纂された当時、佐渡金銀山で御直山として稼がれていた青盤・鳥越・中尾・清次・雲子それぞれの間歩についての来歴が記されている。これを間歩ごとに整理すると、以下のようになる。

〔青盤間歩〕
・1604（慶長9）年に開発される。（三度中絶）
・1691（元禄4）年に再興され、以後中絶なく稼がれる。

〔鳥越間歩〕
・1681（天和元）年に開発される。（三度中絶）
・1691（元禄4）年に再興され、以後中絶なく稼がれる。

〔中尾間歩〕
・1626（寛永3）年に開発される。（二度中絶）
・1709（宝永6）年に再興される。
・1801（享和2）年採掘を休止する。
・1813（文化10）年間歩口を取り明けて穿鑿稼ぎを開始する。
・1816（文化13）年に御直山となる。

〔清次間歩〕
・1619（元和5）年に開発される。（度々中絶）
・1753（宝暦3）年「けたえ」により採掘を中止する。
・1759（宝暦9）年に隣接の大切山間歩より煙貫坑道の掘削を始め、文化10（1813）年に完成する。
・1815（文化12）年に御直山となる

〔雲子間歩〕
・1696（元禄9）年に開発される。
・1720（享保5）年洪水により稼所が水埋りとなり稼ぎを休止する。
・1732（享保17）年に再開し、1795（寛政7）年まで断続的に稼がれる。
・1811（文化8）年本口を取り明ける。
・1816（文化13）年より御直山として5カ年の試掘を開始する。

・1821（文政4）年より更に5カ年試掘を継続する。
・1827（文政10）年永々の御直山となる。

　以上のように、この当時御直山として稼がれていた5間歩のうち、元禄4年佐渡奉行荻原重秀により再開発され、当時まで継続して稼がれていた青盤間歩と鳥越間歩を除き、中尾間歩・清次間歩・雲子間歩は中絶と再開発を繰り返していた。

　このように17世紀初めから19世紀まで200年以上にわたる5間歩の来歴が記されている中で、最も新しい記事は、1827（文政10）年に雲子間歩が御直山となったというものである。このことから、「飛渡里安留記」は少なくとも文政10年以降に編纂された技術書であるということが断定される。

　次に、『飛渡里安留記』の間歩に関する内容を基準とし、他の書における「当時御稼間歩」の箇所について比較検討してみることにする。

② 『金銀山勝場仕様書』（橘鶴堂文庫）

　「当時御稼間歩」として、青盤・鳥越・中尾の3間歩のみが記されている。このうち、青盤・鳥越両間歩の記述は『飛渡里安留記』と同じ内容であるが、中尾間歩については、

　　一　中尾間歩
　　　　此間歩之義、寛永三未年開発以後、両度中絶いたし候処、宝永六丑年再興以来当時迄中絶無之候

とあって、1801（享和2）年に採掘を休止して以降のことが書かれていない。このことから、『金銀山勝場仕様書』の作成された時期は1800（享和元）年以前と推定される。

　一方、1763（宝暦13）年作成の『銀山独歩行』には、当時青盤・甚五・鳥越・中尾・雲子の5間歩が稼がれていたと記載されている。そこで、『銀山独歩行』と『銀山勝場仕様書』における雲子間歩の記述を比較してみると、

　　一　雲子間歩
　　　此間歩之儀、元禄九子年開発以後盛衰ニより度々致中絶候処、宝暦三酉年猶又御取立、当時迄相稼

　　　　　　　　　　　　　（『銀山独歩行』）

　　一　雲子間歩
　　　此間歩之儀、元禄九子年開発以来盛衰ニより度々中絶致候処、宝暦三酉年尚又再興、寛政七卯年迄少々御稼有之候処、至而不景気ニ付御稼相止申候

　　　　　　　　　　　　（『金銀山勝場仕様書』）

　このように、雲子間歩は1686（元禄9）年に開発され、以来稼がれてきたが、1795（寛政7）年にいったん採掘を中止していることが『金銀山勝場仕様書』には記されている。このことにより、『銀山勝場仕様書』の成立は1795（寛政7）年以降であることが断定される。

③ 『金銀山稼方取扱一件』（佐渡博物館）

　『飛渡里安留記』に記載のあった青盤・鳥越・中尾・清次・雲子の5間歩に加えて、鶴子銀山の弥十郎間歩が追加されている。

　　一　弥十郎間歩
　　　此間歩之儀慶安五辰年開発、以後度々中絶仕、寛政享和よりも自分稼御直山等有之、文化十三子年一十日ヲ鏈代五百五拾目余売立候ニ付御直山被仰上相成候処、先両三年も穿鑿稼為致引続弥出方相進候ハヽ、其節御伺之儀ニ御下知有之大吹所取候ニ而自分稼人江御合力大工被下、天保六年未年別段之鏈引をも切出し追々出方相進、同八酉年六月より煙貫切山水貫切越も御立被下御手厚ニ穿鑿被仰付候処、同年八月ニ至り一十日ヲ壱貫六百目余之代銀高ニ相成候ニ付、同年被仰上之上翌戌年二月中十日より御直山ニ被仰付、同年四月御番所并鍛冶小屋御建替、釜ノ口化粧結ひ替御

普請被仰附候

　弥十郎間歩は、1652（慶安5）年に開発され、度々断絶を繰り返しながら、山師の自分稼ぎや御直稼ぎとなっていたが、煙貫や水貫の坑道も整ったことから、1838（天保9）年に御直山となり、番所と鍛冶小屋が立て替えられ、間歩の入り口である釜ノ口の普請が行われたことが記されている。天保9年に御直山となった弥十郎間歩の記載が『飛渡里安留記』にはないので、『飛渡里安留記』の成立は 1838（天保9）年以前と推定され、『金銀山稼方取扱一件』の成立は同年以降ということが断定される。

④　『金銀山取扱一件』（赤石家文書）

　「当時御稼間歩」は、青盤・鳥越・中尾・清次・弥十郎の5間歩となり、雲子間歩は稼ぎをやめている。次は稼ぎをやめた雲子間歩の記述である。

　　但雲子間歩之儀ハ釜ノ口は甚五間歩之釜ノ口
　　ニ而敷内ハ青盤之稼所ニ有之候へハ、以来間
　　歩銘相止青盤間歩江一纏ニいたし御番所ハ取
　　払、是迄詰会役人始末々迄青盤間歩御番所江
　　相詰候様天保十四年卯年十二月被仰渡有之

　ここには、雲子間歩の敷所が青盤間歩の敷所と同一となったため、1843（天保14）年に雲子間歩と青盤間歩を一まとめとし、雲子間歩の役人は青盤間歩詰めとなったことが記されている。このことから、赤石家所蔵の『金銀山取扱一件』の作成年代は天保14年以降であることが断定される。

⑤　『金銀山取扱一件』（須田家文書）

　青盤・鳥越・中尾・清次・弥十郎の5間歩に加えて、新しく御直山となった日向間歩についての記述がある。

　　一　日向間歩
　　此間歩之儀元和三巳年開発、已来度々中絶有
　　之候得共、一体筋金山ニ而青盤間歩割間歩中
　　程ニ有之両山同様之場所ニ付間切々山等不絶
　　御切延有之文化四卯年ニ至り御入用御繰合ニ
　　より御休相成候処、嘉永五子年三月御取調御
　　普請被仰付取掛り御普請申、追々御稼入有之
　　尤敷々より敷通り之内ニも水道之ため通路之
　　場所有之

　ここでは、1617（元和3）年の開発以来たびたび中絶を繰り返してきた日向間歩が、1852（嘉永5）年新たに御直山となったことが記されている。このことから、須田家所蔵の『金銀山取扱一件』は1852（嘉永5）年以降に作成された技術書であることが断定される。

　これらのことから、それぞれの技術書の成立年代については、以下の通りと推定される。

『銀山独歩行』	1763年
『銀山勝場仕様書』	1795年～1800年
『飛渡里安留記』	1827年～1838年
『金銀山稼方取扱一件』	1838年～1843年
『金銀山取扱一件』（赤石）	1843年～1852年
『金銀山取扱一件』（須田）	1852年以降

　以上より、『飛渡里安留記』（「金銀山稼方」）とその類書の成立年代には、約90年の幅があるとともに、個別に作成されていた技術書を19世紀前半に編集し、『飛渡里安留記』が成立したことが明らかとなった。

4．金銀山の変遷

　ここまで、佐渡金銀山の技術書のうち、『飛渡里安留記』上巻「金銀山稼方」とその類書の成立年代について検証してきたが、これらの類書のうち最も古い『銀山独歩行』の成立以前にも、最初に見た『正徳四年　諸役人勤書』や『佐州金銀山諸道具其外名附留帳』、『銀山仕様書』など、18世紀前半～半ばに成立した技術書が存在する。

　これらの技術書の内容を比較することにより、鉱山の施設・設備や道具類、鉱山労働者の役割分担に

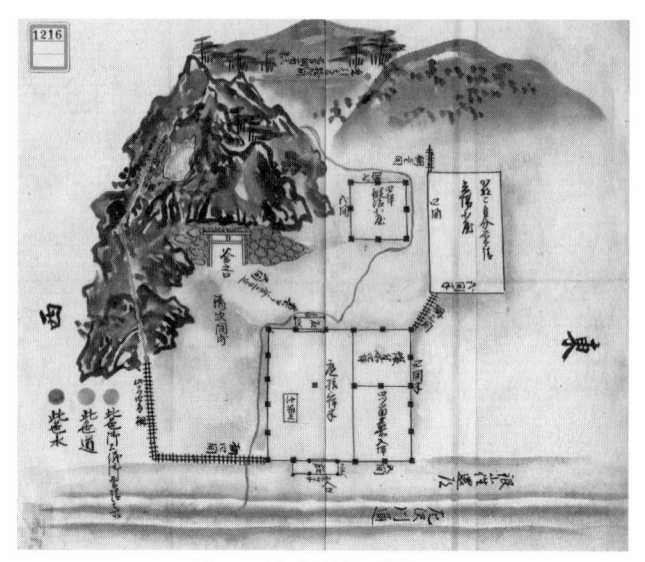

88　第Ⅱ章　佐渡金銀山と鉱山技術

図3　清次間歩の周辺図

図4　四ツ留番所内の「また木」の図

も変遷が見られることが分かる。ここでは、各時期の金銀山絵巻も参考としながら、これらのことについて検討してみたい。

(1) 四ツ留番所とその周辺の施設

① 四ツ留番所[9]

　御直山となった坑道の入り口の周辺には、掘り出された鉱石の管理や品位による仕分け、鉱山で働く労働者の管理などの役割をもつ四ツ留番所が設置され、周辺諸施設とともに採掘の拠点となっていた。四ツ留番所は当時「番所」又は「御番所」と称されており、以下のように記されている。

　　一　番所　間歩江被附置候役人、其外山師・敷岡御雇下役之者、平日昼夜相詰諸御用相勤候所を何間歩御番所と云、是は公儀御普請ニて敷地外囲ひハ長崎塀或は柵を結ひ通ひ路ヲ改め而敷岡とも働候之もの、御番所出入いたし候様ニ御締有之、入口には、また木迎、木を横ニ渡し、出入之ものまた木越候様ニいたし置候、是は御入用物並鏈之類是より外江は不持出様、締之ため古法ニ而仕来申候、油・灯心・鑽等は箱立有之入置候、鏈を入置候箱立も有之候　　　　　　（『飛渡里安留記』）

　四ツ留番所は周囲が柵や塀で囲われていて、間歩へ入ろうとする者は必ず通過する仕組みとなっていた。番所内には昼夜交代で役人が詰めており、鉱山労働者や鉱石の管理を行った。入口には「また木」が置かれ、鉱石などが密かに外部へ持ち出されるのを取り締まった。また、番所に金掘り大工や穿子が入る際には、大工札・穿子札（竪3寸・横2寸・厚さ5分くらいの木札で、表に氏名、裏に間歩名が記されていた）を提出し、役人が帳面に記帳した。

　このほか、四ツ留番所が所有している道具として、以下のものが図入りで説明されている。

○炭廻シ桶

　口の差渡し1尺5寸・底の差渡し1尺1寸・高さ1尺8寸で、「越中樽」と称した。鉱山入用の炭を入れ、4盃7歩で1俵とした。

○大工札箱

　大工札を保管する箱。

○斤量

　鉱石の荷売りの際に用いる。

○鏈箱立

　荷売りの時まで鉱石を収納しておく箱。

○てへん

　坑内に入る際、頭を保護するためのもの。

○留　木

　普請に用いる材木で、栗・楢の木が用いられた。

図5　横引場の図

図6　立場小屋の様子

その他斤量、洗板・洗馬・洗桶、油升・油杓・油さし、大山刀・鍼玄翁・掛屋・唐鍬・鶴嘴・階子などについて説明がなされている。

② 横引場

横引場は、坑道入口に隣接して設置されていた。敷役人（絵巻では「穿子遣」と書かれている）が詰めており、穿子が坑内から負い揚げてくる鉱石や柄山（金銀の含まれていない石や土砂）などを改め、数量を帳面に記載した。横引場について、1840年代後半の作成と考えられる『銀山仕様書』と『銀山独歩行』の内容を以下に示す。

　一　横引場
　　　釜之口の脇ニ敷役人居申候而、敷々より穿子負揚候柄山を幾通り持出候と帳面ニ数を付候所を申候、荷揚をも改申候　『銀山仕様書』

　一　横引場
　　　是は以前は御雇敷役人之内詰罷在敷々より負揚候鏈并敷内御普請之節取捨候土砂等負揚候穿子之度数帳面ニ記相改候所を云、此儀当時は無之、鏈は御番所ニ而改取捨候品は貫目持にいたし候
　　　　　　　　　　　　　　『銀山独歩行』

『銀山独歩行』には「此儀当時は無之」とあり、1760年代にはすでに存在しなくなっていたことが分かる。1751（宝暦元）年の佐渡奉行松平帯刀忠陸による仕法改革か1759（宝暦9）年の佐渡奉行石谷備後守清昌による仕法改革に際して廃止されたものと考えられ、金銀山絵巻にもこの頃より横引場が描かれなくなっている。

③ 立場小屋

坑内の稼ぎ場である敷を経営している金児（かなこ）が、自らの資金で建てた小屋を言う。金児は常時この場所に詰めており、鉱山稼ぎのための諸道具が用意され坑内から運び揚げた鉱石を選別した。『飛渡里安留記』には以下のとおり記述されている。

　一　右御番所ニ而掛改候鏈建場江遣候、此建場と云ハ御番所内裏ニ有之、かなこのもの自分入用を以建置、平日此処江相詰罷在、一体稼方諸道具等差置、鏈石撰立等いたし候所を建場小屋といふ、右鏈建場にて又々かなこもの壱荷之貫目を改、敷内より書付入遣候大工名前をも分け記置候是は前頭大工賃銭払候ため也御番所ニ而貫目改候得共、是は荷揚穿子敷内より五荷七荷拾荷程宛一度ニ負出候惣貫目斗を知候故、建場ニ而は又々壱荷宛銘々掛改候、扱又改候へは、さく笊とて大きなる笊に打明、水桶之中ニて汰洗ひ候得ハ、細かなる鏈笊の下江ぬけ候、是をこま鏈といふ、笊ニ溜候大ふりなるハ水揚とて三四尺の四角なる箱を圦置、此中江打明候時又笊に細かなる鏈残り候、是をはらやりといふ、別にいたし置

候、ケ様之手配いたし候事を鏈仕込といふ

『飛渡里安留記』

立場小屋では、金児が鉱石の貫目改めを行っている。四ッ留番所でも鉱石を改めているが、四ツ留番所が鉱石の総重量を改めていたのに対して、立場小屋では叺ごとに鉱石が改められた。

また、「鏈仕込」と称する鉱石の選別作業が行われた。鉱石はざく笊という大笊に打ちあけ、水を満たした桶に入れて選別された。笊を抜けた鏈を「こま鏈」、笊に残った鏈を「水揚」と称し、「水揚」は3～4尺四方の箱に保管された。また、「水揚」を箱へ打ち明けた際、笊に残った細かい鉱石は「はらやり」と称した。

「建場小屋」は「立場小屋」とも書かれるが、その名称の由来について、『銀山仕様書』には以下の通り記されている。

　　たて場
　　　番所之内より通路仕候かなこ共、敷々より穿立候鏈撰候小屋を申候、往古ハ山師自分稼仕候節大盛いたし鏈大分出し申候而、茶たてのことく成物ニ入置、買石共売渡候故たて場と申候由申伝へ

『銀山仕様書』

この史料により、「たて場小屋」の由来は、かつて金銀山で鉱石の採掘が活発だった時、山師が「茶たて」様のものに鉱石を入れて買石と取引をしたことに由来していたことが判明する。

④　鍛冶小屋

相川金銀山の鉱石は非常に堅く、坑内で金掘り大工が使用する鑽はすぐにちびてしまう。鍛冶小屋では、坑内で回収された使用済みの鑽を打ち直し、刃を付ける役割をしており、昼間のみ稼働していた。

　　一　鍛冶小屋　御番所裏ニ有之
　　　是は鍛冶の者昼計相詰、鑽焼立候所なり、火を取扱候所をほと丶云、以前は此ほと壱ツニ鞴壱挺、居鍛冶弐人、鞴指壱人ツ丶罷在焼立候処、寛政三亥年より両縁鞴ニ相成、ほと弐ツニ鞴壱挺、鍛冶四人、鞴指壱人ツ、罷在焼立候、扨焼立方は新鑽とて打立候侭ニては、鉄甘く用ひ候義不相成候ニ付、割刃とて鉄を厚サ壱分・竪五分・横三分程ニ切置候を、新鑽の先を焼直シ、鑿ニ而割、其口江右割刃を挟ミ、ねば土をつけ、又ほと入焼候而、鎚ニ而打候得者刃鉄付候ニ付、又々焼なまし、鎚ニ而先を丸く錐の如くニ打立候、是を焼鑽と云、扨此鑽敷内ニて遣ひ鑿先損し候、是をちび鑽と云て、又鍛冶小屋江遣し候ニ付、刃鉄痛候分は入替打直し、幾度も如斯いたし遣ひ候へは段々と鑽減候て、目形も軽、長サも短相成難用相成候、是を鉄小と云、一十日斗溜置、翌十日之内、右鉄小を取集メ、弐本を壱本ニ打直し候、是を合鑽と名付、新鑽同様ニ相用ひ候、新鑽と鉄小との間を中鑽と云

『飛渡里安留記』

鑽は打ち立てたままでは鉄が甘く、坑内の使用に耐えないので、割刀という鍛えた鉄を先端に付けて焼き入れた。これを焼鑽と言った。これを何度も繰り返すうちに鑽は次第に短く、目形も軽くなる。この状態を鉄小と称し、このようになった鑽を10日間ほどためておき、鉄小2本を1本に打ち直した。これを合鑽と称した。

また、当初はほと（火を取り扱う場所）1カ所について鞴1挺・鍛冶2人・鞴指し1人の体制であったが、1794（寛政3）年から2カ所に送風口のある両縁鞴を用いるようになっため、ほと一つに鞴1挺・鍛冶4人・鞴指し1人の体制に変化した。

⑤　どべ小屋

比較的品質の良い鉱石が採掘されていた頃は、立場小屋から流れ出た泥土の中から、品質の悪い鉱石を選別する「どべ流し」が行われていた。その作業を行う者を「どべの者」、作業場所を「どべ小屋」と称した。

図7　鍛冶小屋の様子

　どべ小屋は、江戸時代後半になって品質の悪い鉱石も選鉱工程に回すようになると次第に衰退していく。金銀山絵巻にもその変遷は描かれており、時代の古い絵巻には小屋の数が4〜5カ所描かれているものがあるのに対し、時代が降っていくようになると小屋の数が2カ所に減っている絵巻も見られるようになる。技術書についても、19世紀前半に作成された『飛渡里安留記』にはどべ小屋について記載されていないが、18世紀半ばに作成された『銀山仕様書』には、以下の通り記述されている。

　　どべ小屋并どべ流し之者
　　　往古ハたて場流之泥土を流し、其内より下鏈を撰出し候故どべ流しと申候、其泥を流し候而鏈を撰出し候者をどべの者と申候、其者共居申候所をどべ小屋と申候而、番所之外御座候、どべ鏈をへいとう鏈と申候、只今者都而下鏈と申候、たて場ニ而鏈を上中下と撰出し候而、買石直入も不仕候石をどべ物かなこよりもらい申候而、又手を詰出候而、買石ともへ売申候、直入ハ相対ニて売申候間、下直ニ御座候、右撰捨候石を貰ひ候故、かなこ共たて場ニてどべ穿之者を小間遣ひニ仕候

　どべ小屋で拾い取る鉱石は、たて場から流したものであるから、どべの者たちは金児に隷属していた。

図8　18世紀のどべ小屋

図9　19世紀のどべ小屋

(2)　採鉱に関連する道具類の変化
① 照明具

　初期の絵巻では、坑内の照明具として紙燭が描かれている場面が多いが、18世紀後半以降には釣が描かれる場面が多くなり、江戸時代後期には紙燭が全く描かれなくなる。技術書においても、『銀山仕様書』など初期の技術書には「しそく草（紙燭）」の説明があるが、『飛渡里安留記』では省略されている。以下の記述は『銀山仕様書』における紙燭についての記述である。

　一　しそく草
　　　桧木之幅壱寸四五歩ニ長三尺計有之候木ヲ薄クかんな屑之如ク削り和らかニもミ縄ニ致油ヲ示シ志そく立ト申木ニ挟ミ灯候而敷内江

図10 紙燭を手に持って坑道を登る穿子

通用仕候右紙燭草ヲ拵売候者ニしそく屋と申候

材料には桧を用いたとあるが、佐渡に桧は存在しないので、島内各地に自生するアテビが用いられたものと考えられる。

なお、紙燭が用いられなくなっても、金銀山絵巻においては町のようすを描いた部分に紙燭を製作している場面が変わらず描き続けられている。

② 排水具

佐渡金銀山で、坑内に溜まった水を排水するため用いられた排水具に水上輪がある。『佐渡年代記』等の記述により、1653（承応2）年に水学宗甫を大坂より呼んで水上輪を製作させたことが定説とされているが、『佐渡名勝志』には、承応2年に木原水学が来島した後、1659（万治2）年には水学の倅の宗甫が来島して水上輪を仕立て直したことが記載されている。従来「水学宗甫」とされていた人物は「木原水学・宗甫」の親子であった可能性があるということを指摘しておきたい。

それでは、水上輪はいつ頃から坑内で使用されなくなったのだろうか。金銀山絵巻では、水上輪が描かれているものも多いが、当時は使われていないと断り書きしているものもある。

次の史料は、『正徳四年　諸役人勤書』内の水上輪について記されている部分である。

　　御直山樋之事
一　水上輪樋者敷々深ク罷成、敷通り水ニ逢能鏈石者御座候へ共、かなこ之ものとも稼兼候得者、水かすり之ため樋御立下被遊候、樋引賃銀之儀ハ御広間ニ而御せらせ被成下直ニせり詰候者ニ被仰付候事

1719（正徳4）年の段階では、深敷となった坑内において水上輪が依然用いられており、佐渡奉行の御直山において幕府が支払う樋引賃は、金児たちの間で競り合わせ、最も安い値を付けた者に請け負わせていた。

次に、『佐州金銀山諸道具其外名附留帳』では、

一　水上輪樋　長九尺上之口指渡壱尺四寸
　　　　　　　　　　下之口指渡壱尺六寸
　　　是者中尾間歩之樋之寸法ニ而御
　　　座候敷内之水ヲ引上申候樋ニ而
　　　敷之浅深広狭ニ依而大小御座候

とあって、1741（寛保元）年頃までは水上輪が中尾間歩の坑内で使用されていたことが裏付けられる[10]。しかし、『銀山仕様書』の記述をみると、

一　水上輪樋
　　敷内之水を引揚申候樋ニ而、敷々浅深広狭によつて大小有之候、当時何方之敷ニ而も無御座候

とあって、理由は不明だが、1740年代に水上輪が使用されなくなっていることがわかる。

(3) 坑内労働の変化

坑内での労働者には、金堀大工・穿子・山留・水替などがあったが、このうち穿子の役割の変化ついて技術書で検討してみる。

① 穿子の変化
　一　大穿子
　　　敷内留山普請之場所又ハ三ツ合より柄山ヲ岡江持運び候者ヲ申候、鋪内広キ場所ニ而遣

図11 柄山を地上へ負い揚げる大穿子

図12 鑽通い穿子

申候
一　手伝穿子
　　山留之手伝仕、働申候、普請様子見習ひ申候而、山留ニ成申候、並之穿子より賃銀多ク取申候
一　小穿子
　　狭キ所より広キ場所之境迄柄山ヲ負出候者ヲ申候、右小ほりこ敷々穿場之柄山ヲ上ケ申候
一　鑽通ひほりこ
　　大工穿場ニ而遣候鑽者さき減候時鍛冶小屋江持参仕焼直シ、右之穿場江持参候小穿子ヲ申候
一　荷上ケほりこ
　　鎖岡江負上ケ候小穿子ヲ申候
一　歩つりほりこ
　　深鋪ニ而穿候かますニ入上ケ申候時、場所之上ニ車ヲ仕掛ケ釣上ケ候者ヲ申候
　　　　　　　　　　　　　　『銀山仕様書』

　18世紀半ばの技術書では、穿子の役割について、大穿子（敷内の広い場所で活動し、柄石を地上へ負い上げる）、手伝穿子（山留の手伝いとして坑内の普請にあたる）、小穿子（坑道先端の狭い場所から坑内の広い場所まで柄石を運ぶ）、鑽通い穿子（鍛冶小屋と坑内を往復し、鑽を運ぶ）、荷上げ穿子（鉱石を地上へ負い上げる）、歩つり穿子（坑道の深い場所から荷揚車によってかますを運び上げる）に分れていた。18世紀半ばの『銀山独歩行』になると、穿子は手伝穿子・丁場穿子・鑽通い穿子・鞴差穿子・荷揚げ穿子に区分され、「五段穿子」と称されるようになる。この間の経緯が、同書の荷揚穿子の部分に書かれているので、以下に示す。

一　荷揚穿子
　　是ハ前段ニ有之敷内より穿寄負揚候者也、手伝より此荷揚迄之惣名を五段穿子ト云、以前此名なく、大穿子・小穿子ト賃銭を見計、品々ニ遣候処、近来五段ニ分レ候、且深敷ニ而鏈負揚勝手悪敷所ハ、場所之上ニ車を仕掛ヶ、鏈を釣揚候、歩つり穿子ト云、深敷ニ限有之候、当時ハ右車仕掛候場所無之候
　　　　　　　　　　　　　　『銀山独歩行』

　『銀山独歩行』の荷揚穿子の一節に、以前は賃銭により大穿子・小穿子と分かれていたが、手伝い穿子・丁場穿子・鞴指穿子に分かれ、以前からあった鑽通い穿子・荷揚げ穿子と合わせて五段穿子と称されるようになったこと、深敷に荷揚車を設置して鉱石を上げる歩つり穿子がなくなり、荷揚車も使用されなくなったことなどが記述されている。
　なお荷揚車については、『金銀山敷内留山仕法并荷揚車之図大概書』に図入りで説明が書かれている。

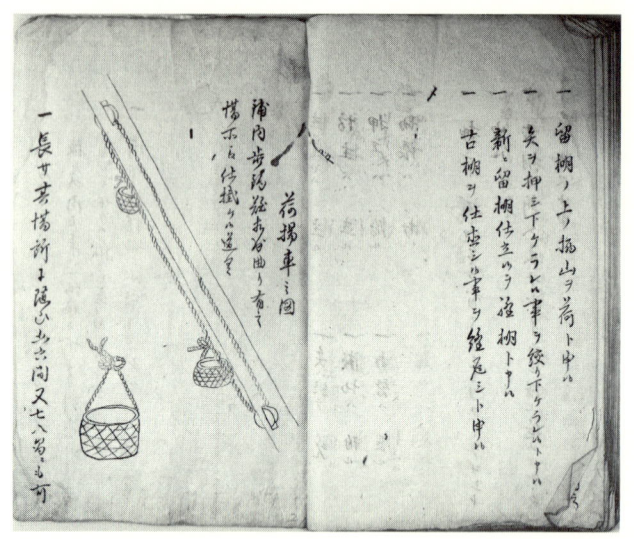

図13 『金銀山敷内留山仕法并荷揚車之図大概書』の荷揚車の図

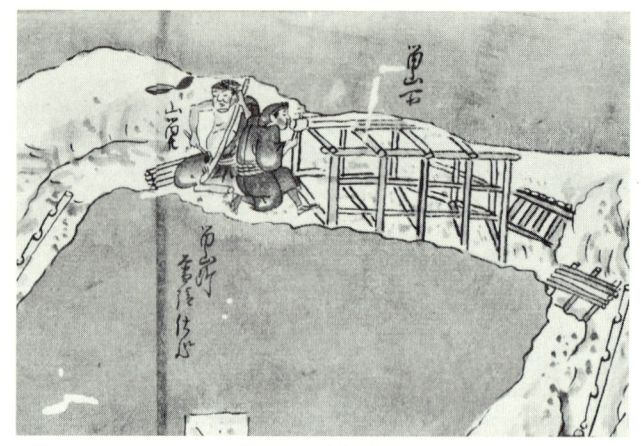

図14 手伝穿子

　　荷揚車之図
鋪内歩釣難相成曲り有之場所江仕掛ヶ候道具
一　長サ其場所に随ひ五六間又七八間ニも可相成候、木ハ杉丸太可然候、図ノ如く上下すかし抜、その内江車を仕掛ケ、下より引上ヶ候積り、勿論上ケ下ケ候儀ニも相成へし

『金銀山敷内留山仕法并荷揚車之図大概書』

次は『飛渡里安留記』における穿子の記述である。
一　手伝穿子
　　是は山留の手伝いたし相働候もの、普請の様子見習、巧者ニ成候得は山留ニ相成候、並穿子と違御雇之者同前ニ而、働方山留ニ准候なり
一　丁場穿子
　　是は敷内普請之節、山留手伝ニ差添罷越、普請場所土石共取除相働候者也、惣而敷内普請有之所を丁場と云、依之右場所江罷越働候者故、又敷内之土石を岡江為持出候所を跡向丁場と云、跡向とハ段々向江穿行候跡を云
一　鑚通穿子
　　是は敷内穿場へ鑚持運候者有之、一昼夜究ニ而代合、敷々往返いたし候、尤鑚数多遣申候敷処ニは二人三人差組、鑚数少キ敷所者壱人ニ而弐敷三敷も掛持相勤申候
一　鞴指穿子
　　是は鍛冶小屋ニて鑚焼立候ほと二ツに壱人ツ、罷在鞴指候ものなり
一　荷揚穿子
　　是は前段ニ有之敷々より穿歩負揚候者也、手伝より此荷揚迄の惣名を五段穿子と云
　　　　　　　　　　　　　　『飛渡里安留記』

19世紀においては手伝穿子、鑚通い穿子、荷揚げ穿子については変化がないが、その他に、丁場穿子（坑道内の普請場の手伝い、柄石を地上へ搬出）、鞴指穿子（鍛冶小屋において、鞴引きをする）の役割が記されている。

② 水替穿子と無宿水替
坑内の排水作業については、1778（安永7）年に江戸無宿者60人が送られてきて以来、幕末まで2000人余が水替人足として労働に携わっていたことが知られる。
しかし、無宿人替は水替に従事した者の一部であり、はるかに多くの水替穿子が存在した。

一　水替穿子
　　是は敷内稼所ニ水有之候得は、切場水替とて其所ニ附居、稼方ニ水無障様ニ汲捨候もの

を云、右水替之持候水汲桶を鉄桶と云、鉄ニ
而輪をかけ候桶なり、切場之脇ニ請舩とて四
角なる箱を居置、此鉄桶にて水汲込候得は、
又外之水替請舩より汲上ケ、外之舩江汲替、
如此順々ニ水流捨候処迄幾ツも請舩を居置水
汲送り候、是を手繰と云、水流捨候而も不滞
平地の所を水廊下と云、此水廊下迄汲送候
ニ、手繰ニ不相成、下より上へ揚候所は井車
を仕掛段々と汲上候、右廊下迄揚納之所を引
捨と云場所ニ寄請舩居置難き所は、木を横ニ
渡し、壁の如くねは土にて塗、或は板ニ而
張、水の不漏様ニいたし、水を汲溜候を荷替
と云、請舩居置候所を舩屋敷と云、水替病気
差合等ニ而不参の時、急ニ雇入候代り人をあ
んこと云、水替之内ニ頭を定置、水替之住所
等能存居候て、何町誰々と人をさし雇入世話
いたし候者人さしと云、稼所ニ水有之所六尺
穿下り候得は、水替穿子壱人ツ、相増候定に
而、是を出人といふ

　水替に用いられる桶は鉄桶と言い、鉄のタガがか
けられていた。桶に汲まれた水は請舩（水槽）にあ
けられ、次の水替穿子によりさらに次の舩へと順繰
りに送られ、やがて水路（水廊下）にいたって排水
される。

　水敷となっている場所を1.8ｍ掘り下げるに従い
1名の水替穿子が追加された。また、病気等によっ
て水替穿子に欠員が生じた場合は、「あんこ」とい
う代理の者を急ぎ派遣し、鉱山稼ぎに支障のないよ
う取り計らった。

5．今後の課題

　本稿において、佐渡金銀山における鉱山技術書の
紹介と分類を試みるとともに、『飛渡里安留記』上
巻の「金銀山稼方」を中心に、採鉱工程における技
術・経営仕法の変遷について見てきた。『飛渡里安

図15　水替穿子

留記』に類書が多く存在することは従来から知られ
ていたが、それらの成立年代については約90年ほ
どの幅があること、また、元々『銀山独歩行』のよ
うな独立した技術書があり、後にそれら個別の技術
書をまとめる形で『飛渡里安留記』が成立したこと
を類書と比較することにより明らかとした。さら
に、これらの技術書を比較・検討することにより、
技術・道具や施設・設備の変遷をたどることもでき
た。

　しかし、佐渡金銀山絵巻の研究と比較して佐渡銀
山における鉱山技術書の調査・研究は緒についたば
かりであり、特に選鉱・製錬工程については、再吹
分や大吹を中心にいまだ未解明の部分が存在する。

　今後は『飛渡里安留記』の正確な翻刻と公開を行
うとともに、『飛渡里安留記』以外の、いまだ一般
に広く知られていない技術書についても調査・研究
を進め、それら技術書をさらに相互に比較・検討す
ることにより、採鉱から製錬に至る各工程の技術や
経営仕法の変遷について明らかにしていくことが課
題である。

註
（１）旧東京帝国大学教授萩野由之が蒐集した佐渡関係
　　の史料群。佐渡に関する史料や佐渡金銀山の絵図など
　　を多数所蔵する。

（2）1816（文化13）年に吹大工伏見孫吉の献策により導入された新しい製錬方法。貧鉱を対象とし、水車による大規模な粉成の後、従来よりはるかに大量の鉱石を一気に吹き入れる事により、効率的に金銀を回収することが可能となった。

（3）幕末に始まった鉱山経営方法で、山師が稼行のための資金を奉行所から借りて鉱石の採掘を行なうもの。

（4）郷土史家橘正隆が蒐集した佐渡関係の史料群。佐渡金銀山の技術書などを多数所蔵する。

（5）これら技術書の中には、『飛渡里安留記』の一部と内容が重なり合う書も多い。しかし、後に採鉱の内容に関して見るように、作成された時期に応じて内容に若干の違いが見られる。

（6）舟崎文庫の『飛渡里安留記』と比較すると、内容に少なからず相違が見られる。

（7）『佐渡金銀山の史的研究』の付録史料「ひとりあるき」では、「当時御稼間歩」として弥十郎間歩が加えられ、6カ所の間歩が稼がれていたと記されているが、底本とされる舟崎文庫『飛渡里安留記』では弥十郎間歩を除く5カ所の間歩が稼がれていたと記されている。

（8）史料には、間歩ごとに惣敷地坪数、番所、鍛冶小屋の坪数、立場小屋の坪数、山師の名及び山留や金児の人数なども書かれているが、紙数の都合上省略する。

（9）四ツ留とは坑道の入り口を指す言葉で、坑道ごとに設置された番所を四ツ留番所と称する。

（10）『佐州金銀山諸道具其外名附留帳』と題箋が共通で、同時期にまとめられたと考えられる『佐州山出金銀吹方鏈石其外品合留帳』には、「寛保元年酉七月」の奥書がある。

参考文献

麓　三郎　1956『佐渡金銀山史話』丸善。

田中圭一　1986『佐渡金銀山の史的研究』刀水書房。

田中圭一　1986『佐渡金山』教育社。

田中圭一　1984『佐渡金銀山文書の読み方・調べ方』雄山閣。

テム研究所　1985『図説佐渡金山』河出書房新社。

渡部浩二　2012「新収蔵の佐渡金銀山関係資料について」『新潟県立歴史博物館研究紀要』13。

三枝博音編　1944『日本科学古典全書』第10巻、朝日新聞社。

磯部鉄三　1991『佐渡金山』中央公論社。

相川町史編纂委員会　1978『佐渡相川の歴史』資料集7、相川町。

相川町史編纂委員会　2002『佐渡相川郷土史事典』相川町。

第III章 遺構・遺物にみる佐渡金銀山

1. 佐渡奉行所跡の精錬遺構と佐渡金銀山絵巻の比較研究

井澤英二・中西哲也・小田由美子

1. はじめに

国史跡「佐渡奉行所跡」は江戸時代を通じて、天領佐渡一国を支配すると共に、佐渡全島の金銀山を統括した組織の遺跡である。1759（宝暦9）年には、分散していた選鉱・製錬に関わる工場群を奉行所内に集約した「寄勝場」を設置している。この寄勝場は、本書のテーマである佐渡金銀山絵巻の主な舞台となった場所である。平成6年から10年にかけて実施された史跡整備のための発掘調査では、寄勝場の「選鉱」に関する施設群は明らかになったが、「製錬」が行われた場所は、過去の道路工事等によって失われた。しかし、1996（平成8）年の発掘調査によって、金精錬を行った遺構群が出土し、大きな話題となった（相川町教育委員会 2001、Craddock 2000a）。セメンテーション法（焼金法）の遺構を持つ金精錬所として、世界で2番目の発掘例である。

出土した場所は役所部分にあり、寄勝場とは異なることから、発掘当時には奉行所建設以前の中世末の山師の金精錬所とする見方もあった（相川町教育委員会 2001）。しかし、火災の記録や層序から、この遺構は1621（元和7）年に「城の腰」に建設された筋金焼所の可能性も考えられる。いずれにしろ、この精錬遺構群は絵巻が制作され始めた時代（18世紀前半）よりかなり前のものである。絵巻に描かれているような長竈のほかに、形態の異なる炉跡や遺物が出土し、古い手法が含まれていると考えられる。

佐渡奉行所跡から出土した遺物を国重要文化財として指定するにあたり、用途不明な精錬関連遺物の自然科学分析を行なった。この論考では、発掘調査成果と焼金法に関連する土器の分析結果をもとに、古期の焼金作業と絵巻に描かれた精錬作業とを比較し、佐渡金銀山における焼金法について再検討を行った。

2. 佐渡奉行所跡の概要

佐渡では、16世紀代から金銀山開発が盛んに行われていたことが明らかになってきている。16世紀から開発が行われていた鶴子銀山から16世紀末に相川金銀山へ開発の主体が移ったことにより、徳川幕府の支配下におかれた後、1603（慶長8）年、鶴子の「陣屋」は相川に移された。「陣屋」は初代代官大久保長安によって整備され、金銀山経営も組織化されていった。幕府職制改正によって、元和年間に陣屋は「奉行所」に変更されているが、本書では時期によらず「奉行所」と表記する。

佐渡奉行所跡は、相川湾に面した標高約45mの海岸段丘先端部に位置し、建設に当たり、山師山﨑宗清から土地が買収されている（口絵22）。1740（元文5）年に成立した『撮要佐渡年代記』等によれば、奉行所建設以前は「清水か窪」という田地であったと伝えられている（佐渡郡教育會 1935、佐渡叢書刊行会 1973）。それまで、鉱山に近い山中にあった鉱山集落は「奉行所」周辺の都市計画によっ

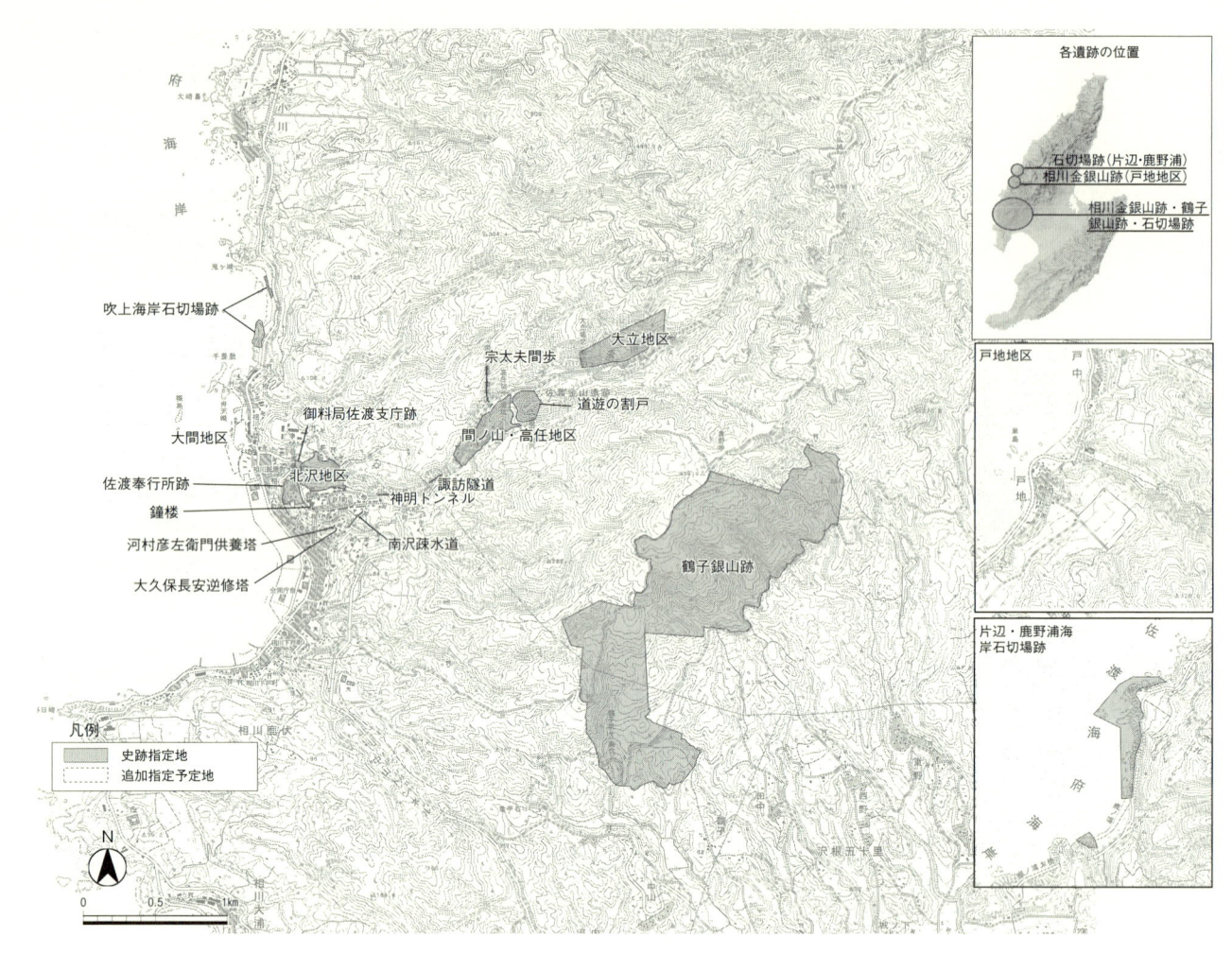

図 1　史跡佐渡金銀山遺跡位置図

て、台地・海岸部へと移転していった。

　建設当初の奉行所は、復元整備された現在の範囲（18,700m^2）の約2倍の敷地面積を持ち、大久保長安による豪奢な数寄屋造りであったとされるが、元和年間、鎮目奉行時代に緊縮策の一環として屋敷は一部解体され、範囲も縮小されている。

　敷地内には役所と奉行らの役宅のほか、運上金銀を保管する御金蔵、金銀の製錬に使用する鉛蔵など鉱山管理のための施設も置かれていた。元和期には、小判を造るために後藤役所・小判所も置かれた。

　奉行所は江戸時代に1647（正保4）年、1748（寛延元）年、1799（寛政11）年、1834（天保5）年、1858（安政5）年の5度の大火に遭っている。寛延以後の設計図面は残っているものもあるが、慶長から享保期にかけての江戸前半期の設計図はなく、建設当時の様子は不明である。

　1859（安政6）年に再建された建物は明治維新後、佐渡県、相川県、佐渡郡役所などの行政庁舎として利用されたが、1942（昭和17）年に建物が焼失した後は、相川中学校の校舎が新設された。平成に入り、相川中学校の移転に伴い、史跡整備のための発掘調査が実施された。

3．発掘調査の概要

　調査は史跡整備のために、最上層の安政期の遺構面を明らかにすることを目的に行われた。安政期の奉行所は2段の平地に造成され、上段に堀を巡らし、役所、役宅、御金蔵等が置かれ、下段には1759

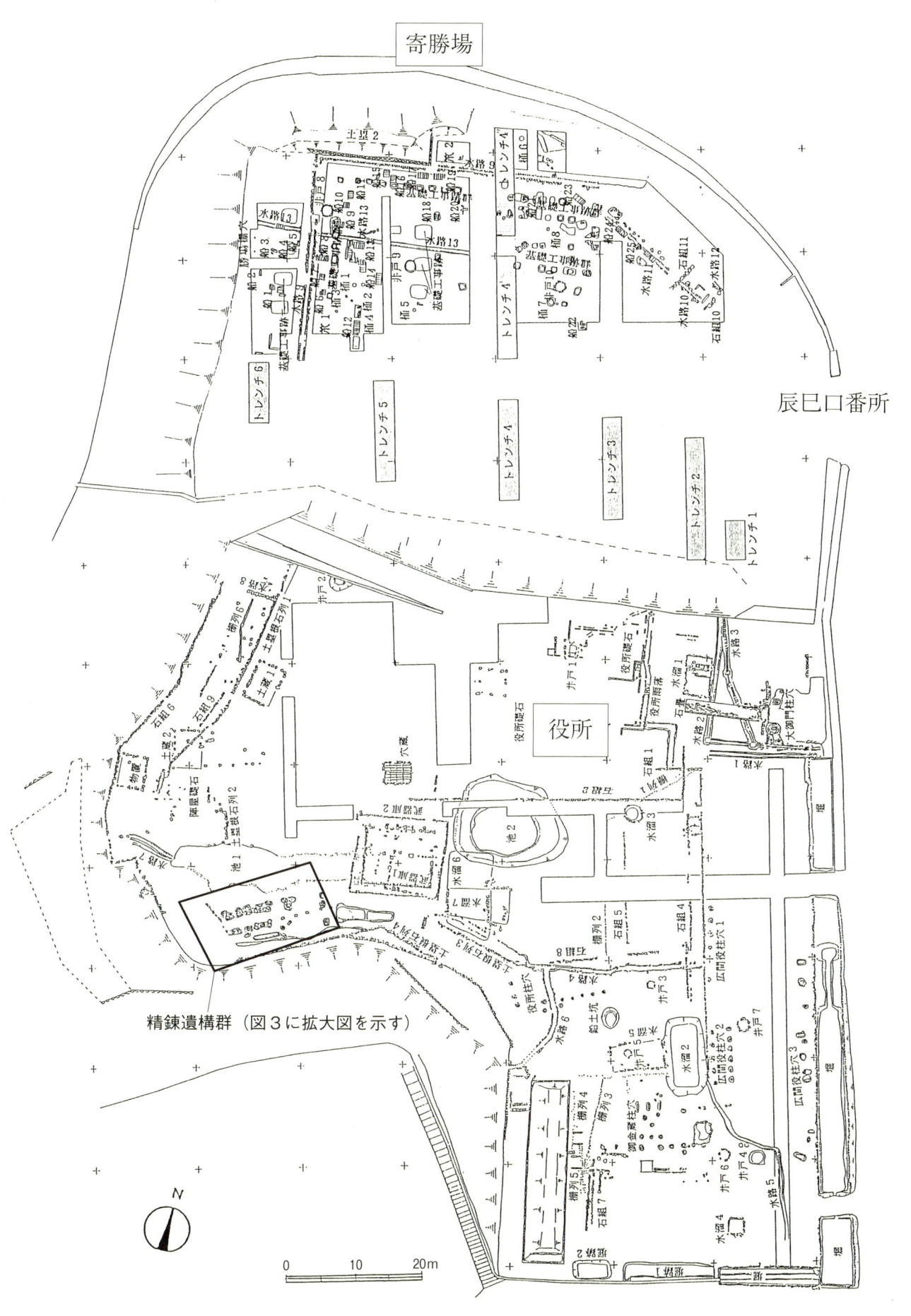

1．佐渡奉行所跡の精錬遺構と佐渡金銀山絵巻の比較研究　99

図2　佐渡奉行所跡発掘調査全体図

（宝暦9）年に置かれた選鉱関連の寄勝場があり、絵巻に登場する辰巳口番所が置かれていた（図2）。

今回、検討する精錬遺構は上段の役所部分から出土したものであるが、史料等からは把握されていないものである。この遺構群の付近に池状の落ち込みがあり、深く掘削した際に、下層の遺構が偶然検出されたものである。

また、役所の遺構面から、鉛板172枚が埋納された土坑が発見された。鉛板は1枚平均35〜40kgで、土坑は長径3.4m×短径2.8mの楕円形で深さ2mである。鉛のインゴットが出土した事例は他になく、貴重なものである。この鉛板は金銀の精錬に用いられたもので、鉛同位体比法によって、すべて新潟県村上市の蒲萄鉛山産とされている（魯・平尾2012）。

発掘調査報告書は刊行されているが（相川町教育委員会2001）、担当者の死去、調査時の記録等の不備もあり、現在では確認できなくなっていることが多いことをお断りしておく。この概要報告については、調査報告書、論文等（佐藤1997、斉藤2000）により、執筆者の所見も加え、まとめ直したものである。

4．精錬遺構

奉行所建設以前は、この台地上は田地であったと伝えられているが、精錬遺構は発掘調査時の所見によれば、約0.6mの厚さの黄色粘土の盛土の上に築かれているとされている。この黄色粘土の上面で炭化物や焼土が見られるため、ここが作業面ととらえている。この面から鉱滓や陶磁器も出土している。

精錬遺構は、形態的に方形竈、中仕切竈、丸竈、長竈の4種に大別される（図3、口絵24〜26）。それぞれ5基、14基、6基、1基が検出され、形態が判断できなかったものが3基で、総計29基である(1)。主に東西方向に規則的に配置されており、遺構は重複関係から3時期以上の変遷があったことが確認されている（図3）。軸がそろっているため、それほど時期差なく、竈の造り直しが行われたのではないかと考える。この精錬遺構群の周囲に灰層が見られる。

① 方形竈（図3-1〜3・7・27、口絵24）

東西方向に27、1、2、3の4基が並立している。報告書では形態不明竈に分類されている。

中仕切竈によって、遺構が壊されているものが多く、中仕切竈よりも古い遺構と考えられる。方1m前後の規模と考えられる。

② 中仕切竈（図3-4〜6・8〜15・23・26・28、口絵24・26）

隅丸長方形の土坑で、中央部に仕切壁を設け、二つの土坑を形成している。規模は長径80cm前後、短径は50cm前後、深さ約25cmで、規格性が高い。東西方向の28・8〜11の列と14・15の列、4〜6の列、単独の26、南北方向で単独の12・13・23がある。時期差を考えても、最も個体数の多い竈である。壁面から底面まで10cm以上の粘土が厚く貼られ、粘土には細かく砕いた土器片が混入されている。おそらく使用済みの土器片と考えられる。中央部には外壁よりやや低く仕切壁が設けられており、芯材に盤状土器が転用され、数段重ねられている。また、竈の底部からも盤状土器が出土しているものがあるが、中仕切壁から崩落したものと考えられる。竈は全体に赤褐色に変色し、被熱の度合いが高いことが想定される。

③ 丸　竈（図3-17〜22、口絵24）

ほぼ円形の土坑で、平均の径は65cm、深さ24cmである。土器の細片を混ぜ込んだ厚い粘土の貼壁を持つ。丸竈は長竈の周囲に17〜22の6基が不規則に集中している。19号・20号竈は検出面に浅くくぼんだ張り出し部を持つ。この張り出し部は被熱が弱く軟質であるが、土坑内は固く焼き締まっており、張り出し部には鞴の羽口が据え付けられてい

たものではないかと考えられている。19号竈は貼壁が3cmと薄く、被熱が弱く暗褐色を呈し、側壁、底面に炭化物（発掘時の所見は炭粉）の付着が見られる。他の丸竈と用途が異なるのではないかとされている。蛍光X線による定性分析で、19号竈の壁土から鉛が検出されている（相川町教育委員会 2001）。

④長　竈（図3-24、口絵24・25）

長軸約4m、短軸66cm、深さ18cmの隅丸長方形の土坑で、東西方向に伸びている。貼壁の厚さは8cmで、壁表面は赤褐色、内面には高い被熱による黒化が見られる。底面は赤褐色で硬く焼きしまっており、炭粉や灰白色の付着物が見られる。木炭を用いた竈と想定されている。

⑤　形態不明竈（図3-16・21・25・29、口絵24）

遺構の重複によって、形態が不明な竈が4基検出されている。

⑥　遺構の新旧関係

11号竈・12号竈の下部に硬い床面があり、検出面で確認できない古い竈群が存在する可能性があるとされている。

このため、少なくとも3時期の精錬遺構が存在したと考えられる。
　Ⅰ期　形態不明竈
　Ⅱ期　方形竈
　Ⅲ期　中仕切り竈、丸竈、長竈
Ⅲ期の中にも時期差はあると考えられる。

5．精錬関連遺物

精錬竈群の構築材、または覆土、周辺から出土した遺物は、用途が明確ではないが、被熱を受けたものが多く、精錬に関わる道具であったと考えられる。

以下に考古学的な所見をまとめておく。

①　盤状土器（図4-1、2、口絵23）

楕円形で、外縁部に縁を持つ「皿」状の土器である。中仕切竈の仕切壁の芯材として転用されているものが多い。完形品はほとんどなく、小片も含め、破片数は57点である。想定される法量は、長径33

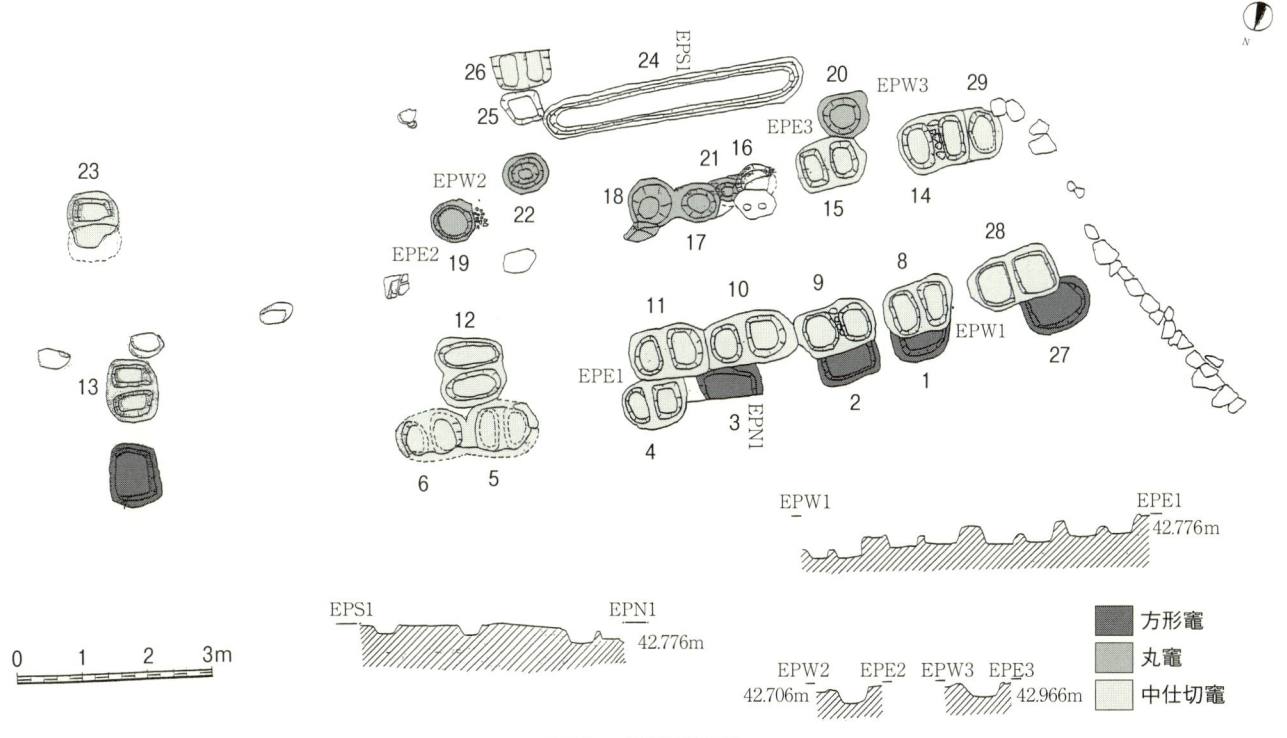

図3　精錬遺構群

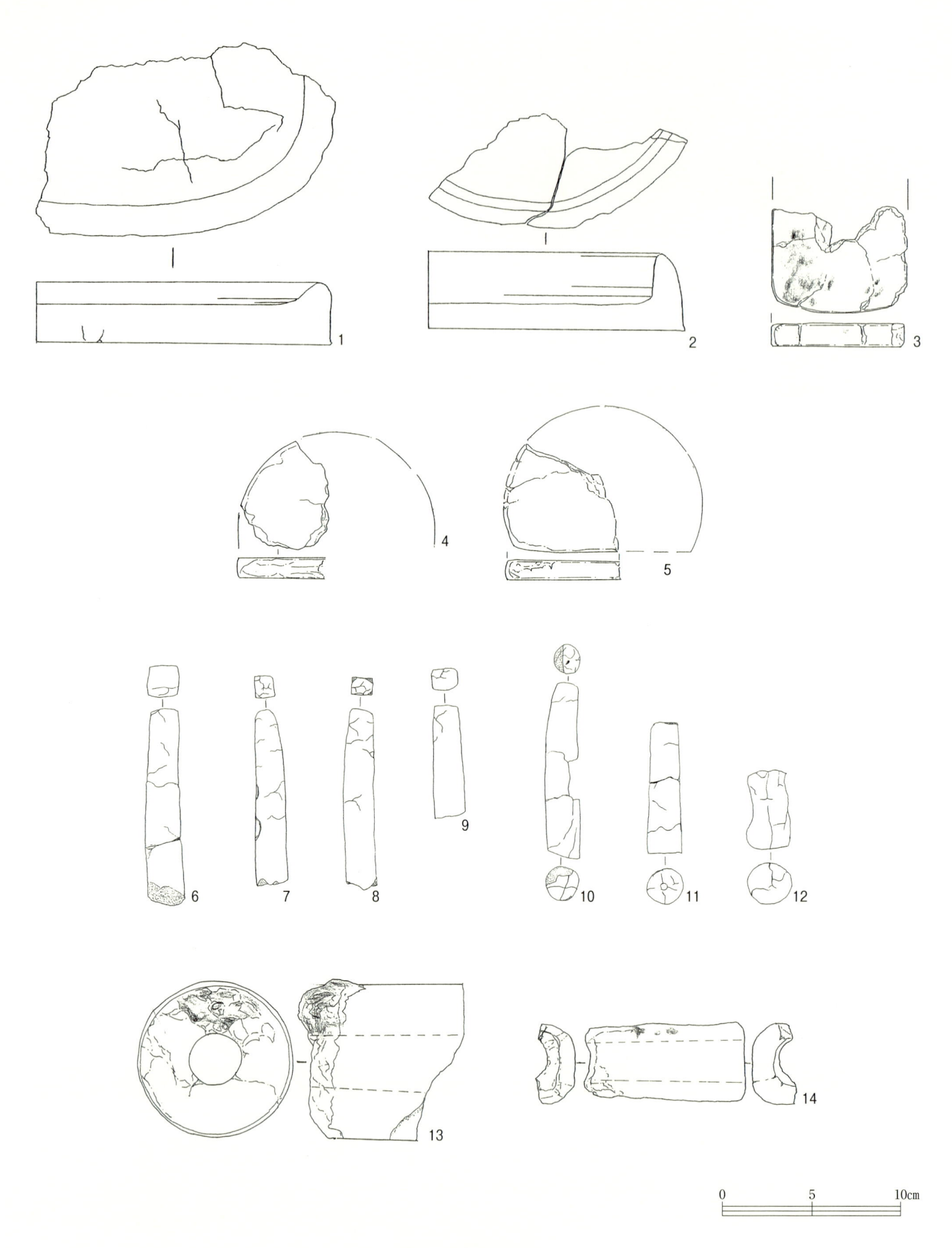

102　第Ⅲ章　遺構・遺物にみる佐渡金銀山

図4　精錬関連遺物

cm 前後、短径 18 cm である。底部が非常に厚いものもあり、最大厚さ約 3.8 cm、薄いものは 1.4 cm である。2 cm 前後のものが多い。外縁部の縁の立ち上がりが深いものと浅いものがある。

色調は赤褐色を呈するものが多いが、外壁部は灰白色を呈し、被熱は中心部にまで及んでいるものもある。竈の壁の芯材としての二次焼成を受けていることも勘案しなければならない。

② 板状土器（図 4-3〜5・口絵 23）

板状の土器で、原型を推定すれば方形（3）と円形（4・5）の器形がある。出土破片数は 132 点で、方形と円形の内訳は不明である。方形は破片が多く、法量は不明である。円形の直径は 16 cm 前後である。厚さは 1.1 cm から 1.9 cm のものがある。報告書段階では、器壁の薄い A 形と厚い B 形に分けられているが、大きな差はない。周縁部も成形されているが、粗いつくりである。上下面共に脱色している。

③ 棒状土器（図 4-6〜12・口絵 23）

角柱状（6〜9）または円柱状（10〜12）の手づくね成形による棒状の土器である。角柱状 98 点、円柱状 90 点、出土破片総数 188 点である。指頭痕が残るものもある。長さ 12 cm 前後、幅 2〜3 cm 前後のものである。赤褐色のものが、被熱によって部分的に脱色（灰白色）しているものもある。ひび割れしているものも見られる。

完形品は少なく、破損しているものが多い。長竈周辺から出土しているものが多いが、他の竈の底面から出土したものもあるとされているが、出土状況の記録は残されていない。

④ 羽口（図 4-13、14・口絵 23）

大型の丸いつくりのものと小型で角型または隅丸角型を呈する 2 種のものが出土している。長さは欠損のため不明であるが、幅は大型のものが 10 cm 前後、小型のものは 3〜4 cm である。出土数は大型 2 点、小型隅丸方形 1 点、小型方形 4 点である。

小型隅丸方形は、27 号竈の底部から出土した。小型の方形は、鶴子銀山代官屋敷跡、島根県石見銀山遺跡等に類例があり、製錬に関係する羽口と考えられている（島根県ほか 1999）。

⑤ 遺物から見た製錬遺構の性格

発掘調査報告書（相川町教育委員会 2001：366・370）は、蛍光 X 線による定性分析で、土器から銀と塩素が検出されたことを記録している。盤状土器 4 点のうち 1 点から銀と塩素が、別の 1 点から銀が検出されている。板状土器（分析表では炉蓋と表記）2 点からは、2 点とも銀と塩素が検出されている。棒状土器は 4 点の内 2 点で銀が検出されている。

長竈の存在と銀・塩素の検出から、遺構は焼金竈を用いた金製錬所と判断される。

⑥ 製錬遺構の年代

製錬遺構周辺からは、肥前陶器が出土している。1590〜1630 年代が見られるが、1590〜1610 年代が多数を占める。ただ、発掘調査時に、明確な層序の確認が行えなかったため、考古学的にはこの遺構群の年代を特定できない状況である。

6. 分析試料と分析法

江戸時代初期に設置された金精錬所と判断される本遺構から、前述のように大量の盤状土器、板状土器、棒状土器の破片が出土している。焼金竈についてはすでに埋め戻されているので、土器を再調査することによって、古期の金精錬法と後の時代の絵巻や文書に描かれている焼金法とを比較する。

(1) 試　料

化学組成と構成鉱物の分析に用いた土器は、表 1 に示す 8 点である（口絵 27〜34 に示す）。それぞれの遺物には固有番号として「出土地」［グリッド（東西をアルファベット、南北を数字で表す）と器

表1 試料一覧

No.*	種類	色調	幅/長さ (cm)	厚み/直径 (cm)	凹み (cm)	質量 (g)	採取日
D11-105	盤状土器（皿形）	表面赤色	11.3	3.1	0.8	327.4	1996年6月13日
D11-671	盤状土器（皿形）	表と内部は脱色	13.6	4.2	0.9	321.3	1996年6月13日
D10-12	板状土器	脱色	3.5	1.3		15.7	1997年5月30日
D11-6	板状土器	脱色	4.0	1.5		21.9	1997年4月17日
D11-94	棒状土器（円柱）	赤色　表面の一部脱色	9.0	2.3		53.4	1996年10月3日
D11-31	棒状土器（角柱）	赤色　表面の一部脱色	7.0	2.1		37.0	1996年10月3日
D11-89	棒状土器（円柱）	脱色	5.3	3.0		30.9	1997年5月29日
D11-56	棒状土器（角柱）	脱色	4.0	2.0		16.4	1997年5月29日

＊＝各遺物に付された記号－番号、発掘調査報告書（相川町教育委員会、2001）では「出土地」と呼ぶ．

図5　盤状土器あるいは「皿形土器」（左図）と板状土器あるいは「覆い土器」（右図）佐渡鉱山金銀採製全図（作者不詳、1800年代初期か）。『飛渡里安留記』（作者不詳、1820年代か）では盤状土器を大土器、板状土器を中土器として図示する。

種毎の通し番号］が付されている（相川町教育委員会 2001）。本論稿では遺物番号として、この「出土地」を用いる。

① 盤状土器（口絵27・28）

　盤状土器は外周に縁を持つ皿形土器で、焼金操業で塩金と呼ばれる反応物（塩と金銀合金の混合粉末）を載せる台として使用されたものと考えられる（図5：左）。焼金竈の中で熱と焼金反応の影響を受けている。反応後は、水中に投入急冷され、焼き付いた塩金をはがされ、洗浄後に廃棄された。一部は、新たな竈の築造に際して壁材として再利用された。出土した盤状土器は全て破片である。

D11-105：全体に赤みを帯びていて、明瞭な黒斑や白色部などの反応部分は認められない。しかし、上面はやや赤味が薄れている。また、切断面では亀裂の周囲に脱色が認められる。出土した土器のなかでは、焼金操業の反応の影響が弱い試料である。風廻しのために竈の内部に土器を並べることが行われているが、そのような使用履歴の土器と推定される。

D11-671：上面は淡褐色で、縁は白色に脱色している。底面は、反応の影響は弱いものの、赤味が薄れている。切断面では、縁部から内部へ向かって白色領域が広がっている様子が観察される。白色化反応の前線は赤褐色帯となり、狭い黒褐色の帯で終わっている。黒褐色帯は微弱な磁性があり、磁鉄鉱の生成が示唆される。赤色の残る底面（D11-671R）と

白色化が認められる上面（D11-671W）に分けて分析試料とした。

② 板状土器（口絵29・30）

板状土器は、焼金操業の際に塩金の上に覆いとして載せた土器の板と推定される（図5右）。出土した全ての板状土器は、焼金反応の影響を強く受け、表面・内部の区別なく脱色している。

D10-12：全体に細かなひび割れがあり、脱色している。表面のうち片面は暗灰褐色で、反対の面は淡黄白色である。切断面は均質ではなく、暗灰褐色の表面直下から白色化が進行し、その前進面に黒褐色の狭い帯とその背後に赤色の部分が存在する。盤状土器に認められた縁から進行する白色化と類似している。このことから、白色化した側が上面（表）で、黒色帯と赤色が認められる側が塩金と接していた下面（裏）と判断した。

D11-6：全体にひび割れがあり、脱色している。脱色が顕著な側（表）の表面は白色の薄層である。切断面では、下面（裏）に黒褐色帯が生じている。

③ 棒状土器（口絵31〜34）

棒状土器（角柱と円柱）は用途不明とされているが、銀が検出されていることからも、焼金竈で使用されたと推定される遺物である。焼金操業の影響が弱いと考えられる赤色のものと、表面が全体に脱色していて焼金反応の影響が顕著なものに分けられる。ただし、赤色のものでも、表面の一部には脱色部や黒色斑点を生じている。

D11-94：赤色の円柱である。柱面の片側表面に灰がかぶったような斑点状の白色化部が見られる。また、白色斑を囲んで黒色部が生じている。

D11-31：赤色の角柱である。柱面の一面に灰がかぶったような斑点状の白色化部が見られる。

D11-89：表面が脱色して灰白色になった円柱である。横断面では、内部に赤味が淡く残っていることが分かる。また、白色化は表面1-2mmほどに限られ、内部の淡紅色部から剥離しやすい層となっている。柱の上下端の一方が残っている試料では、端部に顕著な脱色が認められる。

D11-56：灰白色の角柱である。脱色は表面から1-2mmまでしか進行していない。この試料の場合は白色化の前線に狭い黒褐色帯があり、中心は赤味が残っている。しかし、赤色棒状土器の中心部と比較すれば、脱色化が進んでいることは明らかである。

④ 土器の胎土

酸化鉄で赤色を呈する土器は、石英粒が入った粘土を低温焼成して作ったものと推定される。佐渡では鉱山で使用する羽口の必要から、江戸時代の初期から羽口屋がいて、素焼きの焼物を製造していた。胎土は、「ふじ権現」の土を用いたと伝えられる。「ふじ権現」とは、相川の南方の山と推定される（相川郷土博物館、2008）。現在、佐渡の無名異焼は、野坂粘土と鶴子・相川一帯から産する赤色土（無名異土）を混合して胎土としている。野坂粘土は、相川南方の二見半島に採土地があり、江戸時代から焼物に良い土がとれていたが、最近は良質のものがとれないという。幸い、相川の技能伝承展示館の野坂粘土（伝来品）を少量分与いただき、分析することができた。また、無名異土は笠取峠の土採り場で採取した。どちらの土も、相川層の安山岩〜デイサイト質火山岩が熱水変質と風化作用を受けて生じたものと考えられる。

120517-3：野坂粘土（伝来品）。灰色土。
101128-7：無名異土（笠取峠産）。赤色土。

(2) 分析条件と分析結果

土器片から所定の量（5〜10g）を分取し、振動ミルにかけ粒度40μm以下に粉砕したものを分析試料とした。

化学分析には、九州大学地球資源システム工学部門の理学電機（株）製RIX3100蛍光X線分析装置を使用した。粉末試料（約5g）を加圧成形して板

表2 胎土と土器の化学組成（蛍光X線分析）

番号	120517-3	101128-7	D11-105	D11-94	D11-31	D11-671R	D11-671W	D10-12	D11-6	D11-56
資料名称	野坂粘土（伝来）	無名異土	盤状土器	棒状土器（円柱）	棒状土器（角柱）	盤状土器	盤状土器	板状土器	板状土器	棒状土器（角柱）
反応変質	原料粘土	原料粘土	弱(赤色)	弱(赤色)	弱(赤色)	中度(赤色)	高度(脱色)	高度(脱色)	高度(脱色)	高度(脱色)
SiO_2(%)	66.24	61.12	65.17	64.92	66.83	64.74	63.62	59.81	55.85	58.23
TiO_2	1.02	0.79	0.87	0.76	0.88	0.76	0.78	0.75	0.83	0.83
Al_2O_3	19.12	20.96	20.90	20.35	20.46	20.00	20.02	19.28	19.97	19.82
$Fe_2O_3^*$	4.83	6.59	4.31	4.06	4.79	4.26	2.57	3.04	4.40	3.53
MnO	0.03	0.06	0.02	0.04	0.02	0.01	<0.002	0.02	0.04	0.03
MgO	1.12	1.13	0.76	0.82	1.14	0.82	0.81	0.94	1.12	0.86
CaO	0.15	0.06	0.62	0.90	0.75	0.71	1.14	1.94	3.46	1.27
Na_2O	0.23	0.32	0.57	0.51	0.80	1.94	3.60	4.82	3.01	1.77
K_2O	2.18	1.90	1.13	1.17	1.57	2.05	1.06	1.68	2.44	4.82
P_2O_5	0.02	0.05	0.05	0.71	0.16	0.24	0.16	0.77	0.74	0.31
S	0.025	0.024	0.028	0.044	0.020	0.024	0.031	0.110	0.44	0.116
Cl	0.007	<0.004	0.018	0.007	0.016	0.152	0.37	0.45	0.41	0.28
Ag	<0.002	<0.002	0.004	0.002	0.004	0.187	0.510	0.093	0.187	0.039
Cu	0.001	0.001	0.001	0.002	0.001	0.006	0.011	0.002	0.005	0.005
Zn	0.003	0.002	0.011	0.002	0.004	0.002	<0.002	<0.002	<0.002	<0.002
Pb	<0.002	<0.002	0.004	0.004	0.006	0.010	0.011	0.026	0.006	0.006
その他	0.125	0.100	0.087	0.094	0.089	0.090	0.089	0.134	0.192	0.184
$H_2O(+)$	—	7.27	5.66	5.02	2.58	5.18	4.52	4.80	5.98	7.72
計	95.10	100.38	100.21	99.42	100.12	101.18	99.30	98.67	99.08	99.82
$H_2O(-)$	—	3.81	3.85	3.29	1.53	2.73	2.16	2.64	4.07	4.36
LOI**	—	11.08	9.51	8.31	4.11	7.91	6.68	12.08	10.05	12.08

$Fe_2O_3^*$ ＝全鉄を Fe_2O_3 として表示、LOI** ＝ H_2O（＋）＋ H_2O（−）、その他＝ As, W, Cr, V, Zr, Rb, Sr, Ba, Y, Nb。
Au ＜ 0.005、Sb ＜ 0.01、Sn ＜ 0.01、Bi,0.01、Hg ＜ 0.001、Cd ＜ 0.001、Mo ＜ 0.003.

＊資料 D41-105（口絵27）
　D11-94（口絵31）
　D11-31（口絵32）
　D11-671（口絵28）
　D10-12（口絵29）
　D11-6（口絵30）
　D11-56（口絵34）

表3 揮発分の分析結果（元素分析）

	弱反応(赤色)	高度反応(脱色)
番号	D11-105	D11-6
資料名称	盤状土器	板状土器
H(%)	0.69	0.58
C	0.58	0.75
N	0.03	0.06
灰分	93.4	93.3
計	94.70	94.69
常温減圧乾燥減量(%)	2.7	3.3
参考 $H_2O(-)$(%)	3.85	4.07

表4 湿式分析と蛍光X線分析（XRF）の比較

	水分を含む分析値				無水に換算			
	弱反応（赤色）		高度反応（脱色）		弱反応（赤色）		高度反応（脱色）	
番号	D11-105		D11-6		D11-105		D11-6	
資料名称	盤状土器		板状土器		盤状土器		板状土器	
分析法	湿式分析	XRF	湿式分析	XRF	湿式分析	XRF	湿式分析	XRF
SiO_2 （%）	61.85	65.17	54.05	55.85	69.71	68.92	61.15	59.97
TiO_2	0.77	0.87	0.74	0.83	0.87	0.92	0.84	0.89
Al_2O_3	19.24	20.9	18.44	20.0	21.68	22.10	20.86	21.48
Fe_2O_3*	—	4.31	—	4.40	—	4.56	—	4.72
Fe_2O_3	2.97	—	2.20	—	3.35	—	2.49	—
FeO	0.70	—	1.51	—	0.79	—	1.71	—
Fe	0.04	—	0.04	—	0.05	—	0.05	—
MnO	0.03	0.02	0.03	0.04	0.03	0.02	0.03	0.04
MgO	0.50	0.76	0.88	1.12	0.56	0.80	1.00	1.20
CaO	0.58	0.62	2.99	3.46	0.65	0.66	3.38	3.72
Na_2O	0.57	0.57	4.04	3.01	0.64	0.60	4.57	3.23
K_2O	1.40	1.13	2.68	2.44	1.58	1.20	3.03	2.62
P_2O_5	0.06	0.05	0.78	0.74	0.07	0.05	0.88	0.79
Cu	<0.01	0.001	<0.01	0.005	<0.01	0.001	<0.01	0.005
Zn	0.01	0.011	<0.01	<0.002	0.01	0.012	<0.01	<0.002
Pb	<0.01	0.004	<0.01	0.006	<0.01	0.004	<0.01	0.006
As	<0.01	0.002	0.01	0.010	<0.01	0.002	0.01	0.011
Sb	<0.01	<0.01	<0.01	<0.01	<0.01	<0.01	<0.01	<0.01
Sn	<0.01	<0.01	<0.01	<0.01	<0.01	<0.01	<0.01	<0.01
Cr	<0.01	0.005	<0.01	0.006	<0.01	0.005	<0.01	0.006
V	0.01	0.010	<0.01	0.009	0.01	0.011	<0.01	0.010
Others	—	0.12	—	1.20	—	0.12	—	1.29
H_2O （+）	—	5.66	—	5.98				
LOI	8.88	—	9.46	—				
計	97.61	100.21	97.85	99.08	100.00	99.99	100.00	99.99
Σfe	2.66	3.01	2.75	3.08	3.01	3.19	3.12	3.30
H_2O （-）	—	3.85	—	4.07				
LOI	8.88	9.51	9.46	10.05				

Fe_2O_3* ＝全鉄をFe_2O_3として表示；LOI ＝ H_2O （+） ＋ H_2O （-）；－＝測定せず．
XRFで others ＝ S、Cl、Ag、Zr、Rb、Sr、Ba、Y、Nb; Au＜0.005%;Bi、Hg、Cd＜0.001%；Mo＜0.003%．
＊資料 D11-105（口絵27）、D11-6（口絵30）

状ペレットとし、測定X線強度からの補正は理論計算（FP法）によった（井澤ほか 2008）。表2に胎土と土器の分析結果を示す。

試料に含まれている揮発分の性格を確認するため、2試料について、九州大学理学部中央元素分析所に依頼して元素分析を行った。揮発分は、水分（H）のほか炭素（CO_2と思われる）が主要であった（表3）。

土器の2試料については蛍光X線分析に加えて、湿式分析を行った。（株）九州テクノリサーチTACセンターによる分析で、試料量は1元素あたり0.1〜0.5gであった。表4に湿式分析と蛍光X線分析の比較を示す。試料の揮発分（主に水分）は、測定法の違いによって値が異なる。比較しやすいように、無水に再計算した結果も示した。

一部の切断土器試料について、試料内での元素の分布を見るため、九州大学中央分析センター所有のX線分析顕微鏡（堀場製作所製 XGT5000）で面分析を行った。

鉱物の同定は、粉末X線回折で行った。九州大学地球資源工学部門の理学 Ultima IV（一部はRINT 2000）X線回折装置（$CuK\alpha_1$、40kV、20mA）を用いた。

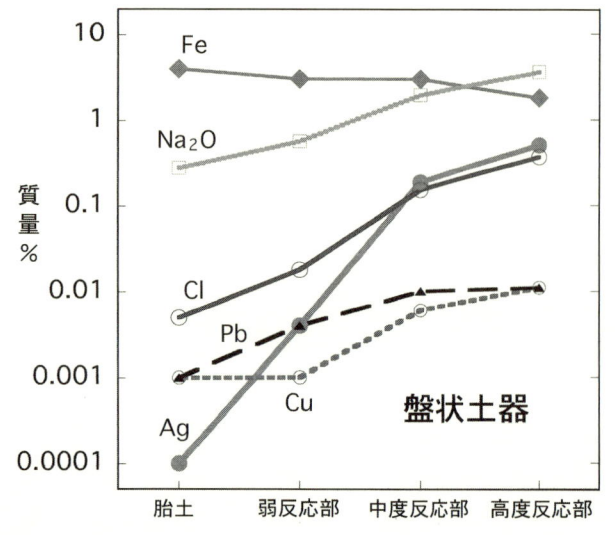

図6 焼金反応で土器に生じた化学組成の変化を示す図
＊縦軸は対数目盛

7．土器の化学組成と構成鉱物

(1) 化学組成

形態が異なるそれぞれの土器について、焼金操業によって生じたマクロな化学成分の変化は、第2表から読み取れる。土器の胎土は、野坂粘土と無名異土の平均値に相当すると仮定する。胎土にもともと含まれる成分のうち、酸化ナトリウムは0.3%、塩素は0.01%である。銀については地化学探査によって判明している土壌中の銀の濃度（通商産業省資源エネルギー庁 1988）を参考に0.0001%と仮定する。

まず、盤状土器については、焼金反応の影響が少ないと見られる試料（D11-105）と激しい脱色部を持つ資料（D11-671）を比較する。後者は、淡紅色の部分（底面）と塩金を載せた上面に分けて分析している。図6で示すように、赤色（弱反応）土器（D11-105）からやや脱色した土器（D11-671R）、さらに脱色（高度反応）した土器（D11-671W）へと明らかに増加している成分がある。酸化ナトリウム（0.6% → 3.6%）、塩素（0.02% → 0.4%）、銀（＜0.002%→0.5%）である。焼金の反応によって土器に沈着した塩化銀（AgCl）と塩（NaCl）の影響と解釈できる。銅と鉛の増加は面筋金に含まれていた銅と、砕金をつくるために加えた鉛の影響であろう。一方、鉄分については、Fe_2O_3で4.3%から2.6%へ大きく減少している。

板状土器は、出土品の全てが著しく脱色したものであった。2個（D10-12 および D11-6）の分析結果は、酸化ナトリウム（3.6-4.8%）、塩素（0.4%前後）と明らかに焼金法に使用される食塩（NaCl）の影響が認められ、銀も0.2%まで増加している。鉄分はFe_2O_3で3-4%あり、大きな減少は認められない。

棒状土器は、弱反応の2個（D11-94 と D11-31）

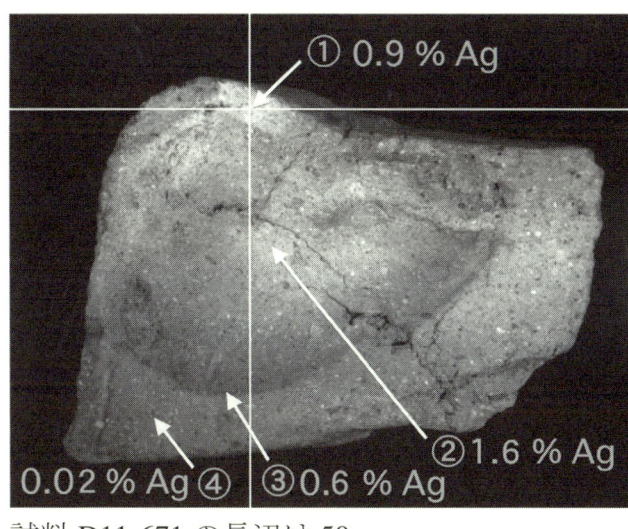

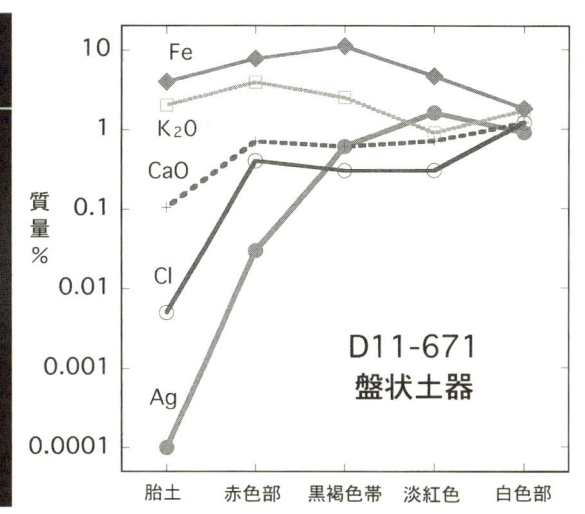

1．佐渡奉行所跡の精錬遺構と佐渡金銀山絵巻の比較研究　109

① 0.9 % Ag
② 1.6 % Ag
③ 0.6 % Ag
④ 0.02 % Ag

試料 D11-671 の長辺は 50 mm

D11-671 盤状土器（グラフ：質量%、横軸：胎土、赤色部、黒褐色帯、淡紅色、白色部）

D11-671 盤状土器（脱色）

分析点	色調	Ag	Cl	Fe	K_2O	CaO	SiO_2	Al_2O_3
① 端部	白色	0.9	1.2	1.8	1.7	1.2	74	16
② 中心	淡紅色	1.6	0.3	4.6	0.9	0.7	65	15
③ 帯部	黒褐色	0.6	0.3	11.0	2.5	0.6	63	16
④ 下面	赤色	0.03	0.4	7.8	3.9	0.7	61	16

D10-12 板状土器（脱色）

分析点	色調	Ag	Cl	Fe	K_2O	CaO	SiO_2	Al_2O_3
① 上面	白色	0.04	0.7	3.3	6.1	2.0	63	21
② 中心	黒褐色	0.02	0.7	16.0	2.2	0.6	51	14
③ 下面	淡紅色	<0.01	1.3	6.8	2.4	1.6	67	16

D11-31 棒状土器（角柱）（赤色、1柱面から内部へ脱色が進行）

分析点	色調	Ag	Cl	Fe	K_2O	CaO	SiO_2	Al_2O_3
① 表面	灰色	<0.01	1.3	6.8	2.4	1.7	67	16
② 中心	赤色	<0.01	0.1	13.8	2.4	0.9	57	19

D11-89 棒状土器（円柱）（脱色、内部は淡紅色）

分析点	色調	Ag	Cl	Fe	K_2O	CaO	SiO_2	Al_2O_3
① 表面	灰色	0.06	0.2	5.5	1.5	8.6	60	20
② 中心	淡紅色	0.03	1.0	6.0	3.2	4.2	65	17

図7　X線分析顕微鏡による定量結果。分析点の直径は0.1mm

図8 胎土と土器のX線回折図

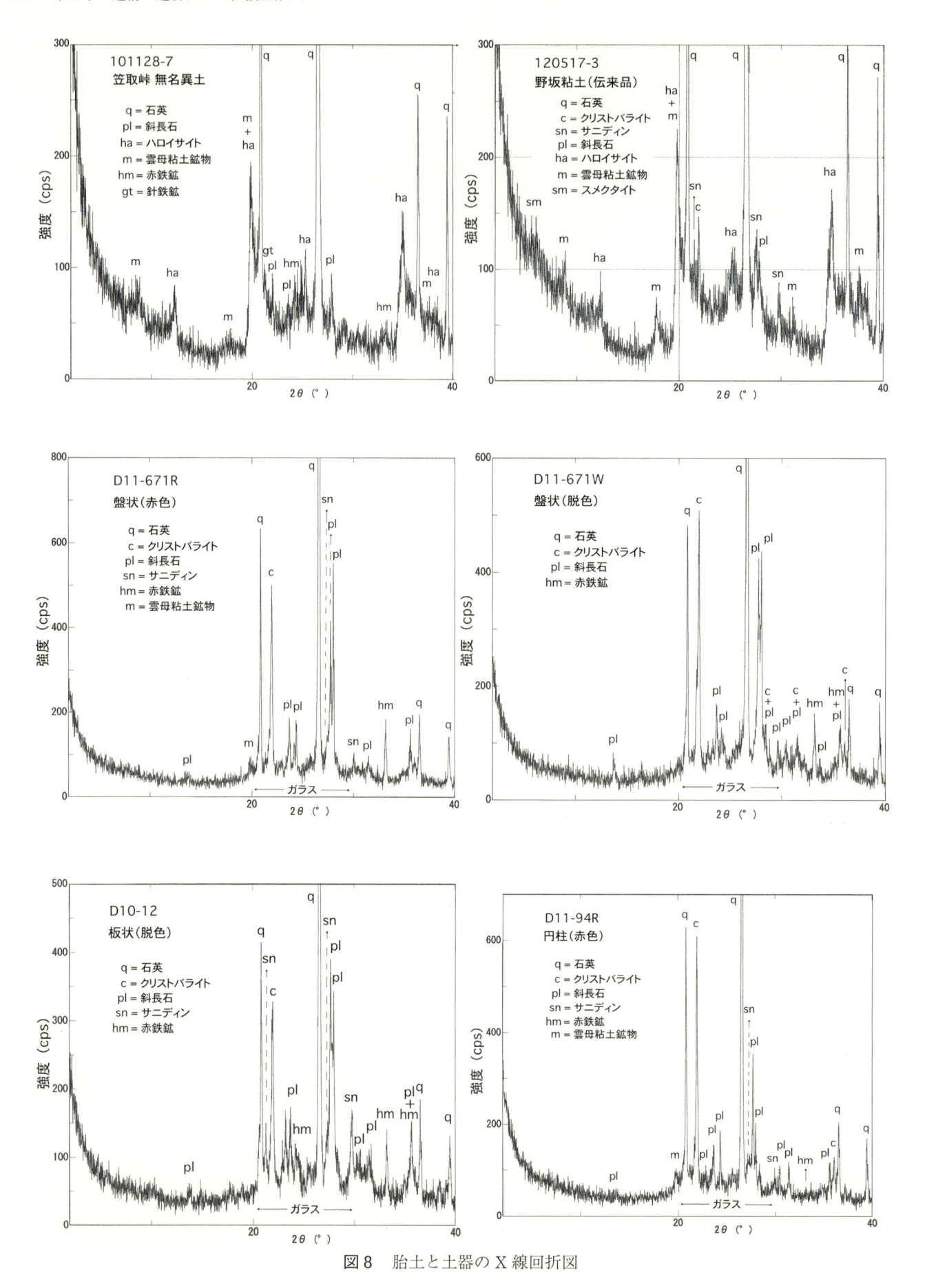

表5 構成鉱物の消長．各鉱物のX線回折線の強度を石英を基準として表示．

番号	資料名称	色調	粘土鉱物 4.48Å	サニディン 3.24Å	斜長石 3.21-3.18Å	石英 4.25Å	クリストバライト 4.05Å	針鉄鉱 4.48Å	赤鉄鉱 2.70Å	磁鉄鉱 2.53Å
101128-7	無名異土	灰色	27	—	8	100	—	3	3	—
120517-3	野坂粘土	赤色	27	8	5	100	8	—	—	—
D11-105	盤状土器	赤色	12	12	26	100	98	—	12	—
D11-94	棒状土器（円柱）	赤色	7	6	48	100	96	—	3	—
D11-31	棒状土器（角柱）	赤色	4	—	21	100	91	—	8	—
D11-671R	盤状土器	赤色	9	9	83	100	70	—	26	—
D11-671W		脱色	8	—	85	100	105	—	25	—
D10-12	板状土器	脱色	—	—	104	100	83	—	35	—
D11-6	板状土器	脱色	—	—	73	100	53	—	27	＊
D11-89	棒状土器（円柱）	脱色	—	35	68	100	35	—	19	＊
D11-56	棒状土器（角柱）	脱色	—	50	33	100	38	—	5	17

－＝検出されず，＊＝検出．

と表面に著しい脱色化反応が認められる1個（D11-56）を比較すると、酸化ナトリウム（約0.6％→1.63％）、塩素（0.01％→0.4％）と明らかな増加である。しかし、銀（0.003％→0.04％）の増加は盤状土器や板状土器の場合と比べて一桁少ない。鉄分もFe_2O_3で4-5％から3.5％の変化で大きな減少は認められない。

次に、ミクロな領域（数mm範囲）ごとの成分変化を、X線分析顕微鏡による面分析と点分析で調べた（口絵35〜37、図7）。

盤状土器（D11-671）では、脱色化が上面端部から進行する様子が明瞭に認められた。端部は白色で、鉄分（Fe）が2％以下へ減少、銀は0.9％まで増加、塩素は1.2％まで増加している。上面脱色部で鉄は減少しているが、土器内部には脱色化反応の前線があり、鉄の濃集帯（鉄11％）が生じている。底面は弱反応部（鉄8％、銀0.03％、塩素0.4％）である。

板状土器（D10-12）でも、表面の脱色と内部に鉄の濃集帯があることは、盤状土器の場合と類似している。また、塩素の増加も明瞭である。しかし、銀の増加は顕著でない。塩金に接していたと想定される下面でも、塩の増加（1.3％）は見られるものの、銀は0.01％以下であった。

棒状土器（D11-31、D11-89）は、表面が著しく脱色化していても、内部には赤色味が残る。鉄と塩素の変化は大きいが、銀の増加は顕著ではない。

このほか、土器に含まれる鉄の酸化数の変化は重要である（表4）。全鉄に占める酸化鉄（Ⅱ）の割合は、弱反応土器では20％であるが、強度反応土器では40％に増加している。これは、焼金反応により、土器内部で鉄が還元されたことを示す。

(2) 構成鉱物

粉末X線回折の結果、胎土（無名異土と野坂粘土）、弱反応土器、高度反応土器のそれぞれに特徴的な鉱物が認められた（図8、表5）。

土器の胎土は、火山岩（相川層上部層）が、熱水変質と風化作用をうけて生じた粘土である。石英、イライト（絹雲母）、ハロイサイトを著量含み、少

量のクリストバライト、、赤鉄鉱を伴っている。斜長石、アルカリ長石（サニディン）は原岩の火山岩構成鉱物である。

弱反応土器は、石英、クリストバライト、非晶質物質（ガラス）が多く含まれている。土器焼成の過程で、粘土鉱物の大部分は非晶質のメタカオリン（$Al_2Si_2O_7$）とクリストバライトに変化したと考えられる。ムライトが生成していないことから、土器の焼成温度は800〜900℃と推定される。斜長石の一部は、焼金操業時にメタカオリンと食塩（ナトリウム）や木炭灰（カルシウム）の反応で生成したものと考えられる。

高度反応土器ではクリストバライトは減少し、斜長石あるいはアルカリ長石（サニディン）が増加している。また、土器内部の黒褐色帯は磁性が強いことから、磁鉄鉱が生成している可能性がある。焼金反応に伴う酸化鉄（Ⅱ）の増加は、磁鉄鉱の生成によるものかもしれない。

8．焼金反応の考察

焼金反応は、食塩の融点（800℃）以下で進行する。炉内の色で表現すれば、曇赤色〜暗桜色（700〜780℃：池田、1935：123）である。

Craddock（2000b：175-193）は、焼金法の化学反応についてPercy（1880）ほか多くの研究者の論文を総括している。これらの先行研究を参照しながら、以下に焼金反応を考察する。

まず、固体の食塩（NaCl）と水蒸気（H_2O）の反応によってナトリウムイオン（Na^+）と塩化水素（HCl）ガスが生成する。水蒸気は木炭の燃焼で発生する。

$$NaCl + H_2O = Na_2O + 2HCl$$

この反応は珪酸（SiO_2）が存在する状態で促進されるという。佐渡の土器には珪酸鉱物（石英・クリスバライト）が含まれている。しかし、上記の反応は単独では進行しない。ナトリウムを成分とする鉱物相の生成が必要である。

佐渡の反応系では、土器の主要な鉱物相としてメタカオリンがあり、荒塩にはナトリウムのほかカリウムが含まれている。木炭灰からのカルシウムも加わって、焼金操業により土器中に斜長石あるいはカリ長石が生成すると考えられる。ナトリウムを主とする斜長石（アルバイト：$NaAlSi_3O_8$）を例にとれば、以下のような反応である。

$$2NaCl + H_2O + 4SiO_2 + Al_2Si_2O_7$$
$$= 2NaAlSi_3O_8 + 2HCl$$

高温（700-800℃）の酸化雰囲気で、土器に含まれる鉄分と塩化水素ガスが反応して、塩化第2鉄（$FeCl_3$）ガスが生成する。

$$3HCl + 1/2\, Fe_2O_3 = FeCl_3 + 3/2\, H_2O$$

塩化第二鉄ガスは反応性に富み、銀と反応して塩化銀（AgCl；融体）と塩化第一鉄（融体）を生成する。

$$FeCl_3 + Ag = FeCl_2 + AgCl$$

また、塩化第2鉄ガスは、700-800℃、水蒸気が存在する条件で、塩素ガスを発生する反応をおこす。

$$2FeCl_3 = 2FeCl_2 + Cl_2$$

この反応は、銅や鉄など遷移金属が存在すると促進される。Craddock（2000b）は、この塩素ガスが食塩セメンテーション過程の主な作用体であるとする。

$$1/2\, Cl_2 + Ag = AgCl$$

酸化的雰囲気（局部的には磁鉄鉱が生成する程度の還元的雰囲気）で気相・液相・固相の複雑な反応が継続し、反応に参加できる食塩あるいは鉄鉱物が失われることで焼金反応は終了する。

以上の考察は、今回の分析で示された土器の元素の増減によく当てはまる。焼金反応によって土器中に増加した主な元素は、Na、Cl、Ag、Pb、Ca、K、P、Sである。反応によって減少した元素は、

Feである。鉄は塩化第2鉄ガスとなって土器から失われたのであろう。しかし土器には、大量のナトリウム、カリ、カルシウム、塩素が加わったため、珪酸の含有割合は相対的に低下したと考えられる。

9．佐渡の焼金法の目的と技術

佐渡の金銀山から産出する金粒（エレクトラム）には、銀が40％ほど含まれている。ていねいな選鉱によってエレクトラムを集めて製錬しても、得られるものは金銀相半ばする青金でしかない。文政年間に文書としてまとめられた『飛渡里安留記』（作者不詳、1820年代か）の記述「水筋吹様之事」によれば、製錬産物の「面筋金」は百拾五匁本目（金38％）が基準値と定められていた。

相川金銀山では2種類の金銀分離法が用いられた。第一の技術、硫黄分銀法は金含有銀（山吹銀）に硫黄を添加して銀を硫化物に変え、金分を高める方法である。これによって、はじめ数％程度であった金位を36-40％まで高めている。製品は「分筋金」とよばれる。

第二の技術、焼金法は食塩（NaCl）を用いて「面筋金」や「分筋金」に含まれる銀を塩化銀に変えて取り除く方法である。製品は「焼金」あるいは「塩詰金」などの言葉で表されている。焼金法を行う目的は、小判の原料にふさわしい金位を持った金銀合金を得ることにある。したがって、「焼金」の金位は時代によって変化した。

『飛渡里安留記』の「小判所所発之事」には、元和7年（1621）7月、後藤庄三郎ほか多人数が佐渡に派遣され、筋金焼所・小判延所で小判が製造され始めたと記されている。また、元禄9年（1696）から延享3年（1746）は、小判に仕立てず慶長金の位に極め、延金のまま上納したとする。このことから、初期の焼金は、製錬で得られた青金（金銀合金）を慶長小判の金位52匁（およそ金85％）まで高める操業であったことが分かる。

その後、延享4年（1747）から文政2年（1819）までは、金位67匁（金66％）の元文小判で上納した。文政3年（1820）からは小判を江戸で造ることになり、佐渡では文字金（元文小判）の位のまま御金蔵に納め置き、文政5年（1822）から焼金のまま江戸上納になったという。この時期の焼金作業の終点は、元文小判の金位67匁（66％）以上になることであった。

佐渡相川金銀山の江戸時代中期以降の焼金操業に関しては『飛渡里安留記』のほか、18世紀の前半から19世紀にかけての絵巻や作者不詳の文書類（佐州相川小判所金銀焼立仕上覚留帳、後藤家書、寛政11年末年 小判所一件）に作業手順が書き残されている。それらを総合すると、18世紀以後佐渡で実施された焼金操業の技術の詳細が判明する。

まず、金に富む製錬産物（筋金）に数％の鉛を加えて吹き溶かし、鉄盤の上で摺砕き、篩でふるって粒度をそろえる。鉛を加えるのは砕きやすくするためである。焼金操業に使用する金粒の大きさは、焼金作業後の「寄金」の粒度（『現品拓本』（佐渡高校舟崎文庫所蔵）も参考にすれば、1 mmから0.1 mm程度と推測される。

1回の焼金操業で筋金16貫を使用し塩と合わせる。塩はにがりを含んだ細粒の生塩でなければならず、にがりが少ない塩だと反応が進まないと書かれている。金1貫目に塩7升の比率でよく混ぜ合わせる。塩金を土器に堅く盛ると、1回の焼金操業分では44個ほどになる。この土器を長竈（ながかま）に並べ入れ、渡し炭を積みかける。塩金の処理量が少ない場合は、土屏風で中を仕切りる。風廻しのため羽口を竈の底廻りへ並べる。

炭で焼くうちに青煙、紫色の煙が出る。約8時間焼くと、塩煙が絶えるので、これを合図に焼止める。

焼終えた焼金は土器とともに水桶へ入れて冷や

す。焼き付いた土器を外して、塩金は鉄鎚で突き砕き、水を入れ替え何度も足で踏み洗う。塩化銀の半ばは水といっしょに洗い流される。その後、焼金を熱湯で何度も洗い、再度の焼金操作に用いる。焼金操作を4、5回繰り返すことで、金位は70％ほどまで高まる。塩化銀は鉛と合わせて吹き溶かし、灰吹銀に精製する。

　古代から中世にかけて世界各地でセメンテーションが実施されたが，金と塩の比率や容器1個の反応量の記録はどこにも残されていない。佐渡の場合は、1回の焼金操業に使用された金と塩の量が記録に残されている。見かけの密度（単位は g/cm^3）を金は10、塩は1.5として、1回の焼金操業の処理量を見積もると、金60 kg（5.9 L）と塩303 kg（202 L）となる。質量比で金1にたいし塩5である。土器1個に盛った塩金量は8 kg（4.6 L）、これに含まれる金（エレクトラム＝金銀合金）は1.3 kgである。

　佐渡奉行所跡で出土した焼金法の遺構は、元和7年（1621）に設置された筋金焼所と考えられ、絵巻や文書に記録された精錬所（小判所の一部）よりも100年ほど前のものである。しかし、検出された長竈や盤状、板状の土器の大きさは、江戸中期以降の絵巻に描かれているものによく似ている。1回の焼金操業に使用する金と塩の量は江戸初期、中期を通して大きな違いはなかったと考えられる。

　奉行所跡の発掘では、多数の丸竈や中仕切竈が検出されたが、これらは絵巻にないものである。小判所発足当時は、慶長小判の金位（86％以上）まで精製するために、焼金操作を何度も繰り返す必要があった。そのために、多数の丸竈や中仕切竈が設置されたと考えられる。

10. 焼金法における土器の役割

　今回の分析によって、出土した盤状土器と板状土器は、絵巻に描かれた塩金を盛る皿（台）と塩金の上に載せる覆い（cover）に相当することが明らかになった。棒状土器は、後の時代の絵巻には描かれていないので、用途は不明とされてきた。しかし、今回の分析の結果、周囲が強く反応している棒状土器については、塩金の芯棒と考えられる結果を得た。一方、反応が弱い棒状土器は、塩金に直接した状態にはなかったと判断された。Craddock（2000a）が言うように、焼金竈の中で塩金の土器の台として使われたものかと考えられる。

　中世のヨーロッパで行われたセメンテーションによる金精錬では、セメントとして塩のほかに塩の2倍量のレンガ粉をもちいている。レンガ粉は、反応に必要な鉄、珪酸を供給する物質である。さらに、反応を促進させるため、硫酸亜鉛や酢酸第2銅など種々の物質が添加された（Agricola 1556: Ercker 1574）。しかし、古代サルディスの精錬所ではレンガ粉は使用されなかった可能性が高い（Craddock 2000c）。

　佐渡の場合もセメントは塩だけである。サルディスでは反応容器として土器の壺が用いられ、佐渡では塩金の受け台と覆いに土器が使用された。これらの土器が、鉄、珪酸を供給する役目を果たしていたと推測される。さらに、佐渡の場合はセメントとして、にがりを含んだ塩を使用した。これは、硫酸塩を添加した場合と同様な効果をもたらした可能性がある。

　今回報告した土器の化学組成の特徴は、焼金操業の過程でおこる元素の移動を示している。塩金の台と蓋になった土器の成分変化は、塩金と接していなかった部分でも大きい。これにくらべ、塩金の芯として用いられた脱色棒状土器では、化学成分の変化は表面だけにとどまり内部に及んでいない。焼金の主要な反応がガスの流通によって進行するために、土器の内部ではガスの浸透が難しいことを示している。棒状土器が後の焼金操業で使用されていないの

は、効果が認められなかったからであろう。

（本稿の1・6〜10は井澤・中西が、2〜5は小田が執筆した。）

註
（1）製錬は金銀鉱石から金銀を生産することで、精錬は金銀を精製して純度のよい金や銀にする工程をさす。

参考文献
相川郷土博物館 2008『羽口屋、伊藤甚兵衛窯　平成十八年度特別展報告書』。
相川町教育委員会 2001『佐渡金山遺跡（佐渡奉行所跡）相川町埋蔵文化財調査報告書第3』。
池田謙三 1935『銅製錬　上巻』寶文館。
井澤英二・中西哲也・吉川竜太 2008「スラグの主成分と微量元素の蛍光X線分析―湿式分析との比較―」『日本鉱業史研究』No. 56、71-84頁。
斉藤本恭 2000「佐渡奉行所跡の金銀製精錬遺構について」『日本鉱業史研究』No. 40、26-46頁。
佐藤俊策 1997「佐渡奉行所跡の金銀製錬遺構」『日本鉱業史研究』No. 33、67-77頁。
佐渡郡教育會 1935『撮要佐渡年代記』。
佐渡叢書刊行会 1973『佐渡年代記上巻』。
島根県教育委員会、大田市教育委員会、温泉津町教育委員会、仁摩町教育委員会 1999『石見銀山　石見銀山遺跡総合調査報告書　平成5年度〜平成10年度　［発掘調査・科学調査編］』。
魯　褆玹・平尾良光 2012「江戸時代初期に佐渡金銀山で利用した鉛の産地」『鉛同位対比法を用いた東アジア世界における金属の流通に関する歴史的研究』別府大学文学部。
通商産業省資源エネルギー庁 1988『昭和62年度広域地質構造調査報告書　佐渡地域』。

作者不詳 1700年代前半か「佐州相川小判所金銀焼立仕上覚留帳」新潟県立歴史博物館所蔵。
作者不詳 1753『後藤家書』（国立国会図書館所蔵）。（佐藤成男 2007 復刻 後藤家書）。
作者不詳 1799『寛政十一年未年　小判所一件』佐渡総合高等学校橘鶴堂文庫所蔵.
作者不詳 1820年代か『飛渡里安留記』佐渡高等学校舟崎文庫所蔵。
作者不詳 1800年代初期か『佐渡鉱山金銀採製全図　巻子』九州大学総合研究博物館所蔵。
Agricola, G. 1556 *De Re Metallica*. (Translated by Hoover, H.C. and Hoover L.H. 1950 Dover Publications, Inc.)
Craddock, P.T. 2000a Historical survey of gold refining 1 surface treatments and refining worldwide, and in Europe prior to AD 1500. In *ed. by A. Ramage and P. Craddock*, King Croesus' Gold. Cambridge University Press, pp. 27-53.
Craddock, P.T. 2000b Replication experiments and the chemistry of gold refining. In *ed. by A. Ramage and P. Craddock*, King Croesus' Gold. Cambridge University Press, pp. 175-193.
Craddock, P.T. 2000c Reconstruction of the salt cementation process at Sardis refinery. In ed. by *A. Ramage and P. Craddock*, King Croesus' Gold. Cambridge University Press, pp. 200-211.
Ercker, L. 1574 Beschreibung: Allerfürnemsten Mineralischen Erzt etc. (Translated from the German edition of 1580 by Sisco, A.G. and Smith C.S. 1950 Lazarus Ercher's Treatise on Ores and Assaying, University of Chicago Press).
Percy, J. 1880 *Metallurgy of Silver and Gold*, Part I. London.

2．佐渡小判の製造と形態

西脇　康

1．佐渡小判への注目

(1) 佐渡小判

　江戸時代の金貨である小判・一分判のうち、裏面に円形単郭に「佐」字極印のあるものは、ふつう佐渡小判・佐渡一分判ないし佐字小判・佐字一分判と称され、金銀山で知られる佐渡製造の金貨として、貨幣収集界ではとりわけ珍重されてきた。この風潮がすでに江戸時代後期、19世紀初期に現れていたことは、1810年（文化7）8月朔日の序をもつ近藤守重編輯の『金銀図銀』巻之2（流布本）、正用品の下の欄に「同上（正徳）佐字小判金」、「同上（正徳）佐字壱分判金」として図示され、また、1815年（文化12）冬の凡例をもつ草間直方輯録の『三貨図彙』巻之9（滝本誠一編『日本経済叢書』巻27、1916年日本経済叢書刊行会）、金之部に「佐渡吹小判」として佐字小判・一分判が、さらに巻之10、金之部に「佐渡小判」として佐字小判・一分判が収録されていることからあきらかである。

　佐渡小判が収集の対象として珍重されるのは、産金国佐渡の金貨であることはもちろん、それが一般の小判と容易に識別でき、しかも現存確認されているものが宝永小判はわずかに3品（日本銀行調査局編『図録日本の貨幣』3、1974年東洋経済新報社、郡司勇夫「図版解説」）、正徳後期（通称享保）小判・一分判も少数であるという稀少性によって、さらに付加価値が高められた結果であろう。

(2) 研究史と史料

　現存するか否かということを別にすれば、佐渡製造の小判・一分判は、けっして宝永小判・正徳後期小判に限られず、慶長小判・元禄小判・元文小判にも存在したとする史料が若干ながらある。その第1が古くから知られる佐渡の編纂史料『佐渡志』巻之4（最も古い刊本は海舟全集刊行会編『海舟全集』第5巻吹塵余録、1928年改造社）、『同』附録図所収の金銀図（刊本は「佐渡志附録図」山本修之助編『佐渡叢書』第2巻、1973年佐渡叢書刊行会）であり、第2が田中圭一氏によって紹介された御金改役の後藤三右衛門による「佐州仕立金銀図」（新潟県立佐渡高等学校同窓会所蔵舟崎文庫文書）である（田中 1986）。

　『佐渡志』については、出典を明示していないが依拠したと推定でき、貨幣収集界で紹介されたり言及されたことはあった。しかし、その金銀図は無視され、本文のみが博物学的興味を充足させるために引用されるに止まった。

　日本史学の側では、編纂史料の『佐渡風土記』（刊本は羽田清次編『佐渡風土記』全、1941年佐渡郡教育会）、『佐渡年代記』（刊本は西川明雅・原田久通撰『佐渡年代記』上・中・下巻、1935～40年佐渡郡教育会）に依拠した研究が進められたが、麓三郎氏が指摘した「小判鋳造の変遷」を原型とし（麓 1956・1960）、今西嘉寿知氏・田中圭一氏がこれを発展させてほぼ今日の佐渡金貨史の通説をうちたてた（今西 1973ab、田中 1986）。ついで、小葉

田淳氏が佐渡小判史の史料的再検討を提起したのが現状であろう（小葉田 1985）。

他方、貨幣収集界では、小川浩氏が「どうも佐渡国関係の鋳貨史料にはずさんなものが多いようで、『佐渡志』にも……」と批判しているように、『佐渡志』を十分検討せずに偽書扱いする傾向があった（小川 1983）。しかし、『佐渡志』を批判的に検討し、慶長佐渡小判を特定しようとした、こばしがわひでお氏の試論もある（こばしがわ 1980）。

そこで、ここではまず『佐渡志』の史料批判を中軸にし、その他の史料、および研究史を整理しながら、佐渡製造の小判・一分判について総合的な考察を行いたい。

2．『佐渡志』と佐渡小判図

(1)『佐渡志』の記述

『佐渡志』は、佐渡奉行所の広間役であった田中従太郎美清（1782〜1845）こと田中葵園が、文化期（1804〜18）に、奉行の命により西川藤兵衛明雅（号蘭園）の協力を得て編纂に着手し、葵園の次男で他家の養子に入った藤木茂次郎穂（号実斎・竹窓）が、弘化期（1844〜48）に完成したとされる佐渡の地誌である。同書の凡例には「文化十三年に筆をたちて、その後のことをは委しく記すに及ばず」とあり、1816年（文化 13）の成立と考えられる。同書は、全 15 巻、附録図 1 巻から構成されたとするのが通説で、原文は漢字・片仮名混りで記されている。このように『佐渡志』は佐渡支配の実務に携った地役人の手になる編纂書であることから、従来佐渡史研究に大きな貢献を果たしてきた。

もちろん佐渡の地誌には、1695 年（元禄 8）成立の『佐渡地誌』（刊本は山本修之助編『佐渡叢書』第 5 巻、1974 年）、1740 年（元文 5）成立の『撮要年代記』（刊本は山本修之助編『佐渡叢書』第 4 巻、1973 年に「撮要佐渡年代記」として収録）、1750 年（寛延 3）成立の『佐渡風土記』（刊本は前掲）、1756 年（宝暦 6）成立で 1840 年（天保 11）追補の『佐渡四民風俗』（刊本は山本修之助編『佐渡叢書』第 10 巻、1977 年）、天保期（1830〜44）成立という『佐渡国略記』（刊本は『佐渡国略記』上・下巻、1986 年佐渡高等学校同窓会）、嘉永期（1848〜54）以降の成立という『佐渡年代記』（刊本は前掲）など、『佐渡志』に先行するものが豊富に伝存している。しかし、このなかで佐渡の貨幣史を叙述し、しかもその貨幣現品を臨写した図を掲載しているのは『佐渡志』のみであり、貨幣形態史上の有力史料として大きな意義が認められる。

次に『佐渡志』を史料批判する前に、その伝写本について検討しておこう。弘化期に『佐渡志』を完成させた藤木穂は、原本を 2 部作成し、1 部は佐渡奉行所の学問所であった修教館に納め、1 部は家蔵した。1873 年（明治 6）新政府の蒐書に応じ、翌年 1 月葵園の孫田中美暢が家蔵本と附録図写本を献上し、現在は国立公文書館内閣文庫に収蔵されている。また、写本では、1858 年（安政 5）の写本で「田中氏印」の捺印がある全 3 冊本が佐渡市立中央図書館（旧金井図書館）岩木文庫に、1880 年（明治 13）9 月西村滄洲の写本になる全 5 冊本が山本修之助氏の主宰する荏川文庫に現存する。

刊本では本巻 15 巻が対象とされ、1885 年（明治 18）から 1889 年（同 22）に斎藤伝十郎が荏川本を刊行し、1890 年（同 23）に大蔵省が現内閣文庫本を『吹塵余録』第 5 冊から第 8 冊に収録し（1928 年発行、前掲『海舟全集』第 5 巻に再録）、さらに越佐叢書刊行会が 1933 年（昭和 8）発行の『越佐叢書』第 4 巻と、1935 年（同 10）発行の『同』第 7 巻に分冊して斎藤伝十郎本を再刊した。戦後では、1958 年（昭和 33）に山本修之助氏が『佐渡叢書』第 2 巻初版で、『吹塵余録』本を底本とし、荏川文庫本で対校して刊行している。

ところで、附録図の方は早くに散逸したといわ

れ、1874年（明治7）の献本にあたって、石井秀次郎家の伝本を当主が写し、田中美暢が本巻と合わせて納めたといわれる。写本では、1894年（明治27）5月、佐渡中学校教員の吉田耕太郎が模写したものが、新潟県立佐渡高等学校同窓会所蔵の舟崎文庫（萩野由之氏旧蔵）に現存する。

附録図の刊本は、『佐渡叢書』第4巻初版本が舟崎文庫本を、『同』第4巻再版本（1973年刊）が内閣文庫本を収録している。なお、附録図の原図は、相川の画家石井文海（1804～49）の手になるといわれ、1874年の献本当時はその子孫石井秀次郎が所蔵していたが、現在その所在は未詳であるという。ここでは、諸本のうち内閣文庫本を善本として、これに依拠した考察を進めていきたい。

(2) 佐渡小判の記載

『佐渡志』巻之4、金貨の金の項には、「佐渡にて寛永このかた吹きなすところ」として量目4匁7分6厘（17.9g）の佐字小判、および「慶長金真図」として佐字小判（小判師極印は「利」）が図示され、次に「元禄八年乙亥、吹き替えらるることありて、同じき十四年辛巳よりこの国にても作れり。その制、図の如し」として量目4匁7分6厘の元禄佐字小判と、量目1匁1分9厘（4.5g）の元禄一分判が、また「宝永七年庚寅、乾字金作らしめられしとき、この国にて吹きたるもの、図の如し」として量目2匁5分（9.4g）の宝永佐字小判と、量目6分2厘5毛（2.3g）の宝永佐字一分判、さらに「正徳四年甲午、通用金の制改まり、明くる五年乙未より享保九年甲辰迄この国にて造るもの、図の如し」として量目4匁7分6厘の正徳後期（享保）佐字小判と、量目1匁1分9厘（4.5g）の同佐字一分判が、それぞれ表裏面ともに図示されている。

元文佐渡小判・一分判については、「元文四年己未、延金(のべきん)を止めて、ことごとく文字金に作らしめられしより、今に至る迄かはることなし」と記され、また「その形状は通用の物を見て知るべければ、図を省けり」とあり、図示されていないのは『佐渡志』編纂当時に一般に通用していたからだということがわかる。元文佐渡小判・一分判の形態としては、「佐の字なく、これも筋神・筋当の二様あり」と記され、小括すると製造開始は1739年（元文4）で、佐字極印はなく、小判師（座人とも、以下小判師に統一）と吹屋棟梁（吹所とも、以下吹屋に統一）の小験極印(しょうけんごくいん)の組合せは「筋神」・「筋当」に限られるとなる。

他方、附録図には「佐渡にて寛永このかたふきなすところ」および「慶長真金図」の文言がなく、「慶長真金図」に比定できる小判図がないことを除けば、小判図・一分判図・文言ともに本巻に合致する。このことから、附録図は当初から存在したのではなく、画家の石井文海が本巻の図画として提供した原図の控として伝えたものが、1874年の献本に際して本巻に付されたのではないかと推察される。

そして注目されるのは、編者田中葵園が本巻にしたためた次の註記である。すなわち、小判裏面の左下部に打刻された二つの小験極印は、はじめ上が「六」・「馬」・「沙」、下が「神」・「当」であったとし、上は小判師の極印を、下は吹屋の極印を表すとしていることである。また、小判師の「六」は大賀六郎兵衛、「馬」は相馬五兵衛、「沙」は佐藤次右衛門を、吹屋の「神」は片山甚兵衛、「当」は上原藤左衛門を指すとする。さらに、宝永・正徳期（1704～16）からあとは佐渡に小判師が赴任せず、小判師の極印は「筋」を代用したが、吹屋の極印は従来通り「神」・「当」に限られたと解釈できるのである。

佐渡製造の小判・一分判を図示するものには『佐渡志』のほか、江戸年未詳子年正月に後藤三右衛門が幕府の命で差し出した「佐州仕立金銀図」写がある（田中1986）。後藤三右衛門は、1816年（文化13）金座後藤を相続し御金 改 役(おかねあらためやく)となった光亨(みつあきら)の

ことで、子年は彼の在任した1816・1828・1840年のいずれかと推定できる。この史料には、「江戸・佐州役所とも類焼し、旧記焼失仕り、巨細の義はあい知れ申さず候えども、あい残り候書留・申伝えのおもむきをもって取り調べ」とある。すなわち、役所の類焼に伴い古い記録が焼失し、委細が判明しないが、残存する書留と申伝えから調査したと解され、また各金銀の品位については「御隠密の儀」であるから答えられないとしている。

『佐渡志』の成立は1816年とされ、後藤光亨の「佐州仕立金銀図」は1816年以降の子年に比定されるから、後者は金座後藤の提出であるとはいえ『佐渡志』の編者田中葵園の成果の一部を引用しているとも考えられる。金銀の形態についての叙述は、はるかに『佐渡志』の方が具体的である。

さて佐渡では、江戸時代後期まで一時を除き連綿として小判・一分判が製造されていたことは、従来の研究史でほぼ一致しているが、それが「佐」字極印のある佐字小判であったかどうかについては流動的であった。しかし、『佐渡志』では慶長・元禄・宝永・正徳後期（享保）の小判はともに佐字小判であり、一分判も正徳後期（享保）一分判のみは佐字一分判であったと主張している。

(3) 収集界の定説

しかし、『佐渡志』本巻の慶長小判図には小判師極印が「利」と記され、文中では「六」・「馬」・「沙」とあり、両者は矛盾し、慶長小判と正徳後期（享保）小判を混同している可能性もある。貨幣収集界でも、慶長・元禄の佐渡小判の存否・形態については定説がなく、宝永小判は裏面向かって右下部に円形単郭に佐字極印が打たれ、裏面左下部の小判師と吹所棟梁の験極印の組合せを「又当」・「宝当」とし、正徳後期（享保）小判は裏面右上部に円形単郭に佐字極印、裏面左下部の小判師と吹屋棟梁の験極印組合せは「高神」・「又神」・「利神」・「筋神」の4種に限られると主張されてきた（小川1983）。

元文佐渡小判については、今西嘉寿知氏が「元文小判のなかには、正徳後期（享保）佐渡小判にみられた佐渡金座の座人の極印『筋』の打たれたものが存在し、しかもこの小判のたがね目は他のそれと若干異なっている。おそらくこの小判が、佐渡鋳造の元文小判であろう」とし、『佐渡志』によれば「元文佐渡小判には『佐』の字の極印が打たれなかったといわれる」と記している（今西1973c）。『佐渡志』を引用しながら、同書に註記される小判師・吹屋棟梁極印の組合せについて言及していないことに不自然さを感じるが、「筋当」極印の元文小判が写真で掲載されている。貨幣界では長らく、元文佐渡小判に共通して「筋」の座人極印のある説を受容してこなかった（小川1983）。

近藤守重編の『金銀図録』巻之2、正用品下の「同上（正徳後期＝享保）佐字小判金」の項には、「重さ四匁八分、その佐の字は佐渡にて吹くところなり」と註記され、「筋神」の2品を図示している。草間直方編の『三貨図彙』巻之9、金之部には「佐渡吹小判」（正徳後期小判か）として「量目四匁八分」とあり、「又当」の1品が、『同』巻之10、金之部にも「佐渡小判」（正徳後期小判か）として「重さ四匁八分」とあり、「筋神」の1品がそれぞれ図で示されている（前掲『日本経済叢書』巻27）。この限りでも、貨幣界で確認されていない正徳後期佐渡小判に「又当」極印の組合せが存在したであろうことがうかがえる。

そこで、まず『佐渡志』に掲げられる慶長以下の佐渡小判・一分判が存在しえたのか、また小判裏の小判師・吹屋棟梁の験極印についての註記が、事実として確定できるものなのかの検証が課題となろう。以下客観史料を使用し、『佐渡志』の史料批判を通じて佐渡小判・一分判について検討していきたい。

3．佐渡金銀山の開発と後藤役所の創設

(1) 佐渡金銀山の開発

　近世佐渡の鉱山史は、麓三郎氏・田中圭一氏の研究に詳しい（麓 1956、田中 1986）。佐渡における金貨製造の背景を知るために、主として田中氏の研究を批判的に参照しながら、鉱山開発の推移についてまず見通しておこう。

　佐渡は戦国末期から越後の大名上杉景勝（1555～1623）が領有し、1598年（慶長3）会津に転封されたのちも、しばらく領有が続いた。しかし1600年9月の関ヶ原（現岐阜県関ヶ原町）の戦で、徳川家康（1542～1616）が天下を手中に収めると、佐渡は徳川氏の直轄地となり、同年12月所領受け取りのため、田中清六正長（？～1614）が佐渡に派遣された。田中は越前敦賀（現福井県敦賀市）を本拠とし、廻船業を営む初期豪商で、この直後佐渡の代官を命ぜられたのであった。

　佐渡代官には1601年田中と、上杉旧臣で従来から佐渡の地方仕置を担っていた河村彦左衛門吉久が、翌年さらに吉田佐太郎守貞・中川主税が任ぜられた。陣屋は、上杉氏領当時に設けられた鶴子の外山陣屋を踏襲し、4代官が交代して勤番した。代官の分担は吉田・中川が地方（農村）・浦方支配を、田中は鉱山開発とその支配をほぼ専管とし、河村が全般を補佐したとみられる。上杉氏領下の佐渡では、僅少の砂金しか採取されなかったと伝えるが、田中の開発手腕にはめざましいものがあり、1602年にははやくも鉱山運上銀（営業税）が1万貫匁に達し、実際の生産高はその2倍の銀2万貫匁に及んでいたものと推定されている。

　この鉱山活況の背景には、旧式の竪穴掘や釣し掘にかわって、坑道掘（横穴掘）を採用するという採鉱技術の革新はあったが、それだけではなかった。田中は、従来の特定山師（山主）による排他的鉱山経営を否定し、技術と資本のある新規山師に鉱山を開放し、試掘を自由に行わせたのであった。そして、山師が鉱脈を発見すると、試掘費用を回収させ、その功労に報いる意味から、一定期間の独占的採掘を許可した。しかし、その採掘期間が満了すると採掘権を収公し、あらためて標準10日単位の採掘権を一般山師に競争入札させる仕法を実施した。この仕法は、山師に運上銀を書き上げさせることで競争入札に付し、落札した山師に採掘を許すという運上入札制であった。鉱山の活況は、この運上入札制が奏功したものと考えられている。

　ところが、この仕法は同時に鉱山の荒廃化を進行させる結果となった。運上入札仕法下にあっては、山師にとって増産のみが至上目的とされ、採掘施設インフラへの配慮と資本投下がもたらされず、はやくも多くの間歩（採掘場）で坑道水没がひきおこされたのであった。他方、鉱山の荒廃による運上減は、そのまま1602年の年貢5割増徴策として農村に転嫁され、その矛盾は、百姓の江戸愁訴となってあらわれた。この結果、4代官のうち吉田は切腹、中川は改易、田中と河村は御暇となった。

　この後、佐渡を支配したのは、各国の検地を担当し、はじめ石見、のちには伊豆および陸奥南部の鉱山開発に実績をあげた代官頭の、大久保石見守長安（1545～1613）であった。大久保は、各種の職人集団を擁した技術官僚（テクノクラート）の先駆者と評価される人物であるが、佐渡へは家臣の宗岡佐渡・大久保山城・吉田出雲・小宮山民部を目代（代官代理）として派遣した。そして、1603年陣屋を相川（現佐渡市）に建設しはじめ、翌年落成すると鶴子陣屋を廃した。

　大久保の鉱山政策は、佐渡の間歩を「自分山」と「御直山」とに区別して運上の増徴をはかるものであった。まず、「自分山」には大規模な設備投資を必要とせず、山師が小資本で十分操業できる間歩があてられ、前もって応分の運上が課せられた。次に

「御直山」は主として前代に荒廃した間歩を対象とし、その復興をはかるために設定され、公費で大規模な設備投資を行い、また採掘資材を公給し、山師を雇って操業させるものであった。「御直山」は、いわば佐渡代官の直営間歩であったわけで、採掘された鉱石は一定の割合で代官（幕府）と山師とで配分するという荷分け制がとられた。大久保の鉱山経営の特徴は、公費を投じて大規模間歩の開発を実施した、この直山制の導入にあり、一定の成果を収めた。しかし、1610年（慶長15）頃までには鉱山の坑道が深くなり、その結果施設整備費が膨張することとなり、経営不振を招いた。こうして、1612年には運上銀も1,800貫匁を割るようになった。

1613年（慶長18）大久保が病没すると、佐渡の鉱山は代官の請負経営から幕府の直轄経営となった。幕府は、即座に大久保の旧臣で佐渡鉱山の開発に従事していた田辺十郎左衛門宗政（旧名大久保山城）を御家人に召し抱え、鉱山支配にあたらせた。そして、間宮新左衛門直元を江戸から派遣し、まず大久保の実施していた「御直山」への採掘資材の公給制を廃止させた。つづいて、荷分け制の配分を一率に2分の1公納とした。ところが、これらの政策変更はたちどころに山師の経営を圧迫し、それは「御直山」経営の危機となってあらわれ、運上銀も1615年（元和元）2,578貫匁余であったものが、翌年には815貫匁余に急落してしまった。なお、間宮は1614年の大坂冬の陣で没したため、1616年後任に安藤弥兵衛次吉が任ぜられた。

『佐渡年代記』に収められた1616年（元和2）4月8日の老中奉書によれば、代官の安藤と田辺は鉱山経営の不振を職務上認めたくなかったためか、3月23日付の書状で次のように報告していた。すなわち、「銀山の鏈（鉱石）数過分に出で、いよいよ山盛り申すべし」としたため、また西三川鉱山の開発も軌道に乗り、運上もできるようになろうと楽観的な見通しを述べ、事実として西三川の運子間歩では1カ月につき砂金400匁をもって山師が請け負いに応じたとしている。しかし、事態はこの時すでに深刻なものであったにちがいない。同年中には経営を破綻させた山師たちが、ついに江戸に愁訴してその窮状を幕閣にさらしたからである。

こうして幕府は翌年、鎮目市左衛門惟明（1568～1627）ら3名を佐渡に巡察させ、田辺と安藤を罷免し、かわって鎮目と竹村九郎右衛門嘉理（1566～1631）が佐渡奉行に任ぜられた。鎮目と竹村の鉱山経営は、山師に採掘高に応じた課税を行う歩合運上仕法を展開したことに特色があった。これによって、山師の操業が刺激され、巨富を得る機会が増大した。次に新規鉱山の開発にも着手し、山師・大工（坑夫）・穿子（雑役夫）に公金貸付を実施して鉱山振興にあたった。さらに、かって大久保の仕法として始められた、「御直山」と「自分山」に区別した鉱山の保護・振興策を復活したこともあげられる。

ところで、鎮目は甲州武田の遺臣で、1582年（天正10）家康の甲斐入部に伴い15歳で召し抱えられている。1600年（慶長5）の信濃上田城（現長野県）攻めでは秀忠に付属して「七本槍」の1人として賛えられたほどの武勇の士であったが、軍令違反で一時上野吾妻（現群馬県）に蟄居させられている。1601年赦免され、翌年加増により1,600石を知行する旗本として大番組頭となった。大坂の陣では使番を勤めて首1級をあげ、1817年佐渡奉行に任ぜられたのであった。

他方、竹村は大和竹内村（現奈良県）の出身であったが、のち大久保長安の家臣となり、大久保氏失脚後は幕府に召し抱えられ、1617年佐渡奉行となった旗本で、1,000石を知行したという。竹村は、さきに佐渡代官を勤めた田辺とともに大久保旧臣であり、大久保がいかに有能な鉱山技術者を擁していたかがうかがえる。鎮目と竹村の鉱山政策は、その意味からも大久保の政策を修正し、継承するも

のではあっても、けっして全面的な変更を伴うものではありえなかった（西脇2013）。

（2）小判製造の建議

『佐渡風土記』1618年（元和4）条には、「鎮目市左衛門殿支配十ヶ年の間、銀山大盛り、前後にこれ無きことなり」と見え、鎮目の代官在任期間であった1618年から1627年（寛永4）の10年間は、1カ年の運上銀が8,000貫匁余にのぼったと賛えられている。この業績は、記録に残る運上高のうち、銀だけをとりあげても、1616年（元和2）815貫余であったものが、翌年には2,098貫匁余、さらに1618年3,088貫匁余、1619年2,903貫匁余、1620年3,741貫匁余、1621年6,230貫匁余、1622年5,491貫匁余、1623年5,278貫匁余と見え、筋金・砂金・小判による運上を含めれば、1カ年の運上銀8,000貫匁余は銀換算による客観的な数値であることが理解できる。

『佐渡年代記』1618年条にも「鎮目市左衛門支配の内は金銀山極めて盛んにして、一年の出高七、八千貫目に至りし程なれば、一十を日千百貫目以上出し（候）間歩もあれり」と記される。「一十日」とは、1カ月を10日単位で設けた採掘期間のことをいうが、実質9日稼業の間歩で1,100貫匁以上の銀が産出したものと推算している。

ただし、この鉱山開発の手腕を鎮目に代表させているのは、鎮目が竹村より格が上で、しかも支配の実権を掌握していたためではなかろうか。ことに鎮目は、山師で巨富を築いた味方但馬と結託していたようで、大久保旧臣であることに負い目をもつ竹村の意見を無視することもあったという。そして、佐渡における小判の製造についても、鎮目の建議によるものとして伝えられている。

『佐渡志』によれば、従来、山師から公納された鉱石は佐渡で製錬され、はじめ金は竹流金という筋金に、銀は灰吹銀（山吹銀）に鋳造され運上にあてられていた。また、砂金は現物を和紙に包んで4匁5分を金1両、45匁を1枚（金10両）と定めて運上されたという。このうち竹流金については、1621年（元和7）の鎮目・竹村連署触状によれば、この年正月朔日運上屋の延金85本が盗難にあったことが知られ、詳細が判明する。

すなわち、延金の形態は「板の如くに延べ候金」、「長さ六寸ばかりに竹流しと申す筋金にて候、壱つについて三百目、四百目ずつ」と見え、延金とは竹流しの筋金で長さ6寸（約18.2cm）、量目300～400匁（約1,125～1,500g）であった。他方、佐渡では通貨が乏しく、鉱山入用金の支払いに差し支えていたため、代官の命により、銀の一部は笹吹銀に鋳造されていた。この笹吹銀は、『佐渡年代記』1604年（慶長9）条に「山出しの切銀を薄く打ち延べ置き、入用の程はからい、鋏みにて権衡（秤）にかけ通用せしなり」と記され、秤量切り遣いの延銀であったことがわかる。

1619年（元和5）佐渡一国限りの通貨として、極印銀（印銀）が鋳造され、これが鉱山入用金の支払いにあてられるようになると、佐渡以外でも活躍する遠隔地商人や山師の出国の際、極印銀と交換すべき全国通貨の大量準備が必要となった。そして、それは従来からとられていた佐渡の筋金・灰吹銀を江戸に廻送して小判・一分判に換金し、再び佐渡に戻すという方法によって金貨で供給され始めたのであった。ここでいう筋金・灰吹銀は運上高に含まれるものではなく、山師から強制買収したものに限られた。つまり、佐渡で生産され山師の収益となった筋金・灰吹銀は、極印銀をもっていったんすべて奉行所に買収され、その統制下に置かれたのであった。

こうした背景のもと、1621年（元和7）鎮目は筋金を小判・一分判と交換するための海上輸送は危険が大きいと主張し、幕閣に現地佐渡での小判製造を建議したのであった。海上輸送の危険性とはもっ

ともな理由づけであるが、このほかに相川町人の吹屋を起用した幕府直営の公儀筋座で当時不正が横行していたこととも無関係ではなかろう。

すなわち、はじめ代官は相川の町人吹屋に筋座・請座を許して、佐渡で採掘された鉱石を筋金・灰吹銀にするための製錬と鋳造を、特権的かつ独占的に請け負わせていた。ところが、吹屋が鉱石の品位を不当に低く評価して、筋金の横流しを行うなど不正があとをたたなかったため、1618年（元和4）筋座・請座を廃止し、筋金の公儀座を創設したのであった。しかし、公儀筋座でも不正らしき徴候があらわれてきた。1620年江戸に輸送して小判に換金した筋金が、佐渡で換金した筋金と較べて320両も高かったため、当時在府していた鎮目が佐渡の竹村に「筋座役人の吟味届き兼ね不念」と申し送っているからである。筋座役人であった町人が、不当な安値で筋金を佐渡で買収していたのである。翌年の記録にもこの行為によって、佐渡では筋金の抜売（ぬけうり）（国外への密売）がふえたとされ、鎮目は適正な相場で筋座役人が買収するよう竹村に指令している。そのような意味からすれば、江戸の金座町人を佐渡に招き、小判を製造させることは、公儀筋座と金座が競合する面もあり、一定程度筋座役人の職権乱用を抑制する効果も期待されたと考えられる。

鎮目の建議は、その年の7月20日に許可され、金座の後藤庄三郎光次の名代として手代の後藤庄兵衛・山崎三郎左衛門などが、小判師・吹屋棟梁など職人集団を率いて佐渡に赴任した。こうして後藤役所（庄三郎役所・後藤座・小判所・小判座）は、奉行所陣屋に近接した旧大久保長安陣屋跡のうちに建設された。また、小判製造開始までの鉱山入用金として、この年幕府御金蔵（おかねぐら）から小判3万両が奉行に貸与され、鎮目の手代伊藤勘右衛門が参府して受領した（西脇 2013）。

（3）佐渡小判製造の本格化

1622年（元和8）5月になると小判製造が本格的に開始されたとみられ、庄三郎の手代浅香三十郎が加勢のために佐渡へ赴任している。浅香はこの時、5月12日付の後藤から鎮目へ宛てられた書状と、帷子（かたびら）5、南部諸白（もろはく）（上酒）3樽の進物を託されている。後藤の書状によれば、鎮目が換金のために送った銀子（ぎんす）が4月23日に到着したこと、前年佐渡に赴任した手代の山崎へは、母が江戸で発病したため、帰府を許可したことの申し送りなどのほか、「そこもと、若きものどもばかりに御座候あいだ、万事しかるべきよう御指図なされ下さるべく候。ひとえに頼み奉り候」と、派遣した手代衆・職人に対する心遣いが示されている。

こうして、佐渡の後藤役所では江戸から赴任した手代衆のもとで、小判師・吹屋棟梁の職人たちが小判の製造を開始したのであった。なお、後藤役所は佐渡金座とも称されるが、それは佐渡奉行所直営の金座というわけではなく、あくまで奉行所の御用達をつとめる江戸金座の出張所であり、製錬・鋳造・細工工程をはじめとして、その強い統制下にあったことはいうまでもない。また、身分的には手代衆をはじめすべての職人は町人であり、後藤役所と称しながらも、江戸金座の出店的性格をあわせもった。ただし、手代衆のみは佐渡の町年寄や絵図師などと同様に奉行所の御雇町人（御用達町人）とされ、その待遇は苗字帯刀の許された士分格で、奉行所役人並であった。したがって、後藤役所は江戸の金座と、佐渡奉行の双方から統制を受ける立場にあった。

小判製造は、はじめ筋金をもってなされ、砂金は奉行所が山師から買収した分のみがあてられ、運上砂金は現品のまま江戸に上納された。しかし、1637年（寛永15）からは運上砂金もその対象とされ、また山師の筋金・砂金も従来から強制買上制が施行されていたため、佐渡の産金はすべて小判に製造さ

以上のように、『佐渡志』に見える竹流金・砂金についての記述、および佐渡での小判製造が1621年（元和7）に開始され、はじめ小判は筋金のみをもって、1638年からは砂金でも製造されたとの記述は、ともに客観的史料でも検証可能な歴史事実と認められる。また、たとえば『佐渡年代記』1638年条では、砂金714匁を小判149両余と換算しており、砂金4匁7分9厘が小判1両と等値されるが、これは単純に慶長小判の量目4匁7分6厘をもって換算しているにすぎない。砂金の品位が慶長小判の品位と一致するとは考えにくいから、編者の錯誤とみなされる。それに対して『佐渡志』では「この時砂金は六匁三分四厘を吹いて、慶長小判一両になるといひ伝へたり」と記され、砂金の品位が推計63.9％であることを知らせてくれる貴重な史料ともなっている（西脇 2012）。

(4) 佐渡小判の製造と形態

1621年（元和7）佐渡での小判製造が幕府によって許可され、その製造が本格的に開始されたのは翌年のことと考えられる。しかし、その製造方法・製造高、および小判の形態などを知ることのできる完備した史料は、いまだ発見されない。また、従来の研究史は1621年に佐渡で小判製造が許可されたことのみ一致しているが、それ以外の佐渡製造小判をめぐる考察はまったくなされていない。そこで、『佐渡風土記』と『佐渡年代記』を中心にして、佐渡における小判製造の様相を可能な限りで復元していく手法をとることとしたい。

まず、慶長小判の製造方法については、資材に筋金・砂金があてられたこと、製造のための薪炭などの供給は奉行所が保障したこと、および製造は後藤役所が独占して請け負い、後藤役所内の小判所で行われたことなどが判明するが、当時における技術的な面については、史料が欠如し、未詳とせざるを得ない。

なお、享保期（1716～36）頃に成立したとみられる佐渡奉行北条新左衛門氏如の『佐渡御用覚書』所収「金銀吹立様の次第」（佐渡郡教育財団文庫写本、『佐渡相川の歴史』資料集7、1978年相川町）によれば、当時小判製造の原則的な請け負いは、後藤配下の小判師が競争入札して決める仕法がとられていた。また、筋金・砂金の品位は、奉行所直営の筋座の役人と金座小判師による「問吹」（品位鑑定）を経て公定された。このように後藤役所は、奉行所の

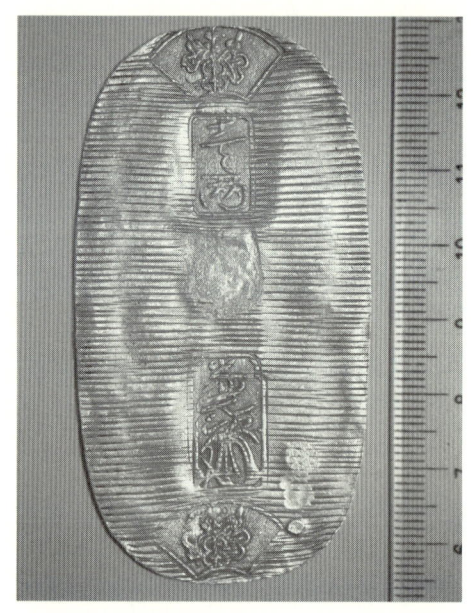

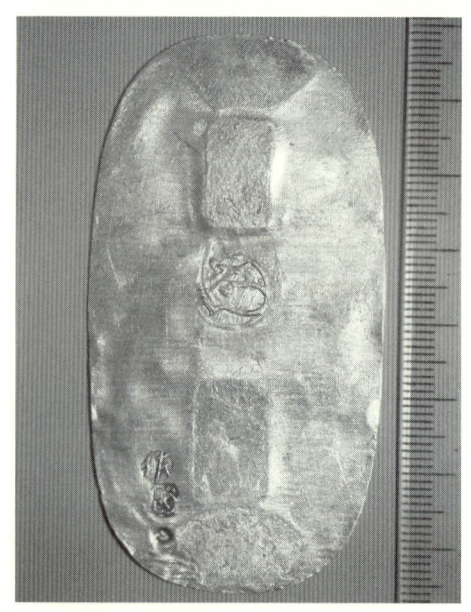

図1　慶長佐渡小判（個人蔵）
　　上：表、下：裏　＊原寸

表1 佐渡小判の製造と形態

種　類	製造期間……延べ年数	製　造　高	「佐」極印	小判師極印	吹屋極印	確認される極印組合
慶長小判	1621年(元和7)～95年(元禄8)……75年間	約145万両　小判　138万両　一分判　7万両	裏面　小判師極印の位置	佐	神・当	佐神・佐当
元禄小判	1701年(元禄14)～10年(宝永7)……10年間	推計20万6,565両2分余	裏面　右上端	六・馬・沙	神・当	なし
宝永小判	1711年(正徳元)、1715年(同5)～16年(享保元)……3年間	推計3万1,139両2分	裏面　花押極印の右下	又・宝	神・当	又当・宝当（ともに再検討の余地あり）
正徳後期小判（享保小判）	1716年(享保元)～24年(同9)……9年間	約3万3,600両（一分判を含む）	小判・一分判とも　裏面　右上端	又・利・高・筋	神・当	又当・又神・利神・高神・筋神
元文小判	1746年(延享3)～1819年(文政2)……74年間	推計21万2,859両1分　小判　14万9,001両　一分判 6万3,858両1分	なし	筋	神・当	筋神・筋当

強い統制下に置かれ、小判師・吹屋棟梁からなる複数の職人集団相互を競合させながら小判の増産をはかったのであった。したがって、小判師・吹屋棟梁などの職人は、けっして世襲して佐渡に常駐したわけではなく、原則的には江戸金座との間で人事交流がなされるべきものであった。しかし当初から、あるいは後世になると、小判製造の競争入札制は形式でしかなくなり、小判師が交代して請け負うにすぎず、また、小判師・吹屋棟梁など職人上層が、ほぼ固定した家々の世襲と化したのであろう。そしてその反映として、小判裏面の小験極印の組合せが固定したとの『佐渡志』の叙述を生みだしたと考えられる（西脇 2000）。

紙数の関係があるので検証の詳細は拙著に譲り（西脇 2013）、結論として佐渡で製造されたすべての小判の製造期間や形態等のデータを表1に、オランダ・ユトレヒト貨幣博物館所蔵の慶長佐渡小判を口絵20として掲げた。なお、この小判に限っては裏面の「佐」字極印の位置が上下逆転して打刻されている。また、表面の中央部にライオン像極印が加打刻されており、オランダ領インドシナの現地通貨として再通用させられたことが判明する。

前頁の慶長佐渡小判、口絵21の正徳後期（享保）佐渡小判と同19の同一分判は、いずれも日本国内の個人所蔵である。

4．佐渡小判の製造工程

(1) 正徳後期（享保）佐渡小判

前掲『佐渡御用覚書』は、佐渡奉行の北条氏如が在任した1715年（正徳5）から1722年（享保7）を中心とする公文書と公務覚書の集成であるが、このなかには佐渡小判所における正徳後期（享保）小判の製造工程を具体的に明らかにしてくれる2件の重要史料が収録されている。それは、1716年（享保元）5月の「小判所焼金ならびに塩銀吹分仕立様の覚」、および佐渡地役人蒲原六郎次（1684～？）の手になる、ほぼ同年代の「金銀吹立様の次第」である。

まず、「金銀吹立様の次第」（1714年「諸役人勤書」小判座役条で若干補完）によれば、「買石」（製錬業者）を経て運上されたり、買い上げられた「筋金」（棒状の金塊）は、次のような方法によって公定品位が決定され、次いで小判製造の請負人の入札が実施されていた。

すなわち、筋金の品位公定は、小判座役2名の職務であり、原則として御運上屋に納められた筋金のうち、問筋金箱に保管されていた1カ年分の「問筋金」（1本500匁＝1875g）を、筋座役配下の御雇町人である筋見3名が受け取り、小判所（小判座）

へ持参することからはじめられた。小判所では、この問筋金を個別にすべて熔解する「惣吹」が行なわれた。惣吹には、佐渡奉行所の月番役・町方役・地方本〆役・目付役、および小判座役人が立ち会った。また、惣吹には筋見のもとで、小判製造の請負を希望する町人（金座の小判師）も集められた。

惣吹を経て鍛造された個別延金は 4 分割され、鬮引きで 1 片は筋見に、2 片は小判製造請負の入札に参加する御用達町人 2 名に渡され、残る 1 片は御運上屋へ保管された。こうして筋見と町人の合計 3 組がそれぞれ延金を製錬し、金品位の鑑定にあたった。なお、御運上屋に保管された延金は「四歩一切留」と称され、もし筋見と町人が品位をめぐり対立した場合、これを第三者の御用達町人に渡して製錬させ、その適否を判断するための予備金であった。

こうして、3 組は金品位（金位）の結果を目録に認め、奉行所の御広間に提出し、そのうちの最高金位が公定金位と決定されたのであった。そして、奉行所はこの公定金位をもって、小判製造請負を希望する御用達町人にあらためて競争入札させ、入用銀をもっとも安価に書き上げた町人の落札となった。落札した請負町人は、奉行所の御広間で誓詞を提出し、毎日小判所役人の立ち会いのもと製錬・細工・色付などの小判製造に従事した。佐渡奉行所と小判所（小判座・後藤役所）・筋金座との関係は、図 1 のように理解できる（西脇 2000）。

さて、「小判所焼金ならびに塩銀吹分仕立様の覚」では、小判製造の工程について 15 カ条にわたって詳記され、「金銀吹立様の次第」では 11 項目にわたって詳記される。以上 2 件の史料を総合すると、佐渡小判の鋳造・鍛造工程は、以下のように要約できる。

① 筋金焼様・砕筋

まず、筋金が佐渡奉行所の御金蔵から請負町人（小判師）へ渡される。請負人は吹屋に筋金を持参し、配下の吹屋職人を監督して製錬・鋳造を開始す

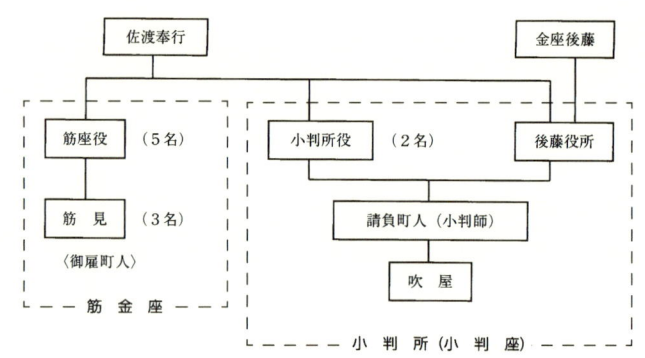

図 1 佐渡奉行所と小判所・筋金座

る。製錬は筋金 5 貫匁程（約 18.75kg）を「火床」（熔鉱炉）へ入れ、鉛 50 匁程（約 187.5g）を加えて行われる。再び固められた筋金は取り出されて「鉄盤」の上に置かれ、「摺石」で砕かれる。砕かれた「砕筋」は「金通し」か「馬の尾ふるい」でふるい分け、塵と微塵を除外して「砕金」（砂金）を得る。この時に出た塵と微塵は、再び火床のなかへ入れられ、同様の手順をもって砕金を得る。

② 砕金焼様

砕金は、「地塩」を混ぜ合せ土器に盛りたて、長さ 2 間（約 3.6m）・幅 3 尺（約 0.9m）の土を掘って竈とした「大工竈」（焼竈）に渡し、炭火に掛けて規定金位になるまで製錬される。ふつう夜明けから日暮れまでの五つ時（約 10 時間）製錬し、これを 5 日間続けると公定品位の「焼金」が得られる。

なお、史料による各小判の金位に対する最終的な各焼金の金位は、慶長小判の金位 86.8% に対して 86.6%、元禄小判の金位 56.9% に対して 56.8%、宝永小判の金位 84.3% に対して 84.3%、そして正徳後期（享保）小判の金位 86.8 に対して 81.3% と逆算でき、通行の小判の金位に近似していた（西脇 2013）。

③ 金・銀の分離と焼金の採集

焼金は土器から取り出されると、塩水のはいった「金樋」に流し込まれ、足で踏み溶かされる。この時、金は樋底に沈殿し、銀は塩水に混って「大樋」へ流れ込むため、この作業をくりかえして焼金を集める。この焼金はいったん和紙に包まれ、水を絞る

ため「水紋の筋」と称される。

④ 揉金・寄金・位金・一枚物・吹入

「水絞」を経た焼金は湯で何度も洗われ、塩気・砂気を除く「揉金」がなされる。そして、焼金は「吹床」（製錬炉）に一括して入れられ、熔解されて「寄金」にされる。寄金は小判の金位と合致するよう製錬され、その良品の一部は40匁程（約150g）の「壱枚物」（板金）にされ、後藤役所（小判座）に提出される。この壱枚物が後藤の金位検査に合格すれば、「後藤極印」が打刻されて返却され、吹屋ではそれを「手本金」（見本金）として順次「大床」で製錬する「吹入」を開始する。なお、公定品位の「位金」16～17貫匁程（60～63.75kg）を製錬するためには、5～7日を要したという。

⑤ 竹流金

位金は鉄の流基（鋳型）へ流し込む「竹流」が行われ、長さ1尺3寸（約39.4cm）、幅3寸程（約9cm）に鋳造されて「竹流金」を得る。

⑥ 延金

「竹流金」は2片に切断され、1片につき長さ2尺3～4寸（約70cm）、幅2寸（約6cm）に鎚で打ち延され「延金」とされる。延金は再び後藤役所に提出され、金位と銅気抜きの検査に合格すると、「極印」（図2参照）が周囲一列に打刻されて「留金」となり、小櫃に保管された。

⑦ 荒切・小様

留金は、小判所で「小様」の職人が「極印」を必ず一つずつ残し、しかも小判1両の量目になるよう小様（目算）して「荒切」される。

⑧ 釣子金・打替金

「荒切金」（小様金）は吹屋に交付され、吹屋職人は「極印」のない片方を打ち延べ、半小判形に整形して、「釣子金」（杓子金）とする。杓子金は吹屋から後藤役所に提出され、小判1両以上の量目があれば打ち延べた杓子面に「打替判」（打替極印）が打刻され、「打替金」として小判所に渡される。

⑨ 本様

打替金は、小判所で1両につき正目4匁7分7厘（17.9g）となるよう「秤ためし」（本様、天秤による秤量）がなされ、量目が調整されて吹屋に交付される。

⑩ 石延・茣蓙目打・青小判・打込

吹屋は、「打替金」のうち先に打刻された「極印」のある部分を打ち延べる「石延」を行って小判形に整え、つづいて表面に鏨で「御蓙目」（茣蓙目）を打ち「青小判」（銀白色の小判）とする。この際、小判1両の「本目」（公定量目）に満たない「軽小判」には「足金」（金補填）を施す「打込」を行う。なお、本目の青小判が完成した時点で、吹屋棟梁と請負町人（小判師）が験小極印を小判裏面の向かって左下端に打刻したと考えられる。

⑪ 桐判・色付・究判

青小判は吹屋から後藤役所に提出され、「打替極印」の改めを受けて検査に合格すると「桐判」（扇桐紋極印）が打刻され、吹屋へ交付される。吹屋では青小判に「色付」（色揚）を施し、小判を完成すると後藤役所に再び提出し、最終検査に合格すれば小判に「究判」（表：壱両極印・光次花押極印、裏：花押極印・「佐」字極印）が打刻され、後藤の「百両包」に包封され、請負町人から奉行所の御金蔵に上納される。

なお、以上の小判鋳造・鍛造の工程は一分判にも適用されたという（西脇 2013）。

これら正徳後期小判・一分判の製造方法とその工程は、佐渡小判所に固有のものではなく、江戸金座と共通するものである。江戸金座には元文金・文政金・天保金の製造については史料が残るが、それ以外の史料は伝存が確認できない。その点、金座の小判製造史の空白を埋める上で、佐渡伝存の史料が新たな歴史事実を提供してくれた（西脇 2000）。

(2) 元文佐渡小判

つぎに、元文佐渡小判の製造工程を『小判所仕様ならびに演説書』（国立公文書館内閣文庫蔵）から明らかにしていこう。なお、工程は小判の品位に定まった竹流金鋳造以降のものを掲げることとする。

この史料は記載がきわめて詳細にわたるが、残念ながら今日まで史料紹介すらされなかった。また、『ひとりあるき』中（巻）所収の「筋金・砂金小判に仕立方手続」にも、元文佐渡小判の製造記載があるので（田中 1986）、あわせて考察したい。

以上2件の史料を総合すると、元文佐渡小判の製造工程は次のようなものと整理できよう。佐渡小判所の間取については図3を、細工道具については図4を、小判製造の作業風景については口絵14～18（『大日本貨幣史』三貨部附録12、佐渡採鉱図部第2、1876年吉田賢輔纂述・大蔵省発行）を、小判・一分判の細工工程については図5（著者作成）をそれぞれ参照されたい。

① 竹流金

まず、竹流金とするための鋳型（流基）である鉄製の「竹流台」（図4-①）を「金床」（製錬炉）の脇に水平となるよう置き、火で温めておく。次に「吹入」（熔解）した金を流し込む直前に「竹流台」の火を除け、その内側に油を塗り、「溜壺」を鉄の「長鋏」（図4-②）ではさんで汲み取り流し込む。流し込まれた金は即座に冷え固まるので、その上に塩をふりかけ、脇から「長鋏」ではさみ、順次金を流し込んで「竹流金」（棹金）を鋳造する。「竹流金」は量目を改められ、「延金」とする工程に移される。

② 延金

「竹流金」は火で何度も焼きなまして、「鉄床」（図4-③）の上に載せられ、その端を「長鋏」で固定しながら、向かいの1人と横の1人が「鎚刃ノ方」（図4-④の一枚鎚に相当）で打ち平らげる。こうして「半延」となれば、次に「鎚の平らめ」で打

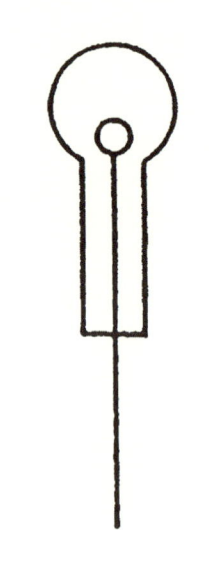

図2　留金極印

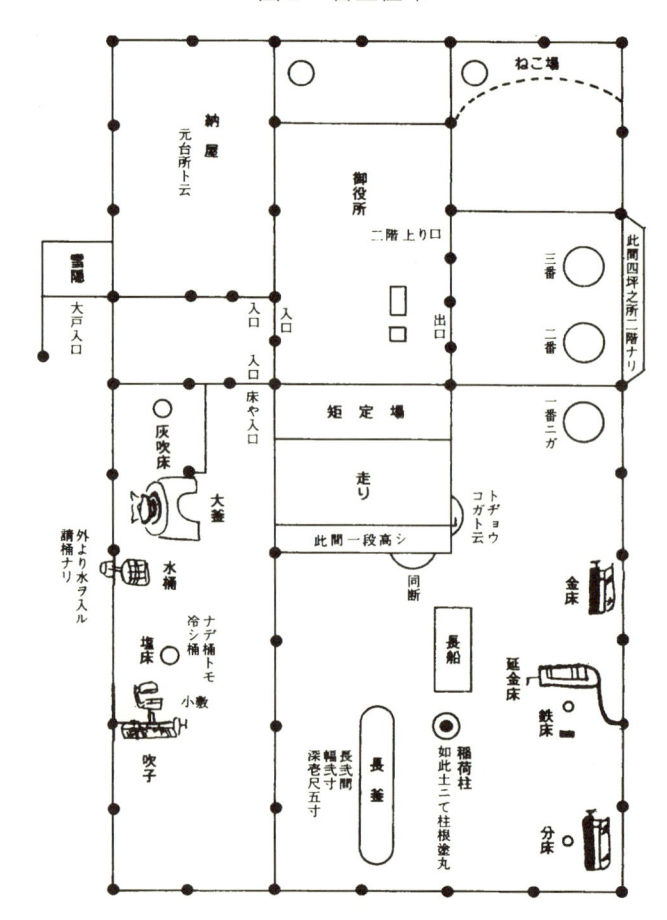

図3　佐渡小判所の間取

ち延され、長さ3尺余（約90cm）、幅2～3寸（約6～9cm）、厚さ1分（約0.3cm）の「延金」とされる。なお、この延金の工程には「小様」の職人が立ち会って延金の厚みを指図した。「延金」

が完成すると、塩を付けて「琢洗」がなされ、さらに塩を付けて焼きなおし、塩で磨かれ、最後に塩気が洗い落とされた。

③ 荒切

「延金」は量目を改められ、小判所役・筋見役によって後藤役所に持参されたが、後藤役所の手代が「銅気抜」をして銅気を改め、金位の「目利」（鑑定）をして合格となれば、「本成判極印」が打刻された。この極印は、通常小判の裏面に打刻されている「花押極印」と似かよったものとみられ、「延金」の両側1列に一定の間隔で打刻された。この「延金」は小判所の「小様」の職人に渡され、「延金床」で焼きなおしながら「台切鋏」（図4-⑤）で竪切りされ、長さ約1尺（約30cm）、幅約1寸（約3cm）の規格とされた。その「竪切延金」は量目約500匁（約1,875g）ずつ包み分けられ、いったん筋見役の秤量をうけて「小様」職人に渡され、「小（様）鋏」（図4-⑥）で各約3匁6、7分（約13.5〜13.9g）となるよう切断され、「荒切金」（小様金）を得た。「荒切金」は、「切出金」（切屑金）とともにすべて集められ秤量がなされ、当初渡された「延金」の量目と合致すれば、小判所役が「荒切金」を後藤役所に提出し、「切出金」は小判所役の「符印（封印）」をもって保管され、「延金」の再鋳造の際に利用された。一方、後藤役所では提出された「荒切金」の員数、量目を改めた上、吹屋へ渡した。

④ 釣子金

吹屋は渡された「荒切金」を吹きなまし、「石盤」（図4-⑦ナラシ台に相当）の上で極印のない片方を丸く小判形に打ち延し、杓子の形をした「釣子金」（杓子小判）とする。

⑤ 小判中様

「釣子金」は吹屋から小判所へ提出され、秤量に合格すると、「小様」職人に渡された。そして「小様」職人が「小秤」（図4-⑧）で金1両の量目である約3匁6分（約13.6g）に統一する「中様」を行った。「中様」が完了すると、「小様」職人から「釣子金」・「切出金」ともに小判所役人に戻され、渡した量目と合致するか秤量された。こうして「切出金」は小判所に保管され、「釣子金」は後藤役所に提出され、丸く小判形に打ち延した方に「打替」の意味で「葉桐判極印」が打刻された。この極印はおそらく裸桐極印であろう。そして、この「釣子金」は再び吹屋に渡され、その配下の「番子」職人が「石延」を行い、小判の形に整え、「打込鏨」（図4-⑨）で表面に「鎚目」（茣蓙目）を打ち「青小判」を得た。こうして完成した「青小判」の裏には吹屋棟梁の極印が打刻され、小判所へ返却された。

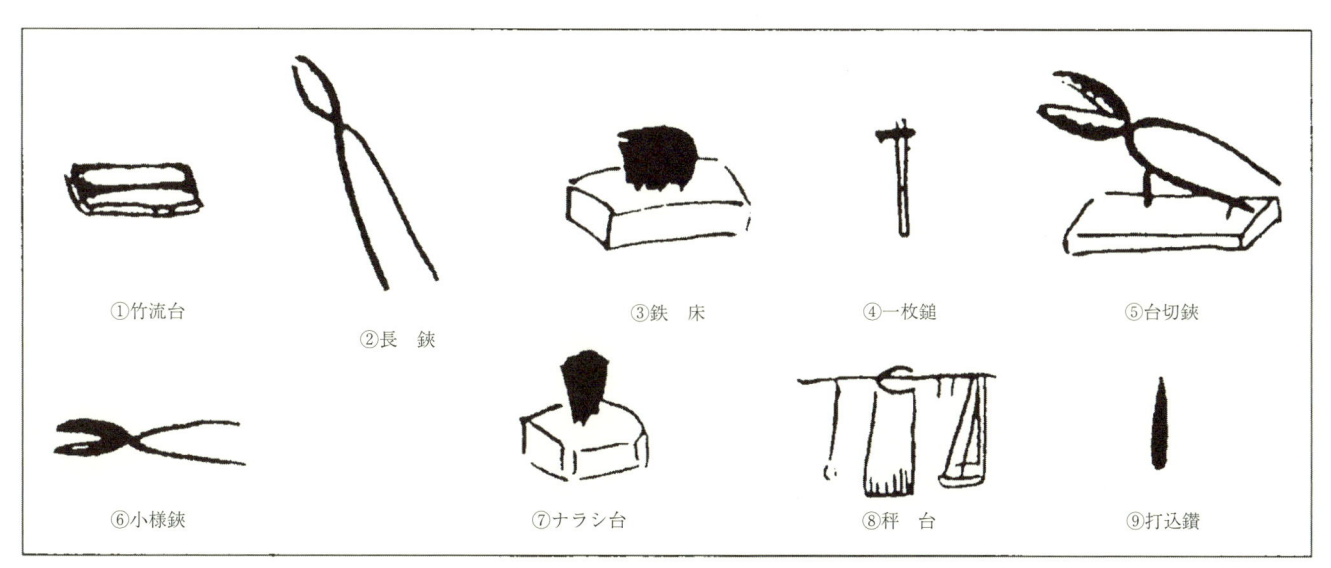

①竹流台　②長鋏　③鉄床　④一枚鎚　⑤台切鋏
⑥小様鋏　⑦ナラシ台　⑧秤台　⑨打込鏨

図4　佐渡小判所の細工道具

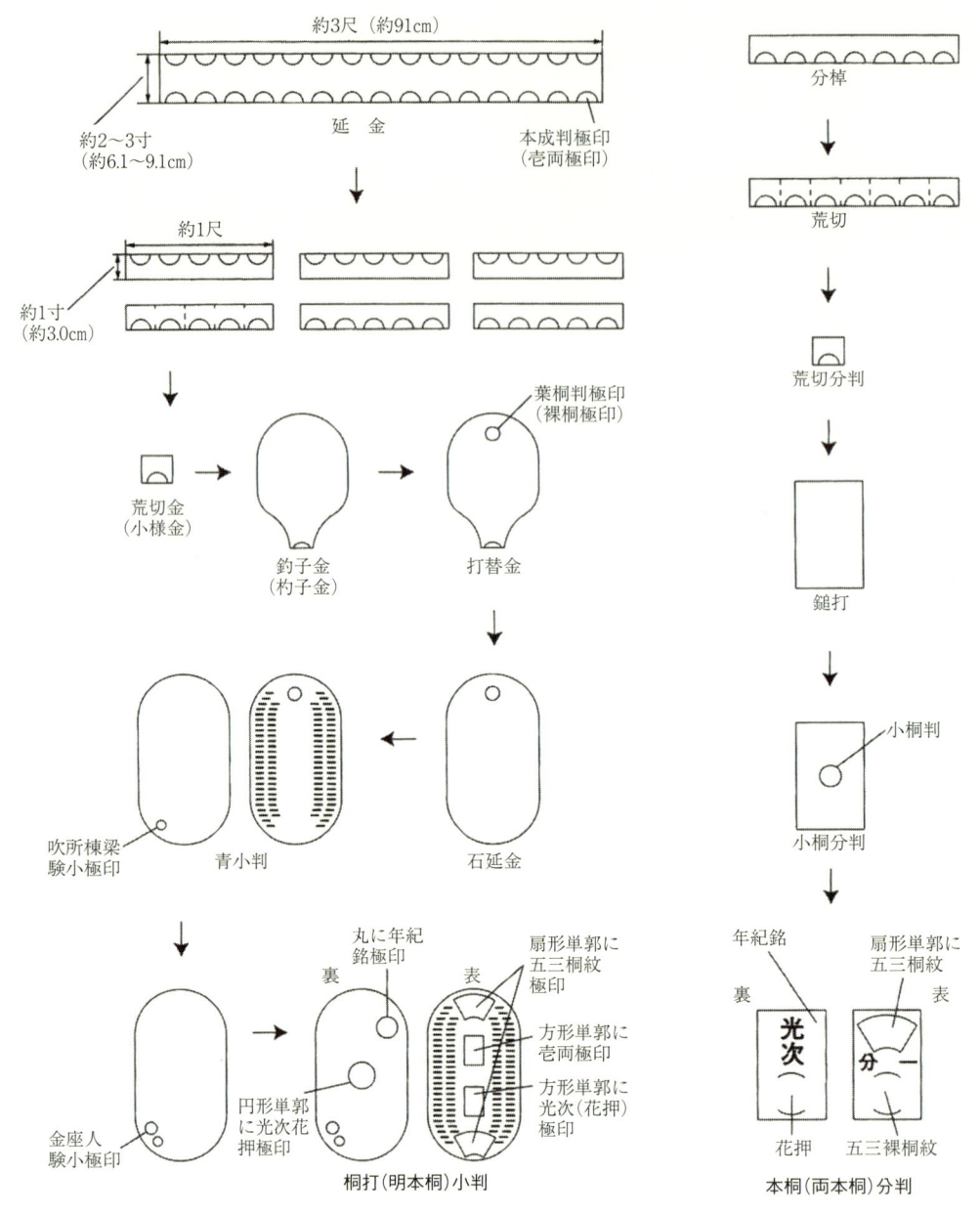

図5　元文佐渡小判・一分判の細工工程

⑥　小判真様

「青小判」は小判所で秤量され、「小様」職人に渡され、金1両の量目である3匁5分（約13.1g）に調整される「真様（しんだめし）」が行われた。この際の「切出金」は小判所に保管された。「真様小判」は後藤役所に提出され、後藤配下の「小様」職人が1両ずつ「小秤」で秤量し、量目の軽い小判（軽小判）を「青軽」と称して選別し、その分は「符印」（包封）にして小判所に返却した。

⑦　桐　打

「青小判」のうち量目の検査に合格したものは、後藤配下の職人がこれを「平均台（ならし）」（図4-⑦）の上に置き、まず裏面に筋見役が「吹屋極印」の上に並べて「極印」（「筋」字極印）を打刻した。次に後藤配下の職人が「文の字判」（丸に「文」字極印）、「成判（なり）」（花押極印）を打刻し、さらに表面に「扇桐の判」（扇枠に桐紋極印）を上・下に、つづいて「壱両判」（方形単郭に「壱両」極印）、「光次判」（方形単郭に「光次〈花押〉」極印）を打刻した。こ

れによって小判にはすべての極印が揃ったが、この極印打ちを「桐打」と称した。

⑧　端打・どうずり・色付

「桐打小判」は後藤配下の吹屋に渡され、形の良くないものは「端打」と称して、「桐判」を除けて打ち延され形が整えられた。「端打」された小判は、通常の小判と較べて「幅広」になったという。こうして「桐打小判」は、吹屋の手によって吹灰で「摺琢(すりみがき)」が行われたが、これを「どうずり」と称した。さらに、磨かれた「桐打小判」には「色付薬」が付けられ、「あぶりこ」の上で赤色となるまで焼かれた。赤色に焼けた小判は「切薬」が施され、塩を付けられ磨き落とす「塩ずり」がなされた。「色付薬」による焼き入れと「塩ずり」は数度くりかえされ、「色付」が完了すると乾燥され、「馬の尾」で「摺磨」がほどこされ、「色小判」が完成した。

⑨　軽小判打込

「青小判」・「色小判」となったもので、後藤役所の量目検査に合格しなかった「軽小判」は、後藤役所から「封印」（包封）にして返却され、小判所に一括して保管された。そして、小判所役人が「小様」職人を伴い後藤役所に行き、同所で「小様」職人に、量目不足を補うための「打込」を行わせた。その方法は、細い鑚をもって「軽小判」の中央に穴をあけ、量目不足の分を「切出金」（切屑金）を利用して埋め込み補うものであった。次にこの「打込」された小判（打込金）は吹屋に渡された。吹屋は小判を鋏ではさんで火にあて、「吹子」（鞴）をさして強く焼き、「打込」部分の表裏とも金が「涌合(わきあい)」（熔解）の状態になれば、「鉄床」（図4-③）の上に載せて打ち延し平らとした。こうして「打込」が完了すると、「真様」にまわされた。

⑩　包小判

「色小判」は吹屋から後藤役所に戻され、あらためて配下の「小様」職人が1両ずつ量目を検査した。次いで「改方」職人が10両、または100両ずつ量目を検査し、合格すると「庄三郎代りの者」（後藤手代）に提出された。後藤の手代は小判の寸法を「竹指(たけざし)」（竹製物差）で改め、1両ずつその形態と極印の善悪を検査し、それに合格すると「改方」職人に交付した。「改方」職人は小判を「百両包」にして封印し、小判所役人に渡し、御金蔵(おかねぐら)に上納された（西脇 2003）。

(3)　元文佐渡一分判

元文佐渡一分判の製造工程は、以下のようなものとして理解できる。なお、「分棹(ぶざお)」についての具体的な記述はないが、一分判用の棹金の呼称とみられ、小判製造の際の「延金」より幅がやや狭いものと考えられる。

①　荒　切

「分棹」（延金）が小判所で秤量されると「小様」職人がこれを受け取り、「小（様）鋏」（図4-⑥）で1枚約9分（約3.4g）となるよう切断し、「荒切分判」とする。「荒切分判」は「切出金」（切屑金）とともに秤量され、渡した時の量目と一致すれば、小判所役が「荒切分判」を後藤役所に提出し、「切出金」は「封印」をもって小判所に保管された。

②　小桐・真様

後藤役所に提出された「荒切分判」は吹屋に渡され、吹屋は分判の形態となるよう「鎚」で打ち整えて返却された。後藤役所では受け取った分判を1枚ずつ改め、それぞれに「小桐判」を中央に打刻する「小桐(こぎり)」を行い、小判所へ交付した。小判所では分判の量目を改め「小様」職人に渡し、「小様」職人は分判1枚につき約8分8厘（約3.3g）となるよう量目を調整する「分判真様」を行い、小判所役へ「切出金」とともに返却した。そして、「真様分判」は後藤役所に再び提出された。

③　本桐・色付・分判包

後藤役所では「真様分判」を配下の吹屋へ渡し、形態を調整させたうえ、やはり配下の「小様」職人

に1枚ずつ計量させ、規定の量目にさせた。こうして「改方」役人が「無疵」の「真様分判」と認定すれば、「桐判」（桐極印）を打刻する「本桐」がなされた。「本桐」は、「鉄のならし台」（図4-⑦）の上に「裏形極印」（光次花押極印）の型を据え、その上に「真様分判」を載せ、さらに「表形極印」（扇枠に桐紋と裸桐紋極印）の型を重ねて、表裏面ともに1度で打刻する方法がとられた。こうして「本桐」の完了した分判は、小判と同様の方法で「色付」がなされ、「小様」職人が1枚ずつ秤量し、規定の量目であれば「改方」職人が10両分と50両分に分けて再び秤量した。これらの秤量に合格した「色付分判」は後藤の手代が形態を改め、「改方」職人に渡され、五拾両包として小判所役に交付され、御金蔵に上納された。ただし、分判は「小桐」・「本桐」の後の「様」で量目が不足していても、小判に準じた「分判打込」はなされず、すべて「潰金」とされた。

なお、口絵14～18に見るように、小判所・後藤役所の役人・職人の服装には次のような身分・格式による差別があった。すなわち、小判所役・目付役は熨斗目・黒地羽織・袴に大小の帯刀、後藤の手代は熨斗目・黒地羽織・袴に脇差の帯刀、筋見役は熨斗目・浅地羽織に脇差の帯刀、小判師・吹屋棟梁は袴が許されたが、平職人には袴すら許されなかった。

以上のように、佐渡における正徳後期（享保）小判と元文小判の製造工程・方法は、基本的には同一であった。また、江戸金座における文政小判の製造方法とも同一であり、そのまま継承されていたことがうかがえる（西脇 2003・2013）。

江戸の金座では文政金の絵巻しか伝存しないが、佐渡では正徳後期（享保）金、元文金の絵巻と訳書が伝存し、鋳造・細工工程の詳細を解明する上で、貴重な文献・画像史料を提供してくれた。また、従来は小判の色付は元禄小判から施されていると思われていたが、正徳後期金で小判に色付が施されたと見え、正徳金が慶長金への復帰であったことからして、江戸幕府はじめての慶長小判にも色付が施されていたことを示唆してくれた。さらに、製造工程で小判の量目不足を補う「打込」技法についても、その詳細が判明した。

以上の通り、小判の成形は「鋳造」ではなく、叩いて延ばす鍛造であることはもはや明白であろう。小判「改鋳」や金貨「改鋳」などの表現も不適切であり、当時の用語「吹替」「吹直」か、現在の「改造」をもって表現されるべきと考えられる。

5．佐渡小判の歴史的意義

小判とは大判・中判に対応する名称であり、紙・書籍・布などの規格にも使われる。金属製品、しかも通貨であれば、小判はふつう1595年（文禄4）徳川家康の命によって、小判座（のち金座）という御用達町人の独占・特権組織ではじめて製造開始された、薄延板で楕円形をした小判金をさす。しかし、本稿で対象としたのは江戸の金座で製造された小判ではなく、佐渡で製造された小判金である。

もともと佐渡と小判は、切っても切れない縁がある。それは佐渡金山から産出した金を地金として、江戸時代を通して金座で小判に製造されたからだけではない。佐渡では、江戸金座の後藤役人や小判師・吹屋棟梁が、少なからざる配下の職人を引き連れて赴任し、江戸の幕府へ運上される地元産筋金をもって、ほぼ毎年出張所（小判所）において小判に製造して決済していたからである。江戸時代の佐渡には、金銀産出地としては唯一、「造幣支局」があったのである。

その事業は、1621年（元和7）金座の佐渡出張所の創設から始まり、元禄・宝永・正徳・元文期と数次にわたる幕府の金銀貨吹替令を受けて、1819年（文政2）までの実質199年間も続けられた。金

貨の吹替は金座でも担われたが、こちらは古小判を回収したり、市中に流通していた金下金(したがね)を原資としていたのに対し、佐渡の金座出張所では現地で産出したばかりの筋金を原資として、まったく新しく小判が製造されたのであった。しかも、江戸の金座では吹替令に伴って一時的に多くの職人を集め、幕府勘定所の請負高を数年で製造してしまえば、ほとんどの職人は解雇されるのがふつうだった。それに対して、佐渡では毎年の産金について運上が義務づけられたため、毎年筋金か小判に製造されて運上決済する必要があった。

なぜ、佐渡で小判が製造される必要があったのか。それは、金現送の手間と危険もさることながら、金山経営のために必要な、佐渡国外への支払準備金として全国通貨を備蓄する必要があったからである。すなわち、すでに佐渡では1619年（元和5）幕府の指示を受けて、佐渡一国限り通用の銀貨として印銀（佐渡徳通切銀）の鋳造と通用が開始された。これによって、佐渡国内では年貢諸役(ねんぐしょやく)の上納を含めて、印銀が強制通用させられ、全国通貨である小判・丁銀が佐渡奉行所へ吸収され、国外との決済用に備蓄される通貨構造となっていた。しかし、印銀との交換で備蓄された小判高はがいして必要を満たすことができず、江戸からの小判補給に依存しがちであった。そこで、この印銀政策を補完する目的から、代官鎮目惟明によって小判の佐渡での製造が建議され、幕府の許可するところになったとみなされる。このように、佐渡小判誕生は、佐渡印銀という通貨政策を円滑に運用する目的と、密接・不可分に連動していたのであった。

佐渡で製造された小判は、江戸時代から佐渡小判と通称され、民間でも珍重された。佐渡小判は、金座で製造された小判と形態・品位が基本的に同一であり、全国通貨として広く通用した。しかし、佐渡小判（慶長小判、宝永佐渡小判、正徳後期小判＝享保佐渡小判、元文佐渡小判は現存確認できる）には、裏面に円形単郭に「佐」字の験極印が打刻されたため、一般人にも容易に識別できた（元文佐渡小判は例外）。当時でさえ希少品・縁起物として、プレミアムをつけて取り引きされた記録が散見される。

しかし、その現物比定、学術研究での蓄積は、いささか心もとないまま、ずっと放置されてきた。近代以降になって希少性が高く評価されることで、多くの贋作や通常の小判に「佐」字極印を追刻したものが収集市場に横行するようになった。文献研究をもとに、どこまで佐渡小判について学術研究を深めることができるのか、それを試行したのが本稿の内容すべてである。また、佐渡小判の製造工程について、具体的に図解しながら詳しく述べたのもおそらく初めての試行であり、本稿の特徴の一つでもある。

参考文献

今西嘉寿知 1973a 「全国鉱山の統制」『図録日本の貨幣』2、東洋経済新報社。

今西嘉寿知 1973b 「元禄金銀の鋳造」1973c 「元文金銀の鋳造」『図録日本の貨幣』3、東洋経済新報社。

小川　浩 1983 『日本古貨幣変遷史』日本古銭研究会。

小葉田淳 1985 「佐渡鋳造の金銀貨、とくに印銀通用について」梅原隆章教授退官記念論集刊行会編『歴史への視点』富山桂書房。

こばしがわひでお 1980 「佐渡座の慶長小判」こばしがわひでお編『古銭の研究』第130・131合併号、古泉研究所。

田中圭一 1987 「佐渡金銀山」新潟県編『新潟県史』通史編3、近世1、新潟県。

田中圭一 1986 『佐渡金銀山の史的研究』刀水書房。

西脇　康 2000 「享保小判の製造工程から見た入札請負制と色付（色揚）技術—佐渡の史料から—」『金属鉱山研究』第78号。

西脇　康 2003 『絵解き金座・銀座絵巻』書信館出版。

西脇　康 2013 『佐渡小判・切銀の研究』書信館出版。

麓　三郎 1956 『佐渡金銀山史話』丸善。

麓　三郎 1960 「佐渡の金山」地方史研究協議会編『日本産業史大系』5、東京大学出版会。

第IV章 海を渡った佐渡金銀山絵巻

1．欧米人のみた佐渡金銀山絵巻

レギーネ・マティアス

1．はじめに

　明治時代以降、日本の鉱山を描写した絵巻、掛け軸、木版等が、様々な経路を通ってヨーロッパやアメリカに渡ったという事実が明らかになり、数年前に欧米各地の博物館や図書館に所蔵されている同様の絵巻物の研究をはじめることになった。当時はまだどれくらいの数が、どの博物館にあり、それがどのような経緯で収蔵されるに至り、何を描写したものであるのか、その全てはわかっていない状態であった。鉱山絵巻等について詳しく書かれた英語あるいはドイツ語などの論文は数は非常に少なく、他の資料もほとんど知られていなかった。その後、ドイツ、イギリス、アイルランド、アメリカの幾つかの場所で日本の鉱山絵巻の存在を突き止めることができたが、海外の博物館や図書館に所蔵されている全ての日本鉱山絵巻をカタログにまとめる研究が完了するまでにはまだ長い時間がかかると思われる。2012年の夏にもイギリスでまた一つ鉱山絵巻を発見したところだが、今後も見つかる可能性があると見ている。

　現在までに西洋のコレクションの中で発見された鉱山絵巻の多くが佐渡の金銀山に関連するものである。これは佐渡金銀山絵巻がコレクターにより古くから特に重要視されていたことを示しており、佐渡島の世界文化遺産登録を推進する際にはこの点も海外にアピールする要素となるだろう。

　本論文では海外の博物館や図書館に所蔵されている佐渡金銀山絵巻が、日本の金銀山の知識を海外へ伝達する過程で果たした役割について、以下にあげる三つの視点から考察する。

　第1に近世ヨーロッパにおける佐渡金銀山に関する認識、第2に海外博物館や図書館に保管されている佐渡金銀山絵巻の系譜、収集家、移動のルート等について、第3に海外における絵巻に関する評価である。

2．近世ヨーロッパにおける佐渡金銀山に関する認識

　1540年から1640年までの100年間は多くの経済史研究者によって、初期グローバリゼーション幕開けの時代だと言われている。銀を基準として取引をする世界市場システムが成立したのはその頃である。これらの銀は南アメリカにあった広大なポトシ銀山で採掘され、一度ヨーロッパへ渡り、そこから中国へ流入していたが、同時に日本からも大量の銀が中国へと輸出されていた。この「銀の世紀」に基づいた流通経路は「ポトシ・日本銀流通サイクル」と呼ばれている（Dennis O. Flyun & Arturo Giráldez 2002）。一方で金はこの流れとは逆に中国からヨーロッパや日本へ流れていた。すなわち、佐渡で金銀の採掘が始まった16世紀中葉は、貿易上の銀の価値は金よりも高く、銀が日本の輸出品の中で非常に重要な位置を占めていた。そのため、ヨーロッパ人は銀山の所在地に高い関心を寄せていた。このことはこの時代に作られた地図にもはっきりとうかがわれる。

佐渡島の名前が西洋の地図にはじめて登場したのは1595年にオルテリウスとテイセラによって作成された「日本島々の記述（Japoniae insulae descriptio）」という地図であったとされている。この地図の制作者オランダに住んでいたオルテリウス（Abraham Ortelius）がポルトガル人のイエズス会宣教師で数学者でもあったテイセラ（Luis Teixeira）作の地図を譲り受け、それを手本に新しい地図の作成をはじめた。オルテリウスもテイセラも日本を訪れたことはなく、日本に関する資料や人づてに聞いた話から得た知識に基づいて地図を作成したようである。完成した地図にはローマ字で「Hivami（石見）」や「Sando（佐渡）」の二つの地名が載っており、「石見」の地名の横にはラテン語で「Argenti fodinae（銀山）」と記されていた。一方で「佐渡」の横には何も添え書きが無く、この地図が作られた1595年当時には、佐渡がまだ金や銀の産地として無名であったことがわかる。

それから約20年後の1617年に、イタリアのローマで描かれたブランクス（Christophorus Blancus）の地図では、「Sando」のすぐ側にラテン語で「銀山」の表記が見られ、これが佐渡銀山が記された最古の地図であると推測される。また、佐渡金山には触れられていないものの、東北地方の仙台付近に金の産出を示す「auri fodinae」の記載が見られる。この地図以降、17世紀前半にかけてヨーロッパの大半の地図に佐渡や石見が銀の産地であることが記されたが、1679年にパリで描かれたタベルニエー（Jean-Babtiste Tavernier）の地図を境に、石見や佐渡から銀の産地の記載が消えている。

つまり、佐渡は半世紀以上もの間、地図を通してヨーロッパに銀の産地として知られていた。しかし、1640年頃に「ポトシ・日本銀流通サイクル」が終わると、銀が急激に価値を失う。さらに1688年に日本から銀の輸出が禁止された。金は引き続き取引があったが、ごく小規模であった。佐渡の金はそのほとんどが徳川幕府の金蔵に流れ込み、外国と取引されることが無かったため、金の産地としての佐渡の役割は海外に知られることはなかった。時は流れ日本が金や銀の産地であるというヨーロッパの認識も次第に消えていったわけである。代わりに日本の銅輸出は世界市場で徐々に重要性を増し、ヨーロッパ人の注目を集めることになる。

3．ヨーロッパ、アメリカに保管されている佐渡金銀山の絵巻物

日本開国後の1870年代以来、日本の様々な鉱山にお雇い外国人が招かれ、金銀山をはじめ、鉱業生産の近代化に重要な役割を果たした。同時期に日本からは鉱山技師が外国へ留学している。こうして鉱山関係の交流が盛んに行われるようになり、ヨーロッパやアメリカにおいて、日本の金銀山への関心が再び高まっていったとみられる。

この関心の高まりと共に集められた資料の中に、種々の書類以外に絵画資料として佐渡金銀山絵巻も含まれていた。この絵巻がアメリカやヨーロッパにはじめて渡ったのは19世紀後半であった。そのため、絵巻が歴史資料として役割を担ったのは既出の地図よりもかなり後の幕末・明治時代になってからであった。

ここでは、海外に現存する様々な佐渡金銀山絵巻の特徴、日本から海外へ渡った経緯、現在の保管場所について詳しく検討する。

まず最初に米国の例から始めよう。アメリカに存在する佐渡金銀山絵巻は現時点ではヨーロッパより少ないが、未だ知られていない絵巻が存在する可能性がかなり高いと思われる。現在までにカリフォルニア州にあるハンティングトン図書館（Huntington Library）とユタ州にあるブリガム・ヤング大学（Brigham Young University）附属図書館で所蔵が確認されている。両館所蔵の絵巻はともに各2巻組で、坑内、銅床屋、浜流し、小判製造所等が描か

れており、ハンティングトン図書館の絵巻は部分的に見た所感では幾つかの場面に水上輪、横引場等の古い絵巻の諸要素が描いてあるようである。この絵巻そのものは古いとは言えないが、少なくとも写しの手本が古い時代の描写であったことは間違いないだろう。

また、ブリガム・ヤング大学附属図書館所蔵の絵巻は全編を写真資料にして閲覧した結果、後に触れるミュンヘンドイツ博物館所蔵の絵巻とよく似ていることがわかった。ハンティングトン図書館の絵巻はおそらくカリフォルニア大学中国学科の創立者であるルードルフ（R.C.Rudolph）が日本で購入したもので、ブリガム・ヤング大学附属図書館の絵巻はカリフォルニアのある弁護士から購入したものであるという。

次にヨーロッパに保管されている絵巻を紹介しよう。ヨーロッパで現在まで所在が確認されている佐渡金銀山絵巻はアメリカよりも数が多く、アイルランド、イギリス、ドイツ、ロシアに保管されている。しかし、アメリカと同様に未だ知られていない絵巻が発見される可能性があるだろうと思っている。

アイルランドの首都ダブリンのチェスター・ビーティー・ライブラリー（Chester Beatty Library）に保管されている絵巻はかなり古く、W.ガウランド（William Gowland 1842-1922）の遺品の中から発見されたものである。ガウランドは1872年から1888年まで化学者および冶金技師として日本政府に雇われた人物である。外題「佐渡金山図」が付いているこの絵巻は3巻1組で、これまで海外で確認された佐渡金銀山絵巻の中で唯一、道遊の割戸の巻頭で始まり、水上輪の使用、浜流しや後藤役所の図が含まれている(1)。

イギリスで現在までに確認された佐渡金銀山絵巻の2組はロンドンに保管されている。1組はロンドン国立図書館にあり、フィリップ・フランツ・フォン・シーボルト（Philipp Franz von Siebold 1796-1866）の収集品で、1859年から1862年までの2度目の日本滞在中に手に入れて持ち帰ったものである。この絵巻は3巻組で、1868年にシーボルト家によりイギリス国立図書館に売却され、収蔵された。その経緯については、シーボルト・コレクション担当者であるトッド（Hamish Todd）が論文に記している（Hamish Toda 1998）。この絵巻の他に、佐渡の風景を見せる金銀山採製全図1冊が製本され、綴本となって書庫に保管されている。

さらに、ロンドンの帝国工科大学附属図書館にある佐渡金銀山絵巻については、1998年の雑誌によって既知であったが、最近ようやくロンドンで実物を見る機会を得た。この絵巻はある鉱山技師の遺品の中にあったもので詳細は明らかになっていない。絵巻は1巻で坑内の仕事や小判製造のみを描写している点で、他の佐渡金銀山絵巻とその構成は大きく異なっている。

ところで、比較的多くの佐渡金銀山絵巻を所蔵しているのがドイツの博物館である。資料からの推測によれば、かつてドイツの博物館、図書館に佐渡金銀山絵巻が合計6組存在したようである。このように比較的絵巻が多いのは、明治3年から18年にかけて多数のドイツ人鉱山技師がお雇い外国人として日本で働いたこと、またこの分野で長期的に日独国家間の友好関係が続いたこととも関係があるようである。かつて絵巻を所蔵していた、あるいは現在も所蔵するドイツの博物館または図書館は、ベルリン、ボーフム、フライベルク、ミュンヘンにある。

ベルリンに保管された絵巻については残念なことにその消息がわずかに残るのみである。絵巻はハンス・ギールケ（Hans Gierke）という名の医師が日本で購入したとされるものであった。ギールケは1877年から1881年まで東京大学で医学の教鞭を取り、古美術品収集家としても有名であった。日本から持って帰ったコレクションの中には3巻組で、金

銀山敷内金銀吹き分け稼ぎ方図、銅床屋、小判所の図を含めた佐渡金銀山絵巻が入っていた。目録によると絵巻を描いたのは狩野一蕚であったようだ。

その後、戦争が勃発し、ベルリンの図書館は空襲により多大な被害を受けただけでなく、戦火を逃れた収蔵品の多くも、戦後間もなくロシア占領軍により没収された。2001年にサンクトペテルブルクにあるエルミタージュ美術館の地下室で、かつてベルリンにあった佐渡金銀山絵巻の1巻目を確認したとの情報があるが、2巻目と3巻目の消息は不明のままである。他所においても戦争による損害があったようだが、現在、ドイツには5組の佐渡金銀山絵巻が存在している。これよりドイツ国内に現存する佐渡金銀山絵巻を詳細に見ていく。

佐渡金銀山絵巻のうち2組はザクセン州のフライベルクにある。フライベルクはドレスデンの南西に位置するザクセン銀産地の中心として有名だった町で、そこに世界最古の鉱山大学の一つがある。旧鉱山大学本館は鉱山大学から近代的な工業大学へと移り変わった今もなお、当時のたたずまいを残している。フライベルク鉱山大学は世界最古の技術教育施設の一つであるだけでなく、形を変え今日まで存続する唯一の大学でもある。19世紀のフライベルク鉱山大学は世界屈指の大学で、外国から大勢の学生や教授を集め、名簿には日本人の学生と鉱山技師の少なくとも46人の名前が載っている。その中の数人は佐渡金銀山と関係のある人物であった。

フライベルクと佐渡に最初に接点をもたらしたのは、1860年代の半ばにフライベルク大学を卒業したアメリカ人製錬法専門家のアレクシス・ジェニン（Alexis Janin）であった。後にジェニンは佐渡鉱山に重要な製錬法の技術を導入して近代化を推進した。

また、間接的に日本とフライベルクの接点を築いたのが、1885年から1888年まで佐渡鉱山局事務長を務めた大島高任であった。大島は事務長就任前の1872年（明治5年）に岩倉使節団の同行で渡独し、同年12月にフライベルクを訪問した。その折に鉱山大学の教授と交流する機会を得て、銀山と製錬所を視察した。大島は1873年1月に特命全権大使宛ての手紙にフライベルク訪問の様子と鉱山技師および鉱山製錬技師の募集について報告している。

そしてさらにフライベルクと佐渡をより密接に結びつけたのが渡辺渡であった。1880年から1885年までフライベルクで学んだ渡辺の名前はフライベルク大学の学生記録に刻まれており、大学の資料館には現在も渡辺の入出籍書と成績書が残っている。卒業後の1888年に大島高任に代わり佐渡鉱山局長に就任した渡辺はフライベルクで学んだ知識を意欲的に鉱山の現場に取り入れていった。このように、フライベルク鉱山大学は佐渡をはじめ、日本の鉱山地域全体と親密な交流関係を築いたため、フライベルクには日本の鉱山ゆかりの品々が幾つか残っている。その一つが佐渡金銀山絵巻である。

現在、フライベルク鉱山大学附属博物館に所蔵されている佐渡金銀山絵巻は、この博物館のコレクションの中でも比較的古い所蔵品に属する。

金銀採製全図は2巻1組でオリジナルを忠実に再現した佐渡鉱山金銀採製全図の複写である。装丁には金襴が施されており、1880年頃、阿仁銀山に勤めていたドイツ人鉱山技師アドルフ・メッゲル（Adolph Mezger 1836-1899）の為に作成されたものとされているが、事実は定かではない。この絵巻の興味深い点はすべての日本語にドイツ語訳を記した紙が絵巻と平行して添えられていることである。内容をわかりやすくするために翻訳テキストの中に道具のスケッチも描かれている。この翻訳は1911年に岡田という人物が施したもので、これは1909年よりフライベルクで学び、後に九州大学の教授に就任した岡田陽一であると考えられている（図1）。

この絵巻は金銀山敷き岡内稼ぎ方、銅床屋、焼金、浜流し、小判製造所などの絵図が表記入りで描

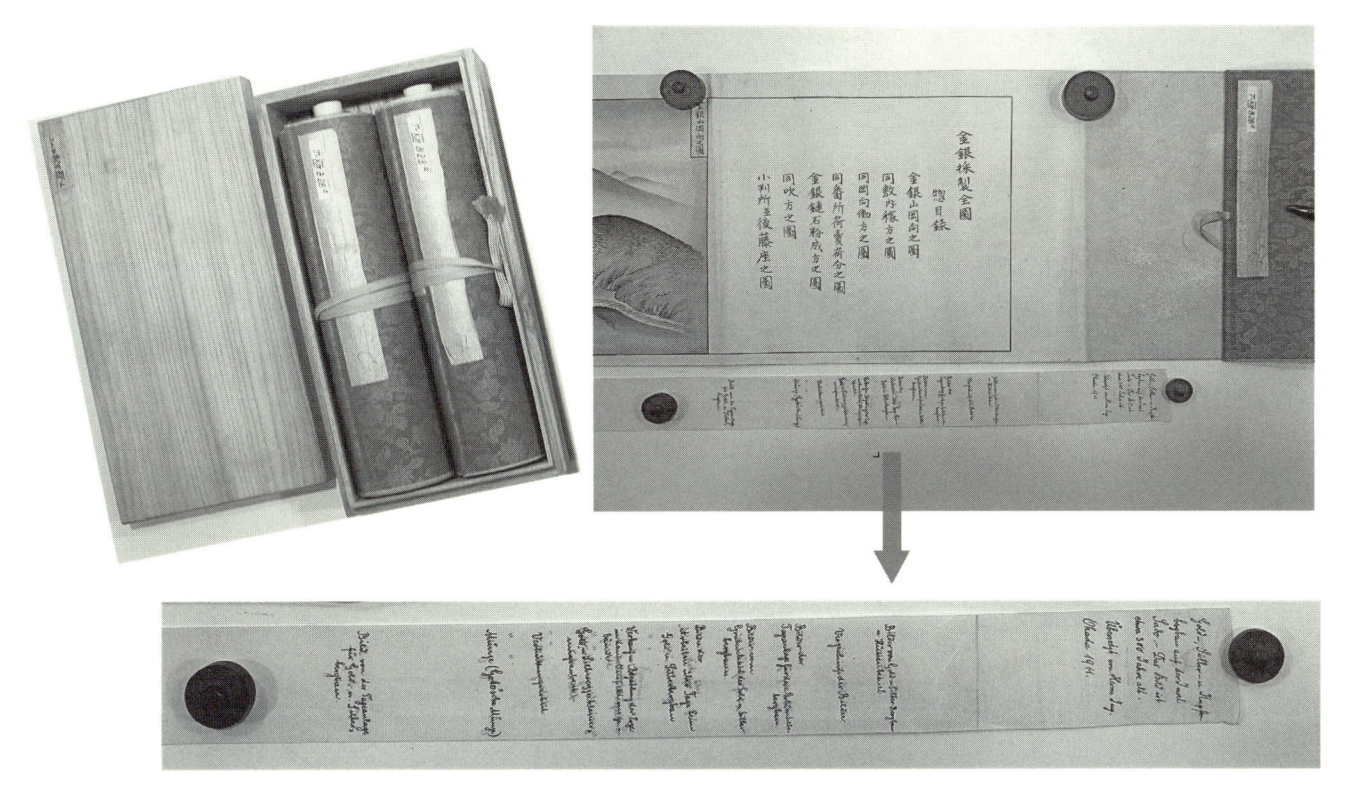

図1　ドイツ語の解説が付いているフライベルグ鉱山大学の佐渡絵巻

かれた美しい絵である。この複写の手本は恐らく19世紀半ばに描かれ、現在は東京大学工学部に保存されている佐渡金銀山絵巻とみられる。

　フライベルクにはもう1カ所、フライベルク市立博物館に佐渡金銀山絵巻が所蔵されている。この絵巻はつい数年前に収蔵されたばかりだが、大変見事な絵巻である。もとの所有者はフライベルクで学んだ後、家族と外国へ移住したヴァルター・デューデック（Walter Dudek）であった。デューデックがどのような経緯で絵巻を入手したか明らかではないが、鉱山や鉱山史に関する品々の熱心なコレクターだったそうである。

　木箱に入った絵巻は非常に美しく巻き上げられ、外側の覆いに金襴が施してある。色彩はぼんやりとして、弱い印象があるが、一つ一つの情景は繊細に描かれている。

　ところが、描かれた内容や場面ごとのつながりには他の手本と異なった表現方法が見られる。例え

ば、通常は同じ絵巻に共存しない排水方法である水上輪とフランカスホイというポンプが同じ坑内の図の中に描かれている。釜の口では後の絵巻には描かれなくなった横引場が見られる。この点からも、この絵巻が明らかに一つの手本だけではなく、複数の絵巻を手本にして描かれたものだということがわかる。

　巻末には珍しく天保10年と年号が記してあり、1巻で完結している。作者は坂倉源右衛門の出方の手代、源松とあり、この人物については残念ながら詳細はわからない。この佐渡金銀山絵巻がつい最近、個人の所蔵品から発見されたという事実をもってしても、未だ掘り起こされず埋もれている絵巻が他にもあることは想像に難くないだろう。この佐渡絵巻は2004年にフライベルク市立博物館の館長であるティール氏により、絵図を含めてドイツ鉱山博物館友の会機関誌に紹介された(3)（Thiel 2004）。

　ドイツ国内の佐渡金銀山絵巻に関してフライベル

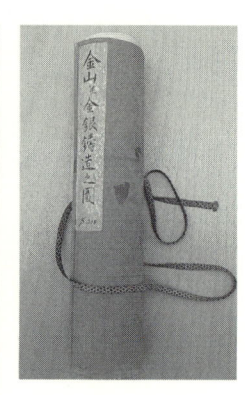

140　第Ⅳ章　海を渡った佐渡金銀山絵巻

図2　ドイツミュンヘン民族学博物館のシーボルト・コレクションに所蔵されている佐渡絵巻はシーボルトが日本滞在中（1859-1862）に手に入れたものとみられる

クと並んで重要な都市がミュンヘンである。ミュンヘンではドイツ博物館と民族学博物館の2カ所で佐渡金銀山絵巻を見ることができる。ドイツ博物館の絵巻は巻物の体裁ではなく、折り本2冊に装丁替えしてあり、これは日本で既に作り替えられていたものと推測される。体裁は変更されているが、以前は2巻の佐渡金銀山絵巻であったことは絵を見れば明らかである。この2冊の絵巻はあるドイツ人技師の遺品の中から発見され、1927年に他の遺品とあわせてドイツ博物館に収蔵された。

この絵巻は最初に和紙に描かれ、後から厚紙で裏打ちされており、上端の多くの箇所に元の絵巻に出来た虫食いを確認できる。絵巻は坑内作業、銅の製錬と競売、浜流し、西三川砂金山、床屋での製錬作業、金銀吹屋、最後に小判製造を含み、筆のタッチは非常に繊細で色彩は淡く描かれている。この絵巻は1964年にボーフムドイツ鉱山博物館の館長であるヴィンケルマン（Heinrich Winkelmann 1898-1967）が翻刻して解説を書き加え、『中近世日本金鉱山』というタイトルで本にして出版したことがある（Winkelmann 1964）。この本では佐渡金銀山の絵図が日本金鉱山全体を代表して扱われているという点は注目すべきである。

ミュンヘン民族学博物館所蔵の佐渡絵巻はシーボルト・コレクションの中にある（図2）。この絵巻はイギリス国立図書館の絵巻と同様にシーボルトが2度目の日本滞在から持ち帰った品で、1872年にシーボルトの息子アレクサンダーが他の収集品とあわせて博物館に売却した。絵巻は1巻完結で「金山並び金銀鋳造の図」という作品名がついている。こ

の絵巻はイギリスの帝国工科大学附属図書館の絵巻とほぼ一致しており、どちらの絵巻にも坑内作業と小判製造の様子だけが描かれているが、同一のスタイルであっても細かい部分で色使いや筆の運びが所々で異なることが観察できる。ミュンヘンの一巻は筆者により描写を含めた短い概説で紹介された（Regine Mathias 2010）。絵巻の全体を見ると、両方の小判の絵が灰色の枠に囲まれている古い絵巻の要素と同時に、服の色が派手である等の新しい要素も見られ、二つのスタイルが入り交じっている。遠く離れた場所で少なくとも2巻の同じような絵巻が確認されたことにより、日本に手本になったものがあったはずだと推測できるが、現在までにこのような絵巻は見つかっていない。

最後にボーフムにあるドイツ鉱山博物館に所蔵されている佐渡金銀山絵巻を取り上げる。ドイツ鉱山博物館の絵巻は2巻から成り、内容、色彩、画風のいずれをとってもフライベルク工業大学にある佐渡鉱山金銀採製全図とほぼ同じである。絵巻の絵図は非常に美しく、細部に至るまで詳しく描かれている。また、文字は非常にはっきりと読みやすく、全体として非常に優れた絵巻の模写だと言える（図3）。

この絵巻は比較的新しい物で、木箱の蓋にある裏書きと巻末のサインによると、この絵巻は1936年に佐野幸により描かれたものである。佐野幸は絵巻をドイツ鉱山博物館に寄贈した鉱山技師で東京大学教授であった佐野秀之助の妻であった。この絵巻はすでに1957年に上述の鉱山博物館館長ヴィンケルマンによって詳しく紹介された。(5)

現在まで著者が行った海外における佐渡金銀山絵巻の調査結果をまとめると、佐渡金銀山絵巻はアメリカとヨーロッパで合わせて8カ所で11組、22巻の存在が確認されている。これらの絵巻の中には似た絵巻が多く、模写の手本となった絵巻は3巻または4巻に絞られると思われる。佐渡金銀山絵巻が海

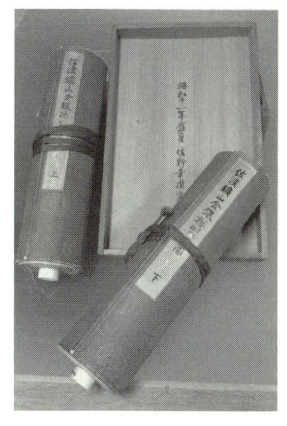

図3　ボーフム・ドイツ鉱山博物館に所蔵されている佐渡絵巻は東京大学教授佐野秀之助に寄付したもの

外へ運ばれた経路は様々で、お雇い外国人の鉱山技師が持ち帰った物が最も多いようであるが、古美術品のコレクターであった学者、医者、弁護士なども絵巻が日本国外に持ち出される過程で重要な役割を果たしたとみられる。これらの佐渡金銀山絵巻については参考文献で示すように1950年代以来、様々な論文、本、カレンダーなどの形で公開されてきた。しかし、それより以前の19世紀末から佐渡金銀山絵巻に関する知識が論文を通して普及したことは注目すべき点である。

4．佐渡金銀山絵巻の海外における享受と評価

1854年の日本開国を皮切りに、幕府や諸藩は採鉱や冶金の専門家を海外から招聘した。これらのエンジニアの多くが帰国後に日本の鉱山の現状や近代化に関する様々な報告書を発表した。しかし、19世紀後半の「近代的な」日本鉱山に関する学術論文において、鉱山に関連した絵画史料は重要度の低い

ものとみなされ、初期のうちはまともに扱われることはなかったようである。

鉱山における絵画史料の学術的価値を「発見」したのは、おそらくイギリスの化学者で冶金学者のガウランドであったと推測される。ガウランドはお雇い外国人として 1872 年から 1888 年まで、大阪の造幣局で化学と冶金学の教師をしていた。ガウランドは上述の活動以外に古墳の研究者としても定評があり、日本では「日本考古学の父」として知られている。他のお雇い外国人と異なり、先史時代や古代などの歴史に対する興味と科学的な知識を駆使した考察が絵巻の理解や評価に多大な影響を与えたのである。ガウランドはイギリスに帰国してから 10 年後の 1899 年に「日本の旧式冶金過程や遺跡を描いた絵図で図解した早期ヨーロッパにおける銅、錫、鉄の冶金学」というタイトルで 60 ページにも及ぶ包括的な論文を発表した（Gowland 1899）（図 4）。

論文の中でガウランドは幾つかの絵図を紹介し、その中には住友別子銅山の有名な解説本である『鼓銅図録』の他に佐渡金銀山絵巻の坑内の一場面も含まれていた。おそらくこれは佐渡金銀山絵巻がヨーロッパの人々の目に触れることになった最初であろうと思われる。論文に使われた佐渡金銀山絵巻は現在、上述アイルランドのチェスター・ビーティー・ライブラリーに所蔵されている絵巻であると考えられる。

冶金学だけでなく、技術の歴史にも深く興味を持っていたガウランドは 1899 年の論文の中で、主にヨーロッパにおける初期の金属採掘・加工に関連する知識の喪失とその復元や保持の必要性を議論した。そして、ガウランドによれば、日本で目にした伝統的で「原始的」な採鉱・製錬法に、ヨーロッパでは失われた伝統技術の名残が見られたという。この論文はヨーロッパ古代の採鉱・製錬過程一般に関する研究と日本の絵画史料を関連づけて取り上げた最初の論文だと考えられる。つまり、ガウランドが残した偉大な功績というのは日本で得られた伝統的鉱業についての知識をもって、ヨーロッパの古代鉱山の名残を解釈するそのアイディアであったといえる。このことは日本の鉱山絵画史料へのその後の評価を長らく定めることになった。

しかし、日本の絵画資料がヨーロッパ古代の採鉱・製錬プロセス復元の重要な手がかりになるという着想を得たのはガウランドだけではなかった。1904 年に「絵巻物に描かれた古い日本の採鉱と製錬」という論文がドイツの専門雑誌で発表された[6]（Treptow 1904）。著者はフライベルク鉱山大学教授のトレプトー（Emil Treptow 1854-1935）である。トレプトーは論文を通してヨーロッパで初めて日本の鉱山絵巻をそのものとして紹介した。

Fig. 2. The underground workings of an old Japanese mine.

"The early metallurgy of copper, tin and iron in Europe, as illustrated by ancient Japanese remains and the primitive process surviving in Japan"

図 4　ガウランドの 1899 年に出版された論文の中で初めて佐渡絵巻の絵図 1 枚が取り上げられた

日本滞在経験がなかったトレプトーはフライベルクをはじめとして、ドイツの博物館で閲覧した複数の鉱山絵巻の絵図を頼りに、日本の採鉱・製錬技術を非常に厳密に記述している。そして、トレプトーもまたこの絵巻物を日本の鉱山を示すに留まらない重要な意味を持つものであると捉えた。「坑道における状態を詳しく描写した一つ目の絵巻は、このような操業状態が、古代から中国や日本で行われてきただけでなく、ヨーロッパや西アジアにおいても、ローマ・ギリシャ時代から中世にかけて、ここに描写されるような状況であったと考えられるという点で、この絵図は一般化しうる歴史的価値を持っていると言える。しかし、この発展段階における採鉱・製錬労働技術に関して「日本の絵巻物と似たような描写を残した民族はない」(Treptow 1904)。この引用から分かるように、トレプトーも日本鉱山絵巻は古代ヨーロッパ採鉱・製錬過程を知るための唯一の手段であると考えていたようである。そして現代に至るまで佐渡金銀山絵巻をはじめとして、日本の鉱山図面や木版は古代ヨーロッパの採鉱・製錬技術を代弁するものとして、様々な論文で挿絵に引用されてきた。

それにしても、ヨーロッパ古代鉱山の理解になぜ佐渡金銀山絵巻のような日本の絵画史料が必要とされたのだろうか。採鉱および冶金はヨーロッパでは以前から高い関心を持たれていたが古代鉱山について伝える重要な史料には絵や図がなく、16世紀以前に採鉱や冶金を描写した絵図はほとんど存在しないからである。

16世紀のルネッサンス期に入ってからはじめて鉱山全般に関する挿絵入りの描写が行われるようになる。例えば、1556年に出版されたシュワーツの鉱山書（Schwazer Bergbuch）(7)は非常に美しい絵やテキストにより当時の鉱山学の知識を記している。また、同年に出た日本でも有名なアグリコラ（Georg Agricola）の作品などにも鉱山の描写が見られる（Agricola 1556）。しかしその作品は16世紀の技術水準を示すものであり、それ以前の鉱山技術の発展段階を知ることはできない。

そのため、日本の伝統的な採鉱と冶金技術を描写した絵巻や挿絵が失われた知識を補ったのである。日本の絵巻には質の高い正確で順序だった図があり、そこから鉱夫や冶金工の作業方法、炉の形、工具の種類を復元することができた。日本の絵巻こそ、当時のヨーロッパに欠けていた民族誌学的史料であり、文書史料や考古学的出土品の間にあるギャップを埋め、当時の状況を正しく理解するために必要なミッシングリンク、すなわち失われた冶金技術の歴史を解く鍵であったといえるだろう。

5．まとめ

最後に、海外の図書館や博物館に所蔵されている佐渡金銀山絵巻について、注目すべき点をまとめておこう。

（1）絵巻は外国人の鉱山技師や古美術品の収集家などにより日本国外に持ち出され、広まった。

（2）ヨーロッパに享受される過程で佐渡金銀山絵巻はもはや佐渡をのみならず、日本鉱山全体を代表するようになり、その意味で高く評価された。

（3）鉱山史研究の中で佐渡金銀山絵巻をはじめ、日本鉱山絵画史料はヨーロッパにおける古代から16世紀までの採鉱・製錬過程を復元して理解するための非常に重要な史料とみなされた。そのような意味で、古代とルネッサンスの間の失われた知識を取り戻す大事な手段であった。

以上の点の他にもう一つだけ指摘しておきたい視点がある。それは1990年以来、様々な学問分野で「ビジュアルターン」という絵図資料の役割を強調する方法論が世界的に普及しており、佐渡の鉱山絵巻は将来にわたり、色々な形で重要な役割を果たす可能性があると思われる。すなわち、たとえば鉱山

経営や労働の様子ばかりでなく、人々の日常生活の様子が描かれているという他の鉱山絵巻にほとんど見られない佐渡金銀山絵巻の特殊性などである。日本においてはすでに「もの造りプロジェクト」で佐渡金銀山絵巻が新たに捉え直され、日本と世界の双方でユニークな作品として高く評価されるようになった。これと同様にヨーロッパで現在まで「鉱山史」の分野だけで注目されてきた佐渡金銀山絵巻が、今後は当時の人々の生活を物語る「一般日本史」の資料として見られるようになる可能性を秘めており、また違った価値が評価されるのではないかと考えられる。このような将来的な研究の為にも海外に所蔵されている佐渡金銀山絵巻は大いに貢献できるであろう。

註
（1）詳細はチェスター・ビーティー・ライブラリーの絵巻絵本課題目録、114「佐渡金山図」を参照いただきたい。
（2）他にもイギリスを始めとしてヨーロッパ、米国に保管されている佐渡金銀山絵巻を多くの描写を含め、概説的に紹介する論文が 1995 年や 1998 年にイギリスの鉱山史雑誌に掲載された。
（3）日本鉱山絵巻―フライベルク市立博物館が近年収蔵した重要な作品
（4）ミュンヘン民族博物館のシーボルト・コレクションにおける鉱山絵巻
（5）ドイツ鉱山博物館の佐渡絵巻の描写は、1960 年代にある鉱山労働組合が発行したカレンダーに使われたそうであるが、詳細は不明である。
（6）絵巻に描写された旧式日本採製、精錬作業
（7）『Schwazer Bergbuch』は 1556 年にチロールのシュワーツという鉱山町で発行された、多くの挿絵が入った鉱山営業、作業の解説書である。

参考文献
Agrcola, Georg. 1556, *De re metallica*, Basel
Flynn, Dennis O. & Arturo Giráldez. 2002, Cycles of Silver. Globalization as a Historical Process, *World Economics*, vol. 3, no. 2, April-June, pp. 1-16.
Ford, Trevor D. & Ivor J. Brown. 1995, Early Gold Mining in Japan. The Sado Scrolls, *The Bulletin of the Peak District Mines Historical Society*, vol. 12 no. 6, pp. 1-17.
Ford, Trevor D. & Ivor J. Brown. 1998, Early Gold Mining in Japan. More Sado Scrolls, *The Bulletin of the Peak District Mines Historical Society*, vol. 13, no. 6, pp. 33-39.
Gowland, William. 1899, The early metallurgy of copper, tin and iron in Europe, as illustrated by ancient Japanese remains and the primitive process surviving in Japan, *Archaelogia or miscellaneous tracts relating to antiquity*, London 1899, pp. 267-322.
Mathias, Regine. 2010, Eine Bergbaubildrolle in der Siebold-Sammlung des Museums für Völkerkunde in München, Andreas Mettenleiter/Siebold Gesellschaft Würzburg (ed.), *Japan-Siebold-Würzburg. 25 Jahre Siebold-Gesellschaft. 15 Jahre Siebold-Museum Würzburg*, Würzburg, pp. 31-39.
Thiel, Ulrich. 2004, Eine japanische Bildrolle mit Bergbaudarstellungen-Bedeutender Zugang im Stadt- und Bergbaumuseum Freiberg, *Der Anschnitt*, vol. 56, no. 2-3, pp. 110-113.
Todd, Hamish. 1998 The British Library Sado Mining Scrolls, *The British Library Journal*, vol. 24, 1998, pp. 130-143.
Treptow, Emil. 1904, Der altjapanische Bergbau und Hüttenbetrieb, dargestellt auf Rollbildern, *Jahrbuch für das Berg-und Hüttenwesen im Königreiche Sachsen*, Freiberg, Jahrgang 1904, pp. 149-160, separate pictures.
Winkelmann, Heinrich. 1957, Das Sado-Goldbergwerk auf japanischen Rollbildern, *Der Anschnitt*, vol. 9, no. 4, pp. 20-25.
Winkelmann, Heinrich. 1964, *Der Altjapanische Goldbergbau*, Lünen.

第Ⅴ章 今につながる佐渡金銀山の文化遺産

1. 佐渡金銀山に関連する浮世絵・絵図・鉱山模型をめぐって

橋本博文

1. 近年の研究動向

佐渡金銀山絵巻に関しては、最近では、国立科学博物館の鈴木一義氏や新潟県立歴史博物館の渡部浩二氏、真島俊一氏をはじめとするディスプレー会社のTEM研究所の諸氏、ドイツのルール大学マティアス女史らの先行研究があり、それぞれの視点で深められている。鈴木氏は日本国内の各地の鉱山絵巻の比較研究に長けており（鈴木 2010）、渡部氏は国内の佐渡金銀山絵巻を渉猟してその編年研究を微細に進めている（渡部 2010）。真島氏らは佐渡金銀山絵巻の系統性の研究に先鞭をつけられた（テム研究所 1985）。また、マティアス女史はヨーロッパに流出した佐渡金銀山絵巻を比較検討し、それを体系づけようとされている（マティアス 2010）。

そのような中、大学の同僚の丹治嘉彦氏がイギリスの大英博物館で広重の佐渡金山の浮世絵、同じく同僚の池田哲夫氏がオランダのライデン国立民族学博物館で佐渡金銀山と関係すると推定される鉱山模型を調査してきた（池田 2010）。本論では、佐渡金銀山絵巻のみを取り上げて、諸氏の先行研究成果に何ら加えるものを持ち合わせていないが、佐渡金銀山絵巻に関連して、初代から三代にわたる広重の5枚の浮世絵と、以上の絵巻（絵図）・浮世絵の二次元表現のものに、佐渡に遺る三次元の立体鉱山模型を加えて、三者の関係を検討することにしたい。

2. 浮世絵

(1) 佐渡金銀山に関する浮世絵は以下の5点が確認できる。

①二代広重画『諸国名所百景』「佐渡金山奥穴の図」（間版、23.9 × 35.7cm、魚榮）安政6年（1859）―相川金銀山坑道内（大英博物館、新潟県立図書館、新潟大学、早稲田大学図書館等蔵）（図1）

②初代広重画『六十余州名所図会』「佐渡金やま」（大版、25.5 × 37.4cm、九、越平、濱）嘉永6

図1　二代広重画『諸国名所百景』（安政6年〈1859〉）の「佐渡金山奥穴の図」

年（1853）―相川金銀山坑口付近（新潟大学旭町学術資料展示館蔵）（図5）
③三代広重画『大日本物産図会』「佐渡金堀之図」（中判、17.5 × 24.0cm、画工　大鋸町四番地安藤徳兵衛、出版人　日本橋通1丁目十九番地大倉孫兵衛）明治10年（1877）―坑道内（図8）
④三代広重画『大日本物産図会』「佐渡国金山之図」（中判、17.5 × 24.0cm、広重筆）明治10年（1877）―相川金銀山坑口付近（図6）
⑤二代広重画『諸国六十八景』「佐渡金やま」（中判、16.9 × 23.5cm）文久2年（1862）―西三川砂金山（口絵12）

まず、作者について確認しておこう。「広重」と呼ばれた者に5人（五代）がいたとされる。そのうちの初代から三代までがこれら浮世絵の制作に関わっている。

①の中には、照明具として「ツリ（釣り）」、金鉱石掘削具として「上田ハシ」が見られる。新しい様相である。他に丸木梯子も注目される。排水具は見られない。

③の中には排水具として水上輪ではなくスホイが登場する。古い様相である。

④は②の坑口付近のアップである。

⑤は坑道内ではなく、山の斜面を掘削して川で選鉱する様子がうかがえる。砂金採取の方法である。

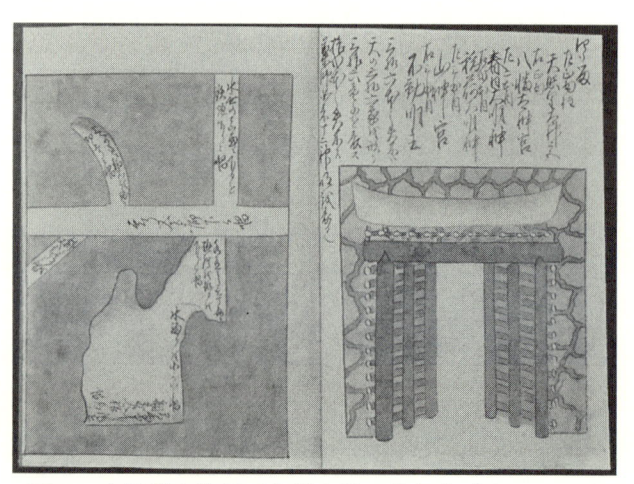

図2　生野銀山資料（九州大学工学部蔵『吹屋之図』）

西三川の虎丸山付近の様子を描いたものか。金山の威容は、構図として葛飾北斎の「富嶽三十六景　神奈川沖波裏」を想起させる構図である。二代広重は実際、佐渡の現地に赴いて写生をしていないという。

③の登場人物の髪型を見ると、一部は髷を結い、一部は散切髪となっているようである。明治初期のものかとみられる。頭には鉢巻きを巻いており、①の頭巾とは異なっている。④も鉢巻きをしており、③と同時期のものとみることができる。もっとも③と④は同じシリーズの『大日本物産図会』である。

③の中に表現される照明具は外面を青く塗り、内面を黄色に染めている。外面には瘤状の突起が多く認められ、貝のアワビを想起させる。ところで、佐渡市明治記念堂蔵の鉱山模型には照明具として巻き貝のサザエらしきものが表現されている。佐渡金山絵巻の中で照明具に貝殻が表現されたものの存在を管見ながら知らないが、石見銀山の中に実物資料で貝製照明具の存在が確認されている。その他生野銀山・半田銀山にも貝製照明具が認められる。しかし、佐渡において今のところ貝製照明具の実物資料あるいは文字資料の存在を確認できていない。

なお、③には「カケヤにて孫八を打込む」とあり、「孫八」は楔のことかとみられる。

九州大学工学部所蔵資料『吹屋之図』の中には「孫八」が登場する。また、サザエの「螺灯」もみえる。坑口の化粧の材料に反り増しをもった鳥居形の笠木が見られる。後述する鉱山模型の①と対応している。『吹屋之図』には以下の坑口に関する宗教的な記載も認められる。

　　四ツ留
　　左正面柱
　　天照皇大神宮
　　右正面
　　八幡太神宮

左二本目
春日大明神
右二本目
稲荷大明神
左三本目
山神宮
右三本目
不動明王
三拾六本之矢木ハ
天の三拾六象を形リ
三拾六童子を表ス
拾弐本之矢木ハ
薬師如来十二神将を表ス也

　このように、間歩の入り口が鳥居形にしつらえられている背景には、鉱山の繁栄と鉱山労働の安全を願って先人たちが神に祈ったことをうかがわせる。入り口左右3本目までの坑木に祭神が宿っていると見立てているのである。このような鉱山の安全に関する信仰については、佐渡金山絵巻に登場する「てへん」にも通じる。[(1)]

　なお、生野銀山の『四留表之儀廣細記』（天保年間）によれば、坑口の右側に「大已貴命」、左側に「大山祇命」、天井・笠木に「猿田彦大神」が擬定されている。[(2)]

(2) 佐渡金銀山の坑口に関する江戸時代の景観

　味方家文書には佐渡金銀山における坑口についての興味深い図解が含まれている。「釜ノ口化粧伝」には、坑道入り口の信仰の様子が記されている。陰陽五行説に則って、坑口の坑木にそれぞれ木火土金水の五行が付会されている。

　③には以下の絵巻風の添え書きがある。

金に砂金石金其外数種
あり砂金は山谷土砂の中に
生ず瓜子金ナスビ金とう
あり精錬して熟金と
なす石金は岩石の間
に混合して方言「シ
ダマサ」といふ人夫礦中
の金脉をつたふて堀（ママ）捕
ものなり

　すなわち、金には、「砂金」と「石金」＝山金、その他数種が存在するという。砂金は山谷の土砂の中に産出するとされる。また、「瓜子金」「ナスビ金」などがあって、製錬して「熟金」＝純度の高い純金としている。山金＝「石金」は金鉱石として岩石の間に金銀化合物となって存在し、方言で「シダマサ」と呼ばれているという。鉱夫は金鉱脈に沿って掘り進めるとされる。

　なお、③の金堀大工は直接ノミを握っており、上田ハシは使用していない。古式の排水具と併せ、古い採掘方法を伝えている。

　また、④にも以下の絵巻風の添え書きがある。

皇国金を発見せらは
人皇四十六代孝嫌（ママ）天皇の
御宇始めて陸奥国より献
納すと云蓋し当国
諸郡より出すと雖ども
就中雑太郡相川西見（ママ）川
金北山より堀（ママ）出すこと最も夥し
其出額年々五十貫目余に至
れり実に盛んなる海内第一也

　このうち、孝謙天皇の世に国内での産金の歴史が陸奥国で始まったとしているが、それは『扶桑略記』天平21年（749）1月4日に、百済から来た敬福が陸奥国小田郡で黄金を採って黄金九百両を献納したという史料に基づくものである。当時の900両は現在の約13kgに相当する。一方、その裏付けとして『続日本紀』天平21年2月22日、同国小田郡で砂金が採れたとの知らせが届き、同年4月1日に金の発見をよろこんで「天平」から「天平感寶」に改元し、砂金9百両が4月22日に朝廷のもとに届

148　第Ⅴ章　今につながる佐渡金銀山の文化遺産

図3　平瀬徹斎筆・長谷川光信画『日本山海名物図会』（宝暦4年〈1754〉）巻之一

金山鋪口　金・銀・銅・鉄皆ほりかたは同じ。仕上はすこしづつのちがひあり。金山ほり入る口を鋪口といふ。四本柱をたてて上と右左の三方に乱杭を入るるなり。この乱杭を矢といふ。上の矢の上にわたす木をけしやう木といふ。この鋪口を三方ともに矢の数は十六本づつなり。この鋪口を四つどめといふ。このわきの方に風廻し口をあくるなり。これはいき出しなり。これにて鋪の中のあかりを取るなり。大切口は水ぬきなり。役所小屋・掘子の小屋は鋪の外にあり。

図4　葛飾北斎の『北斎漫画』三編（文化2年〈1815〉）の「金山」

いたとある。よって、浮世絵制作当時、これらの記載・情報が知られていたことになる。ただし、東大寺の大仏の鍍金に下野国那須郡武茂郷で国内産初の金を使ったとする天平 19 年（747）12 月の『東大寺要録』の記事は知られていなかったようである。

佐渡国では諸郡から金を産出するとしているが、そのうちとりわけ雑太郡相川、西見川、金北山から多く産出するという。その「西見川」は現・西三川のことと考えられる。しかし、金北山からは産金の事実は知られていない。年産出額の「五十貫目余」は約 190kg に相当する。当時、国内第一の盛況ぶりとしている。

④には、四ツ留口の間歩入り口とその左右に、水抜口、風廻シ口の排水口と通風口が表現され、その対面に四ツ留番所が描かれている。番所の屋根は板

図 5　初代広重の『六十余州名所図会』（嘉永 6 年〈1853〉）の「佐渡金やま」

図 6　三代広重による『大日本物産図会』（明治 10 年〈1877〉）の「佐渡国金山之図」

葺きである。四ツ留口の上部には御幣が掲げられている。外には鉢巻きを締め腰箕の姿の鉱夫と、かれらを指揮する役人がみられる。②はそれの遠景で共通性があるが、四ツ留番所の屋根は茅葺きとなっており、違いも認められる。

①は二代安藤広重（一立斎）が描いたもの。

(3) 絵巻と浮世絵の比較

なお、広重の浮世絵に登場する佐渡の山には道遊の割戸は出てこない。佐渡金山絵巻の初期のものには道遊の割戸が巻頭に描かれている。

『大日本物産図会』は、明治初期の明治 10 年（1877）8 月に開催された第 1 回内国勧業博覧会にちなんで販売されたと考えられている。出版人は日本橋 1 丁目の錦問屋大倉孫兵衛、画工は三代広重を名乗る俗称・安藤徳兵衛（1842-1894）である。安藤徳兵衛は初代広重の門人、重政で、姓は後藤、名は寅吉または寅次郎と称した。号は一立斎。享年 53。三代広重も初代・二代同様、『東海道五十三次』を描いたことで知られる。代表作に、『東京名勝図会』（大錦揃物、明治元年〈1868〉）や、「東京名所上野公園内国勧業第二博覧会美術館図」（明治 15 年〈1882〉）などがある。

『大日本物産図会』に収録された各地の産業・特産品を描いた錦絵の総数は約 120 点に及ぶといわれている（樋口 1943）。絵の大きさは横中判の揃物の縦 17cm、横 24cm ほどである。江戸時代に刊行された『日本山海名産図会』（寛政 11 年〈1799〉）などの名産図会や名所図会などからの引用もあるとされるが、『日本山海名産図会』の中には「佐渡金山」は登場しない。ちなみに、この中には豊島石（讃州小豆島）、御影石（摂州）、龍山石（播州）、砥石（和州ほか）が記されている。

よって、髪型から推定された時代考証と、想定されている発刊の経緯の年代とが一致する。

初代広重の『六十余州名所図会』（嘉永 6 年〈1853〉）の「佐渡金やま」は葛飾北斎の『北斎漫画』三編（文化 2 年〈1815〉）の「金山」を種本としていることが指摘されている。さらに、三代広重による『大日本物産図会』（明治 10 年〈1877〉）の「佐渡国金山之図」は、それらをさらにデフォルメさせている。ただし、三代広重による『大日本物産図会』中の「佐渡国金山之図」の右上には山容が描かれており、初代広重による『六十余州名所図会』の「佐渡金やま」の影響がうかがわれる。なお、『北斎漫画』の種本と考えられる平瀬徹斎筆・長谷川光信画『日本山海名物図会』の存在を知った。それには、以下のような解説がある。

> 金山鋪口　金・銀・銅皆ほりかたは同じ。仕上げはすこしづつのちがひあり。金山ほり入る口を鋪口といふ。四本柱をたてて上と右左の三方に乱擦を入るるなり。この乱擦を矢といふ。三方ともに矢の数は十六本づつなり。上の矢の上にわたす木をけしやう木といふ。この鋪口を四つどめといふ。このわきの方に風廻し口をあくるなり。これはいき出しなり。これにて鋪の中のあかりを取るなり。大切口は水抜きなり。役所小屋・掘子の小屋は鋪の外にあり。

すなわち、「金山の坑口　金・銀・銅みな掘り方は同じ」としている。ただし、仕上げ工程では少しずつ違いがあるという。金山の坑内入り口を「鋪口」と呼んでいる。「鋪」は「敷」とも表記される。絵巻のタイトルでは「敷内」を坑道内の意味で使い、「敷岡」を坑道外としている。四本柱を立てて上方と左右の三方に「矢」という乱擦を入れている。その数は三方とも 16 本ずつとしている。計合わせて 48 本になるが、36 本の矢木が三十六童子、12 本の矢木が十二神将を表しているとする九州大学工学部所蔵資料『吹屋之図』（図 2）の坑口の宗教的な記載に通じる可能性がある。

以上の関係を図式化すると次のようになる。

平瀬徹斎筆・長谷川光信画『日本山海名物図会』
（宝暦4年（1754））巻之一
↓
葛飾北斎の『北斎漫画』三編（文化2年
（1815））の「金山」
↓
初代広重の『六十余州名所図会』（嘉永6年
（1853））の「佐渡金やま」
（↓）
三代広重による『大日本物産図会』（明治10年
（1877））の「佐渡国金山之図」

　また、金銀を掘り出すシーンの三代広重による
『大日本物産図会』（明治10年（1877））の「佐渡金
堀之図」と、『日本山海名物図会』（宝暦4年
（1754））巻之一、および二代広重画『諸国名所百
景』（安政6年（1859））の「佐渡金山奥穴の図」の
三者の関係は、以下のようになる。

平瀬徹斎筆・長谷川光信画『日本山海名物図会』
（宝暦4年（1754））巻之一
（↓）
　　佐渡金銀山絵巻　　『北斎漫画』（1815）
↓
二代広重画『諸国名所百景』（安政6年
（1859））の「佐渡金山奥穴の図」
↓
三代広重による『大日本物産図会』（明治10年
（1877））の「佐渡金堀之図」

　なお、平瀬徹斎筆・長谷川光信画『日本山海名物
図会』巻之一には、以下の解説がある。

> 金山鋪の中の絵　鋪口より段々ほり入り、上と
> 両方とには皆鋪口の絵のごとく矢を入れて、大
> 石のくづれぬやうにするなり。下財は皆あたま
> をつつみ、腰に円座をつけ、さざいがらに油を
> 入れ、ひやうそくに火をともして持ち歩くな
> り。この火にてあかりを取りてはたらくなり。
> 風廻し口なければこの火ともりがたし。また水
> わく時は、戸樋にて水を引上げ、大切口へおと
> すなり。金ほり石を取らば、ゑぶ引はこび出す
> なり。石目とて、大金有る所はげんをうにて打
> ちはづすなり。

　すなわち、坑口より段々掘り進んで、上方と両側
方の三方に絵のような矢木を入れて大石が崩れるの
を防いでいる。坑内労働者は皆頭に被り物をして、
腰には藁で編んだ円座（座布団状のもの）を付けて
いる。サザエ殻に油を入れ、ランプに明かりを灯し
て持ち歩いている。また、この明かりを頼りに働い
ている。もしも風廻し口という通気口が無ければ、
火は灯らない。湧水時には、トイという排水具で水
を揚げ、大切口という排水坑道に水を落としてい
る。採鉱夫が鉱石を採取すると「ゑぶ引」すなわち
運搬夫が運び出す。鉱脈の良好な場所では「げんの
う」という大型のハンマーで鉱脈を打ち剥がしてい
る。絵では「大がねはづすてい」とあり、「かけや
で孫八を打ち込む」となっている。「げんのう」＝
「かけや」である。なお、排水具は「戸樋」と呼ん
でいるが、これは寸法樋で、水鉄砲や注射器のよう
にして水を吸い上げる道具として石見銀山などにお
いて古い時期に活躍した。佐渡でも初期に使用さ
れ、後に水上輪が台頭する。現在、佐渡では水上輪
のことを「とい」と称している。

　『北斎漫画』には、坑道入り口部を外側から近景
で描いた見開きページの後に、坑道内の照明、掘
削、運搬、排水の情景が描かれている。照明にはサ
ザエの螺燈と思われるものが認められる。掘削には
ツルハシとカケヤに孫八とおぼしきものが登場す
る。運搬には天秤棒、ザル、カゴが見られる。排水
にはスホイが用いられている。以上から、この情景
は佐渡金銀山ではない可能性がある。佐渡金銀山で
は照明具に螺燈が使用された形跡がない。掘削具も

152 　第Ⅴ章　今につながる佐渡金銀山の文化遺産

金山鋪の中の絵　鋪口より段々ほり入り、上と両方とには皆鋪口の絵のごとく矢をいれて、大石のくづれぬやうにするなり。下財は皆あたまをつつみ、腰に円座をつけ、さざいがらに油を入れ、ひやうそくに火をともして持ち行くなり。この火にてあかりを取りてはたらくなり。また水わく時は、戸樋にて水を引上げ、大切口へおとすなり。金ほり鋪石を取らば、ゑぶ引はこび出すなり。石目とて、大金有る所はげんをにて打ちはづすなり。

日本山海名物図会　巻之一

ゑぶ引　かねほる所　大かねはづすてい　かけやにて孫八を打ちこむ　水ひくてい

図7　平瀬徹斎筆・長谷川光信画『日本山海名物図会』（宝暦4年〈1754〉）巻之一

図8　三代広重による『大日本物産図会』（明治10年〈1877〉）の「佐渡金堀之図」

タガネと金槌の組み合わせか、さらに上田箸が加わる。孫八とカケヤ（ゲンノウ）は生野銀山の史料に見られる。排水具のスホイは佐渡金銀山では古い段階には使用されたが、その後は水上輪、オランダ・スホイを経て、手桶となる。もっとも、そもそもこの資料には「佐渡」とは書かれていないのである。

『北斎漫画』の坑道内シーン（図9）と三代広重による『大日本物産図会』（明治10年〈1877〉）の「佐渡金堀之図」とを比較すると、螺燈の照明具、孫八にカケヤの掘削具、スホイ（スッポン樋）の排水具に共通性がある。しかし、ツルハシとタガネにカナヅチの組み合わせの掘削具に違いがある。よって、三代広重による『大日本物産図会』（明治10年〈1877〉）の「佐渡金堀之図」の種本に『北斎漫画』が使われたとも俄には言い難いのである。

そこで、平瀬徹斎筆・長谷川光信画『日本山海名物図会』巻之一の螺灯、寸法樋、腰の円座、被り物、掘り残しの柱などに注目すると、『別子銅山絵巻』（住友史料館所蔵）や別子銅山の『鼓銅録』（国立科学博物館所蔵）（鈴木ほか1996）との関連がうかがわれる。九州大学工学部資源工学科所蔵の『吹屋之図』も同様で、西日本の銅鉱山との関連性が注目されている（鈴木ほか1996：53）。よって、平瀬徹斎筆・長谷川光信画『日本山海名物図会』巻之一は、西日本の別子銅山あたりの資料を参考に描かれたものとみられ、その後、それを種本に、三代広重が『大日本物産図会』（明治10年〈1877〉）の中で「佐渡金堀之図」に仕立てたと考えられる。

（4）二代広重の『諸国六十八景』「佐渡金やま」

作品論になってしまうが、二代広重の『諸国六十八景』「佐渡金やま」も構図は、北斎の著名な「冨嶽三十六景　神奈川沖波裏」（図10）を想起させる。その他、同じ北斎による『北斎漫画』十三編中の「相州烏帽子岩」や同・十四編中の「雪中」、続く「霧」にも近い。広重には北斎の先の「冨嶽三十六景　神奈川沖波裏」を真似たような構図の「不二三十六景　相模七里か浜風波」や「六十余州名所図会　阿波鳴門の風波」、「冨士三十六景　駿河薩夕之海上」などがある。特に、「冨士三十六景　駿河薩夕之海上」は先の「冨嶽三十六景　神奈川沖波裏」を左右反転した構図で、違いは波上に飛ぶ鳥の群れであるが、実は、北斎にはそれと酷似する「冨嶽三十六景　神奈川沖波裏」を左右反転し、波しぶきに見まがう鳥の群れを配した構図の作品、「版本富嶽百景第二編挿絵　海上の不二」があるのである。このように、広重は北斎の作品から構図を借りて換骨奪胎した作品を多数制作しているのである。となると、先の二代広重の『諸国六十八景』「佐渡金やま」も実際の佐渡西三川の砂金山の写生ではない可能性がある。オーバーハングする山の斜面を鍬で削り取る人物と川で砂金を採る人物が描かれている。横からの構図で絵巻の中の西三川砂金山での砂金採取を

図9　葛飾北斎『北斎漫画』（文化12年〈1815〉）

図10　葛飾北斎『冨嶽三十六景　神奈川沖浪裏』

山に平行に描くよりは分かりやすい。

ところが、この二代広重の『諸国六十八景』「佐渡金やま」の手本になったと思われる絵巻が存在することが判明した。それは、新潟県立歴史博物館所蔵の『佐渡金銀山稼方之図』（口絵13）である。これは異国船を追い払う西洋流砲術の指導に佐渡にやって来た木村正勝が江戸に帰る際に記念品として石井文峰に描かせたものとされる。安政3年（1856）の銘がある。この絵巻のうち、貼り合わせの右下「十三」図までが相川金銀山のもので、「十四」図は「西三川砂金山之図」である。この「西三川砂金山之図」のみが書き込みの書体を異にしている。その絵を観ると、横長の画角、中景左方に大波のようにオーバーハングした山が聳え立ち、その中腹で鍬を持った人夫が並んで崖山を崩している。その前景岩山の頂部に笠を被って休息するか指示・監視をする人物が座っている。中央遠景には高峰が望まれる。さらに右下には河川の中で鍬で砂を掻き集める人夫と、その脇で鍬を傍らに置いて箕を持って掏金する人物が描かれている。計5人の人物は全て左向きに配置されている。なお、前景岩上の人物は、崖崩れを監視する「だいなじー」(3)と考えられる。

一方、先の二代広重の『諸国六十八景』「佐渡金やま」の錦絵は縦長の画角という違いはあるが、登場人物の数や向き、遠景・中景・近景の構図なども酷似している。こちらが文久2年（1862）の制作ということで、6年新しい。川中の掏金の人物には傍らに鍬は描かれていない。石井文峰の図からの省略がうかがわれる。このように、二代広重の『諸国六十八景』「佐渡金やま」の錦絵は文峰の図を写しているが、それを錦絵としての芸術の域に高めている。以上を図式化すると次のようになる。

石井文峰画　新潟県立歴史博物館所蔵『佐渡金銀山稼方之図』（安政3年〈1856〉）
↓
二代広重の『諸国六十八景』「佐渡金やま」（文久2年〈1862〉）

なお、財団法人佐渡博物館所蔵『北陸道佐渡州賀茂郡金山堀子之図』（図11）中に見られる神前相撲のシーンは、平瀬徹斎筆・長谷川光信画『日本山海名物図会』（宝暦4年〈1754〉）巻之一の中の「山神祭」（図12）から取っていることが明らかになった。ちなみに、この相撲は鉱夫の慰安・娯楽・福利厚生のために行うのではなく、9月9日の山神祭に山神宮の前で「神事」として執り行われるものである。平瀬徹斎筆・長谷川光信画『日本山海名物図会』には、以下の解説が付されている。

　　山神祭　山の神は山口に所をえらびて社を勧請す。神はおのおのの願ひによりて定まりたることなし。まつりの日は京・大坂より芝居・見せ物などを取りよせ、いとにぎやかにいはひまつることなり。近辺の在々村々より参詣の男女ぐんじゅすれば、物うり・諸あきんどおほくあつまりて、そのにぎはひ諸社の大神事にことならず。神前にてかならず神事すまふ有り。近辺のすまふ取どもおほくあつまりてにぎやかなり。祭は九月九日なり。

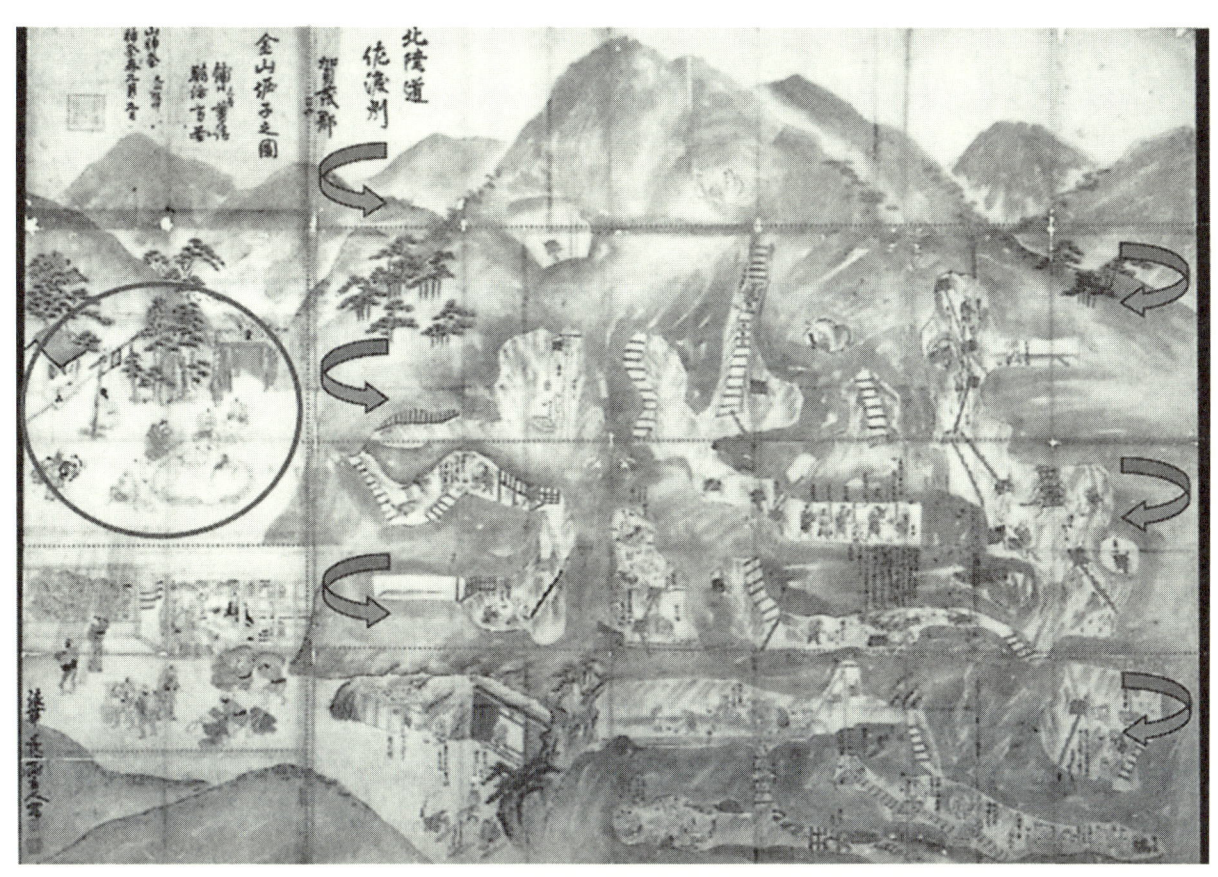

図11　財団法人佐渡博物館蔵『北陸道佐渡州賀茂郡金子堀子之図』

図12　平瀬徹斎筆・長谷川光信画『日本山海名物図会』（宝暦4年〈1754〉）巻之一

山神祭　山の神は、山口に所をえらびて社を勧請す。神はおのおのの願ひによりて定まりたることなし。まつりの日は京・大坂より芝居・見せ物などを取りよせ、いとにぎやかにいはひまつることなり。近辺の在々村々より参詣の男女ぐんじゆすれば、物うり・諸あきんどおほくあつまりて、そのにぎはひ諸社の大神亦にことならず。神前にてかならず神事すまふ有り。近辺のすまふ取どもおほくあつまりてにぎやかなり。祭は九月九日なり。

ところで、『北陸道佐渡州賀茂郡金山堀子之図』は面白い絵図面で、右側の金山の坑道内の様子を描いた部分を折り線に沿って4段に切り取り、それを上段から下段に向かって右から左に貼り合わせていくと佐渡金銀山絵巻ができる。坑道外のシーンは神前相撲の場面と町屋の場面で、それを上下に繋いでいる。『北陸道佐渡州賀茂郡金山堀子之図』には年紀が無いが、絵巻の編年研究の成果を応用すれば、揚水具に水上輪を使用している点や照明具の紙燭から比較的古い様子を伝えている。「北陸道佐渡州賀茂郡」という表記も古めかしい。

なお、本資料をよく観ると、左上のタイトル、『北陸道佐渡州賀茂郡金山堀子之図』以外に、「鋪口普請　賄渡方図」と「山神祭　大山祇神　神祭毎九月九日」の記載が見られる。すなわち、全体のおよそ四分の三を占めているのが、坑道内における金鉱石採掘の様子を描いた「金山堀子之図」であり、その最後に「鋪口普請」の様が付されているのである。また、その左隣には「賄渡方図」に相当する、鉱山内で働く者たちにとっての必要物資の受け渡しの場面が登場する。さらに、その上に先の「山神祭」の場面が認められる。

3．鉱山模型

(1) 佐渡金銀山に関係すると考えられる鉱山模型
以下の3点があげられる。
①オランダ民族学博物館所蔵模型
②佐渡市明治紀念堂所蔵模型（図13・14）
③佐渡市相川郷土博物館所蔵模型（図15～18）

①は横長の形態で、③と酷似する構造となっている。金属製の蝶番は見えない。坑道内が割り抜かれ、土製の人形が配置されている。外面は山肌を緑色、崖面を茶色で塗っている。内面は、地山の断面を灰色、坑道内壁面を白色、鉱脈の立て合いを黒色に塗り分けている。開いて向かって左側に滑車を利用しての排水シーンを表現している。一方、右側には間切改めの測量シーンが認められる。「釜ノ口」、「龍頭」、「切山」、「間切」などの場所情報、「舩」、「釣」などの用具名、「敷役人」、「水替」、「大工頭」等の職名など貼り紙による墨書の説明書きがみられる。なお、それらにはアラビア数字のナンバーが付されている。オランダのライデンに在る民族学博物館に所蔵されている。

②は高さ56.5cm、直径47.5cmの大きさを有する。下に厚さ5.5mmのベースが付いている。外面は自然木のままで、内面は半切後、鑿で荒々しく刳り抜いて合わせ面を灰色に塗る。石英脈の鉱脈を表現するものとみられる白と黒の塗りが認められる。これは立て合いと推定される。ミニチュアの鉱石には現物の金銀鉱石のような砕石が利用されている。②の人形には実際の布きれの衣服を着せている。

③は高さ26.1cm、長さ44.8cm、厚さ25.0cmと小振りである。内側に鉄製の蝶番が2個取り付けられている。閉じられた模型は蝶番と反対側のサイド部分のそれぞれ中位の同じ位置に開けられた直径約6mm、深さ約11mmの穴に跨ぐように、2脚プラグ状の楕円形をした傘型木製の部品によって留められる。こちらのミニチュアの鉱石は黄銅鉱の結晶が使用されている。③の木製人形は衣服を彩色で表現する。外面の山肌は緑色を基調に塗られ、坑口部の四つ留めとその周囲の石垣が彩色で表わされる。開いて地山断面は灰色、坑道内壁面は白色、立て合いを黒色で塗り分ける。内面左右に墨書の貼り紙があるが、遺存が悪く、左側は「専」のつくりがかろうじて読める。右側は残念ながらほとんど読めない。ただし、右側右端の坑道内壁面に「間切」の文字が残る。

なお、それぞれの所蔵場所について付論すると、①のオランダ民族学博物館は、シーボルトやフィッセルらの蒐集品が入っていることで知られている。

②の明治紀念堂は佐渡市金井に所在する。明治

図13　佐渡市明治紀念堂所蔵模型外側

図14　佐渡市明治紀念堂所蔵模型内側

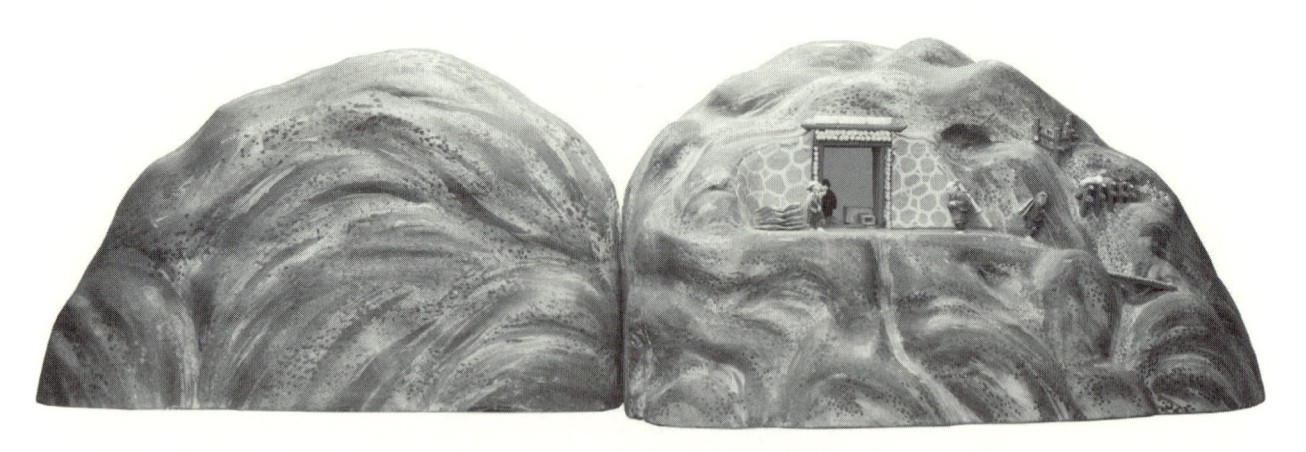

158　第Ⅴ章　今につながる佐渡金銀山の文化遺産

図15　佐渡市相川郷土博物館所蔵模型外側

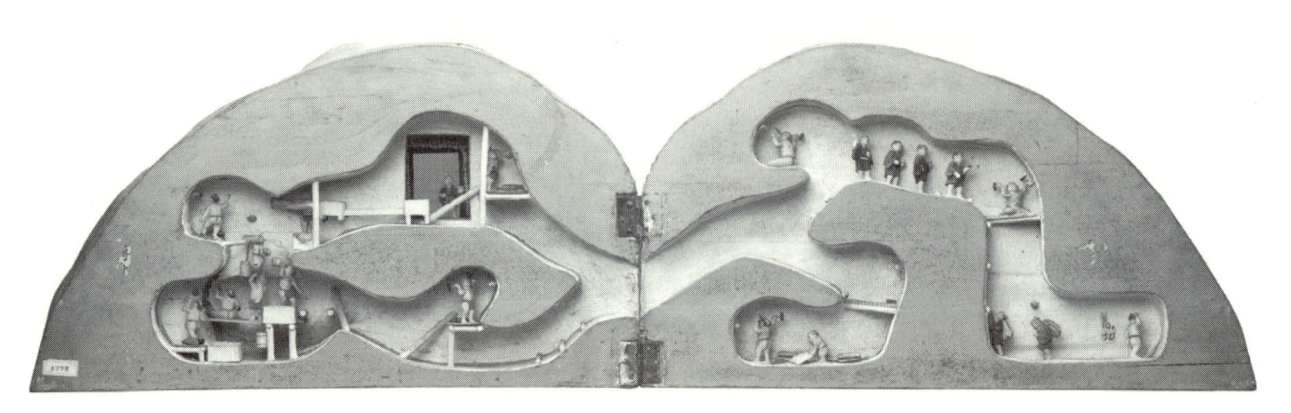

図16　佐渡市相川郷土博物館所蔵模型内側

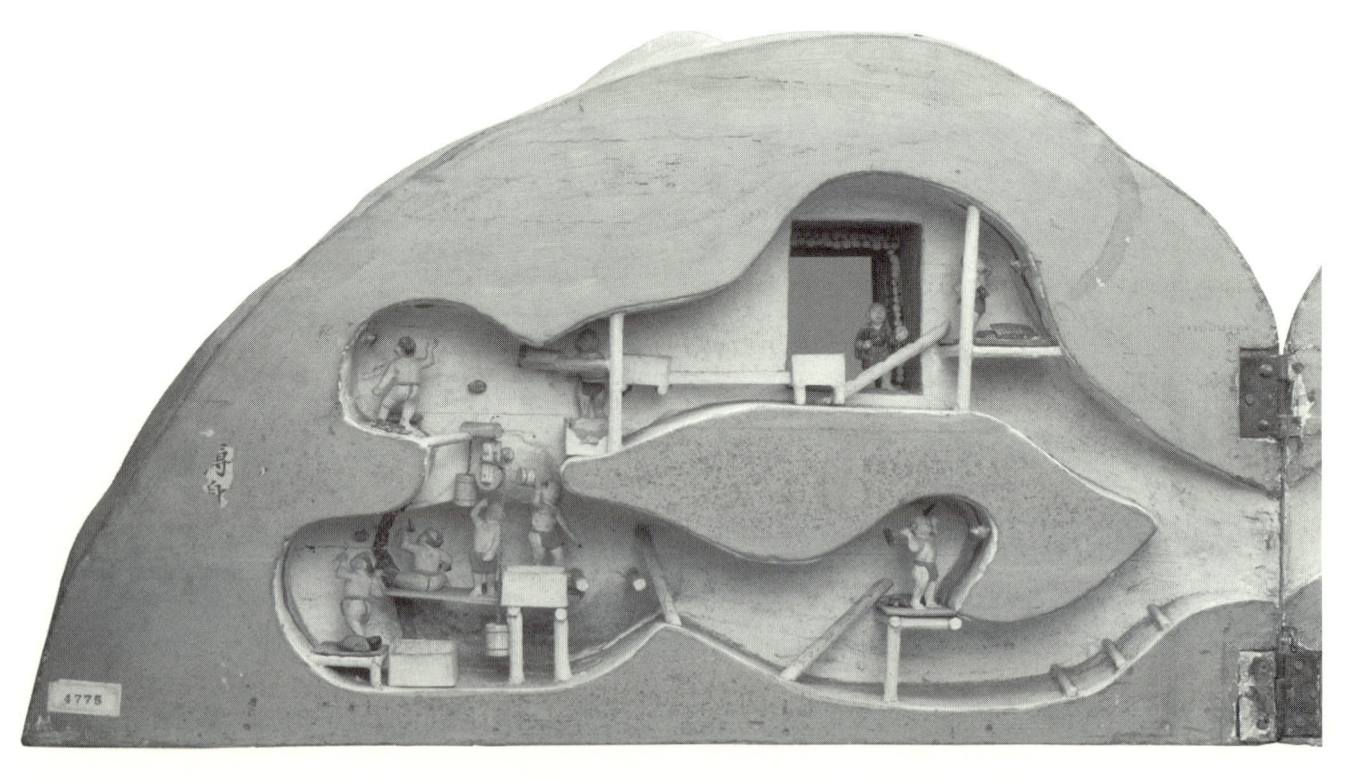

図17　佐渡市相川郷土博物館所蔵模型内面左側

29（1896）年に建設され、翌年には日露戦争関係の記念物を展示する施設ができた。相川に古くあった鉱山学校の教材なども保管されているという。

③の相川郷土博物館は佐渡市相川に所在し、旧・宮内省御寮局佐渡支庁の建物を保存・利用して博物館としている。昭和31（1956）年に開館したが、三菱鉱山時代のものをも含めて鉱山関係の資料が多く収蔵されている。

このうち、①と③に横長の形態的な類似性があり、②はそれらと比べて縦長で異質である。山肌の仕上げに前者が緑色の絵の具を塗っているのに対し、後者は茶色の地肌にミニチュアの樹木を植えている。注目されるのは、間歩の入り口の様子である。②では大山祇神社と灯籠の他にその参道の鳥居かと思われる赤鳥居とは別に、間歩の入り口が白木の鳥居形となっており、笠木に反り増しがみられる。さらに、その坑道入り口には「大山祇命」の掲額がある。それに比して③では赤鳥居は無く、間歩の入り口の鳥居形は笠木の反り増しがみられなくなって直線的になっている。しかし、その両端が斜めに切り落とされており、②に近い様相がうかがわれる。ただし、「大山祇命」の掲額は見られない。さらに①では、間歩の入り口が元は鳥居形であったことを容易には想像できなくなっている。笠木は直線的な上に、両端が垂直に切り落とされている。もっとも、③と違って「大山祇命」の掲額が認められる。なお、①・③では大山祇神社の社殿は②と異なり表現されていない。

以上の間歩の入り口に関する考古学の型式学的方法による型式変化から判断すると、相対年代として②が一番古く、③がそれに続き、①が最も新しいと推断される（図19）。

次に内容であるが、表現されているのは坑道内の鉱石の採掘風景、鉱石の運搬風景、排水風景、測量風景などである。このうち測量風景である間切改めの風景では③に表現があるものの、①では測量関係者の人形が不足し、そもそも測量シーンになっていない。このような点からも、①が最新のものと考え

図18 佐渡市相川郷土博物館所蔵模型内面右側

表1　鉱山模型比較表

項　目	佐渡市金井明治紀念堂所蔵模型	佐渡市相川郷土博物館所蔵模型	オランダ・ライデン民族博物館所蔵模型
形　状	縦　長	横　長	横　長
大きさ	56.5×47.5cm	26.1×44.8×25.0cm	
材　質	木　製	木　製	木　製
構　造	蝶番開閉金具、プラグ様木製留め具	蝶番開閉金具、プラグ様木製留め具	蝶番開閉金具見えず、紐留め？
外　観	木地のみ	彩　色	彩　色
神社（祠）	あ　り	な　し	な　し
鳥　居	あ　り	な　し	な　し
川と橋	×	○	○
坑道外荷役夫	×	○	○
四留め	笠木反り、両端斜め落し	笠木直線、両端斜め落し	笠木直線、両端垂直
掲　額	○	×	○
坑　口		木　樋	木　樋
人　物	粘土	木	木
衣　服	布	着　色	着　色
被り物	テヘン		
照明具	釣　り	螺　灯	釣　り
鉱　石	実際の金銀鉱石（石英脈）	黄銅鉱	
薄身・厚身	×	○	○
製作年		「己卯年」	江戸時代
製作者	不　明	瑞應亭	不　明
その他		右端「間切」	右端「間切」

られる。ただし、「敷役人」の文字が添えられている（図20）。

　排水には、水上輪や他のポンプによるものは無く、手桶を滑車を利用して吊り上げるものとなっている。水替え人足による、この排水シーンは江戸時代後期の頃のものかとみられる。

　照明具の表現は、①が釣、②も釣、③がサザエ殻の螺灯となっている（図21）。釣は佐渡金山絵巻に登場するが、螺灯は未確認である。

　測量風景の役人の被り物は、絵巻では「テヘン」という紙縒りを撚ったものであるが、ここでは表現されていないようである。

　掘削具では、上田ハシを使用せず、石のみに孔をあけ、そこに木柄を通したものを左手に握って、右手の金鎚で叩いている。

　③を開いて左脇に貼り紙があり、遺りが悪いが、墨書きで「薄身」と読めそうである。模型全体として酷似する①ではその部分の遺存が良く、はっきりと「薄身」と読める（図22）。そこで、「薄身」とは何であろうか。長い間、それが未解決であったが、小葉田淳氏の『生野銀山史の研究』の巻末の付図に「薄身之内」が目に止まった。それは本文中に登場する若林山間歩の四つのうちの一つである可能性が出てきた。これにより、サザエ殻の螺燈や鳥居形の間歩入り口から推定された生野銀山との関わりも想定された。しかし、「薄身」「厚身」は固有名詞ではなく、「厚身」側が山深い側を意味しているようである。

　その他、①と③を比較すると、共通性が目立つ。例えば、内部を開いて向かって右側の右端に「間

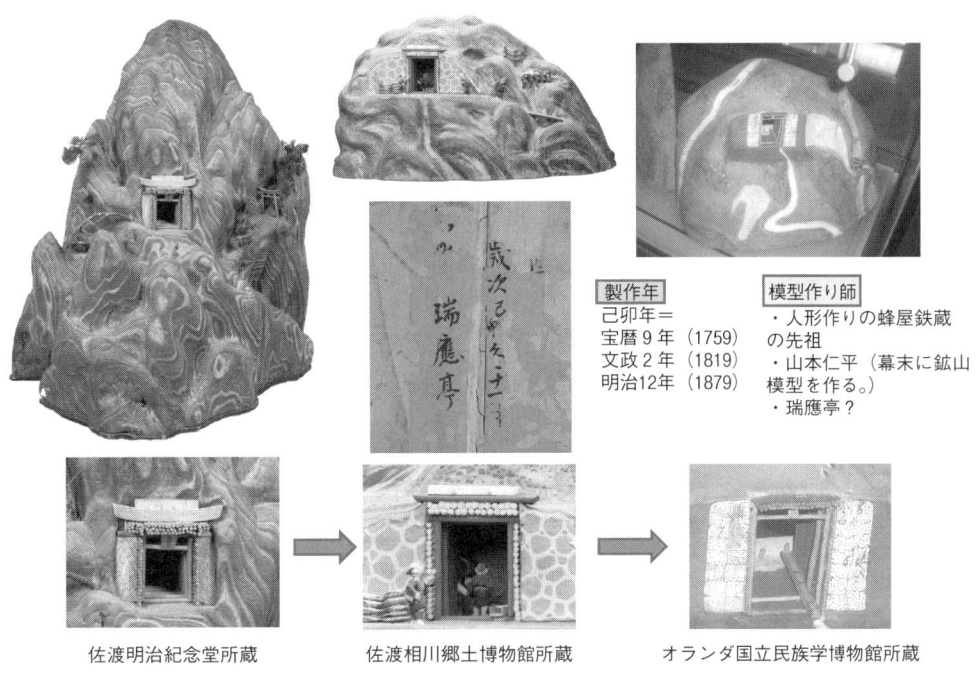

図19 鉱山模型における坑道入り口部の比較

製作年
己卯年＝
宝暦9年（1759）
文政2年（1819）
明治12年（1879）

模型作り師
・人形作りの蜂屋鉄蔵の先祖
・山本仁平（幕末に鉱山模型を作る。）
・瑞應亭？

佐渡明治紀念堂所蔵　　佐渡相川郷土博物館所蔵　　オランダ国立民族学博物館所蔵

佐渡明治紀念堂所蔵

佐渡相川郷土博物館所蔵

オランダ国立民族学博物館所蔵

図20 鉱山模型における敷役人の比較

切」の貼り紙があるのが共通している。左側では滑車を使って水を揚げている。外側では、坑口から木樋を使用して排水しており、その先は山の斜面を流下する水を白く描いている。坑口から出て荷役夫を配し、坑口向かって右手に橋を架けている。斜面の土留めの山留めも類似している。このことから①と③は製作者ないしは製作工房が同一であることが推定される。

ところで、これらの模型はいったいいつ誰が何の目的で作ったのであろうか。まず、①は同僚の池田哲夫氏がオランダ・ライデンの国立民族学博物館で調査したところによれば、ヨハン・フレデリク・フェルメール・フィッセル（Johan Frederik van Overmeer Fisscher）の目録に出てくるもので、

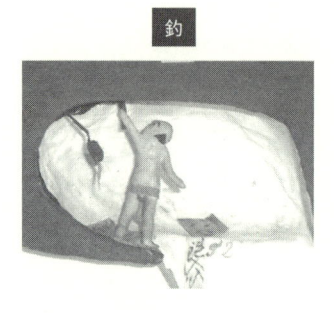

162 第Ⅴ章　今につながる佐渡金銀山の文化遺産

| 釣 | 釣 | 螺灯 |

オランダ国立民族学博物館所蔵　　佐渡明治紀念堂所蔵　　佐渡相川郷土博物館所蔵

図21　鉱山模型における照明具の比較

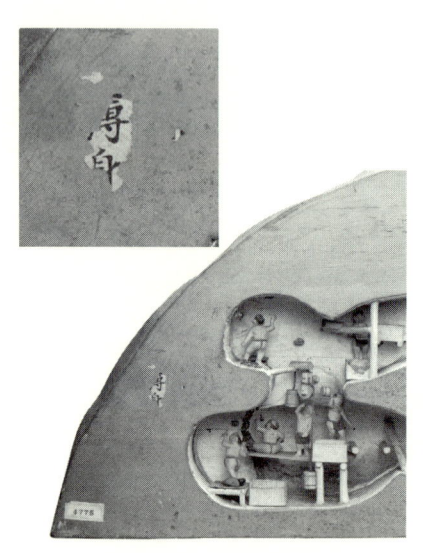

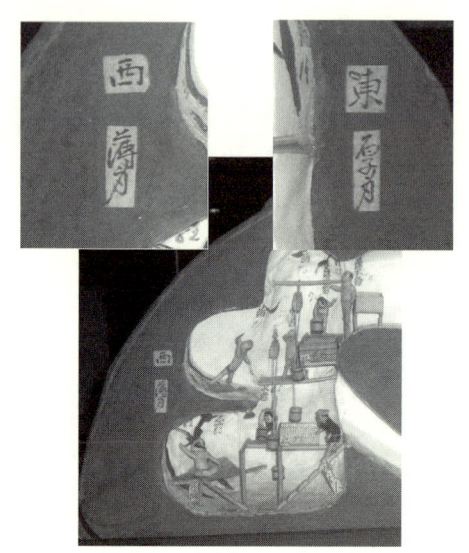

佐渡相川郷土博物館所蔵　　　オランダ国立民族学博物館所蔵

図22　鉱山模型における「薄身」と「厚身」

　フィッセルが集めたことを示す「360」という番号と整理番号の「3699」が付いている。それには「銅が多い佐渡という島で、本物によく似せて作られた珍しいものといえる。」という記述がみられる（池田 2010）。ちなみに、当資料に関しては、銅山として佐渡鉱山が評価されていることに注意を払わなくてはならない。それは1800年代前半の国際状況を反映したものと考えられる。フィッセルは、1800年に生まれ、1848年に亡くなっている。文政3（1820）年、オランダ東インド会社の社員として来日。長崎出島オランダ商館に商館員として勤務した。シーボルト事件後の文政12（1829）年、離日・帰国している。となると、この模型は少なくともフィッセル存命中の1848年以前に記録されている

ことになり、製作はそれよりも古く、さらには入手の経緯を勘案すると離日前の1829年以前ということになろう。

　そこで、③の底面には「歳次己卯冬十一月　瑞應亭」とその印が認められた。このことより、「己卯」は宝暦9年（1759）、文政2年（1819）、明治12年（1879）が候補にあがった。表記と、模型の内容、そして酷似する①の模型の推定製作年から判断して、文政2年の作とするのが妥当であろう。しかし、作者の「瑞應亭」に関しては管見ながら今のところ不明である。(4)

　鉱山模型は、鉱山学校の教材にしたという伝承をもつ相川金井明治記念堂のものがある。これが製作の契機ということならば、製作年は鉱山学校開校

（明治23年〈1890〉）後ということになる。しかし、製作の契機が異なれば、さらに古くなっても構わない。

相川鉱山で、展示用の模型や人形などを作っていた木地師に蜂屋鉄蔵がいる。明治7年（1874）12月12日生まれで、大正14年（1925）10月26日に死去した。鉄蔵は山中温泉で新田牧太郎という刳り物師（木地屋）と出会い、新田を佐渡に招いて、相川で木地を挽かせたのを契機に相川や両津方面に刳り物を職とする者が何人も定着するようになったという（本間2002）。となると、鉱山模型の中には明治年間から大正年間にかけての新しいものも存在することになる。

絵巻の製作者と模型の製作者が共通すると考えられる例として、渡部浩二氏は山本仁平をあげている。相川郷土博物館に所蔵されている『佐渡鉱山絵巻』の箱裏書きによると、その絵巻は佐渡の碩学、山本仁平が実際に坑道に入って編図したものという。これを昭和10年に記した川岡清次郎とその仁平の孫が親交していたらしい。『佐渡人物志』によれば、佐渡の相川柴町に住み、海府番所下遣を務め、番所役廃止（明治元年〈1868〉）後は金坑方振矩師、縣学の算術方教授を歴任したという。細工物が巧みで、中村石見守時方が佐渡奉行の時、命により鉱坑採鑿の模型を作り、後に英国人ガールのために再度製作したとされる。となると、鉱山模型の製作年が分かるものとしては、中村石見守時方が佐渡奉行在職時である元治元年（1864）5月～慶応元年（1865）9月と、67歳で亡くなる明治11年2月3日までの幕末から明治初期にかけてのこととなる。

(2) 他の鉱山の模型

日本国内の古い鉱山模型は、兵庫県生野銀山にもみられる。こちらは木の切り株を3枚輪切りにしたもので、その中を刳り抜いて坑道内の様子を再現している。佐渡関連の鉱山模型と比べると、異質であるが、強いて言えば自然木利用の③に近い。しかし、構造は異なっている。技術系譜は相違するものと考えられる。ちなみに、明治時代、生野銀山は佐渡相川金山と同様の宮内省御料局管轄・三菱資本であったことは注目に値する。

これには箱が伴っていて、その箱書きに「銀山鋪中細見図　嘉永二（1849）巳酉年五月　来住家ヨリ求之　□□（蓬莱か？）氏　早田宗助之細工」とあり、来住家・早田宗助から生野銀山のものと考えられている（鈴木ほか1996）。早田宗助は生野銀山で享保18年から銀を年3回大阪に持って行くまでの間、その蔵の管理をしていた御運上蔵役手伝役の地役人だったとされる。来住家は延享年間、生野銀山作畑口の口番所役人をしていたという。

なお、この模型の山上にも佐渡の明治記念堂のものと同様な祠状のものが置かれている。鉱山神を祀ったものとみられる。坑道内は蟻の巣状となっており、鉱石の採掘・運搬の様子を人形を設置して表現している。留め木や丸木梯子が見える。

4．まとめ

特に、研究の遅れていた佐渡金銀山に関わる浮世絵の成立の問題を検討し、その成立過程を明らかにした。その結果、各代の広重のオリジナルのものは少なく、先代の広重や葛飾北斎の『北斎漫画』三編の「金山」（文化2年〈1815〉）、さらには遡って平瀬徹斎筆・長谷川光信画『日本山海名物図会』（宝暦4年〈1754〉）から採っていることが明らかになった。そのうち、西三川砂金山のものである二代広重画『諸国六十八景』「佐渡金やま」（文久2年〈1862〉）は、構図の類似性から葛飾北斎による「富嶽三十六景　神奈川沖浪裏」を参考にしたのではないかと2012年4月に指摘したが、その後の研究により、新潟県立歴史博物館所蔵の絵巻、石井文峰筆の『佐渡金銀山稼方之図』（安政3年〈1856〉）を手

本にしていることが判明した。

　一方、三代広重画『大日本物産図会』「佐渡金堀之図」（明治10年〈1877〉）は、同様に、平瀬徹斎筆・長谷川光信画『日本山海名物図会』（宝暦4年〈1754〉）を種本にしていることを指摘したが、そもそも、『日本山海名物図会』は照明具の螺灯などから西日本の別子銅山あたりの絵巻を参考に描かれたものと推定した。

　また、財団法人佐渡博物館所蔵の『北陸道佐渡州賀茂郡金山堀（ママ）子之図』の佐渡金銀山絵巻との関連性や先の平瀬徹斎筆・長谷川光信画『日本山海名物図会』の「山神祭」のシーンの取り込みなどを明らかにした。それにより、本図の従前の評価である、佐渡金銀山で鉱夫の慰安・娯楽・福利厚生のために相撲をしていたという解釈は成立せず、9月9日の山神祭に山神宮の前で「神事」として相撲が執り行われたものであることを指摘した。

　さらに、佐渡に現存する鉱山模型と海外オランダに残る鉱山模型や他鉱山の模型との比較検討も試みた。特に、釜ノ口、坑口の鳥居形木組みの様子から考古学的な型式編年を援用し、鉱山模型の新旧を判断した。併せて、佐渡市相川郷土博物館所蔵模型とオランダのライデン国立民族学博物館所蔵模型の酷似する点を指摘し、前者の製作者と製作年に関する新知見を提示した。すなわち、相川郷土博物館所蔵模型の底面に「歳次己卯冬十一月　瑞應亭」の墨書の貼り紙を発見したのである。

5．模型で繋がる意外な交流

　小論は、絵巻・絵図・浮世絵（錦絵）・模型をもとに、佐渡金銀山の歴史的景観を検討したものである。浮世絵では佐渡金山に関するものを知る限りでは網羅したものとみられる。今まで知られていた海外の佐渡金銀山絵巻の他に、大英博物館所蔵の佐渡金山の浮世絵やオランダのライデン国立民族学博物館所蔵の佐渡鉱山のものと伝えられる鉱山模型の存在を追加できたことは佐渡鉱山と海外、とりわけヨーロッパとの繋がりを知る上で重要と考えられる。本発表が、佐渡金銀山のユネスコによる世界遺産本登録の一助になれば望外の幸せである。

　最後に、2012年度の歴史地理学会新潟大会で、本研究の発表の機会を提供してくださった新潟大学人文学部の同僚、堀健彦氏をはじめ、資料調査でお世話になったドイツ、ルール大学・レギーネ・マティアス教授、同、ドイツ博物館ディルク・ビューラー氏、同、フライベルグ市鉱山博物館ウイリッヒ・ティール氏、イギリス、大英図書館ヘイミッシュ・トッド氏、ユー・イン・ブラウン氏、松岡久美子氏、興野喜宣氏、山口牧恵氏、池田哲夫氏、丹治嘉彦氏、新潟県立歴史博物館の渡部浩二氏、新潟県立文書館の余湖明彦氏、院内銀山異人館の鈴木清子氏、（株）ゴールデン佐渡の澤邉一郎社長、石川喜美子氏、財団法人佐渡博物館の羽生令吉氏、朝来市教育委員会・佐渡市教育委員会の諸氏、翻刻で御指導いただいた原直史氏、広瀬秀氏、清水美和氏、橋本悠氏に深甚な謝意を表する。

　本稿は、2010年度新潟大学プロジェクト研究「佐渡金銀山絵巻の博物科学的研究」（申請代表者：橋本博文）による研究成果の一部をもとに作成し、新潟大学人文学部紀要、『人文科学研究』第131輯（2012年12月10日刊行）に掲載した「絵巻（絵図）・浮世絵・模型等にみる佐渡金銀山の歴史的景観」の拙稿から、直接絵巻に関連する部分を抜き出し、それに手を加えたものである。

註
（1）佐渡金山絵巻に登場する坑道内の役人による測量シーンには、現代のヘルメットに相当する、紙縒りで作った安全帽が見られる。頭のてっぺんに使用されることから「テヘン」と呼ばれるようになったとも言われる。それに使用した紙は単なる紙ではなく、神社の

お札などで、日本国中の神の名を唱えながら作ったと、新潟大学旭町学術資料展示館所蔵の絵巻『佐渡之国金銀山敷内稼方之図』に書かれている（橋本 2013）。
（2）大草太郎左衛門殿の御支配中に記された留書で、天保 10 年より同 12 年までのものに図入りで見える（『生野史』鉱業編第 6 章 466 頁、「四ツ留核合」）。
（3）『島根のすさみ』には「たんない爺」として登場する（川田 1973）。
（4）相川郷土博物館所蔵鉱山模型と酷似するオランダのライデン国立民族学博物館所蔵鉱山模型の底面にも、製作年・製作者に関する情報が残されている可能性があったので、後者を現地に取材したＢＳＮ株式会社新潟放送のディレクター、山口牧恵氏を介して関係者に現物を確認していただいたところ、残念ながら、そちらの底面には情報は無かったとのことである。

参考文献

池田哲夫 2010「オランダにおける調査」『佐渡金銀山に関わる資料をヨーロッパに訪ねて』13-27 頁、新潟大学旭町学術資料展示館。
大久保純一 1996『広重六十余州名所図会』210 頁、岩波書店。
大阪歴史博物館編 2003『よみがえる銅』93 頁、大阪歴史博物館。
小葉田淳 1954「生野銀山史の研究」『京都大学文学部研究紀要』第 3 巻：1-70 頁、京都大学文学部。
葛飾北齋 1815『北齋漫画』三編（松田 修・菊地貞夫 解説 1976『北齋漫画・上』東京美術）。
川田貞夫 1973 校註『島根のすさみ─佐渡奉行在勤日記─』東洋文庫 226：285 頁、平凡社。
鈴木一義ほか 1996『日本の鉱山文化─絵図が語る暮らしと技術─』国立科学博物館。
田辺昌子監修 2011『徹底図解 浮世絵』新星出版社。
テム研究所編著 1985『図説佐渡金山』河出書房新社。
樋口 弘 1943『幕末明治開化期の錦絵版画』味燈書屋。
橋本博文 2013「『佐渡之国金銀山敷内稼方之図』解説」『あさひまち』新潟大学旭町学術資料展示館ニュースレター第 10 号：4 頁、新潟大学旭町学術資料展示館。
長谷章久編 1982『日本名所風俗図会』16、諸国の巻Ⅰ、角川書店。
本間雅彦 1971『舟木の島』私家本。
本間雅彦 2002「はちやてつぞう」『佐渡相川郷土史事典』563 頁、相川町史編纂委員会。
森山悦乃・松村真佐子 2005『広重の諸国六十余州旅景色』人文社。
山本修之助編 1978『佐渡叢書』第 12 巻、佐渡叢書刊行会。
レギーネ・マティアス 2009「欧州における佐渡金銀山絵巻」『国際シンポジウム 絵巻から見える佐渡金銀山』新潟県教育委員会・佐渡市・新潟大学旭町学術資料展示館。
渡部浩二 2010「「松倉金山絵巻」と佐渡金銀山絵巻」『新潟県立歴史博物館研究紀要』第 11 号：71-80 頁、新潟県立歴史博物館。
Tetsuo Ikeda 2012 'Research in the Netherlands' "Visiting Europe to uncover materials related to Sado Gold Mine" pp.7-15 Asahimachi Museum, Niigata University.

図版引用文献

図 1・5：新潟大学旭町学術資料展示館所蔵資料より
図 2：鈴木 1996 図版 47-1 より
図 3：長谷 1982：208 頁より
図 4・9：葛飾 1815（松田・菊池 1976）より
図 7：長谷 1982：209 頁より
図 8：筆者所蔵資料より
図 10：田辺 2011 より
図 11：財団法人佐渡博物館提供写真を筆者改図
図 12：長谷 1982：210 頁より
図 13〜18：佐渡市提供
図 19：筆者撮影のもの、佐渡市提供のもの、大阪歴史博物館 2003 挿図を合成
図 20〜22：筆者撮影のものと大阪歴史博物館 2003 挿図を合成

附編

1．口絵解説

図1　相川金銀山

①　道遊の割戸（青柳割戸）

巻頭に佐渡金銀山の象徴ともいえる道遊の割戸（青柳割戸）が描かれる。佐渡金銀山絵巻の巻頭表現は年代によっていくつかのパターンがある。これは1750年代頃に顕著な表現形式である。

②　坑道内の移動と水替え

坑内の上り下りには丸木梯子（雁子）を用いた。長い丸太に足がかりの切り込みを付けた昇降用足場である。地下深くの稼ぎ場に行く場合は、この梯子を何本も下げた。また、井戸のように深く、梯子がかけられない場所では、留木を横に打ち込んで階段状とし、上り下りしやすいようにした。これを「打替」といった。

暗い坑内を移動する時の照明には、松明状の紙燭や釣（丸い鉄皿に油を入れ、灯心をひたして火を灯す）を用いた。紙燭は江戸時代中期以降、次第に使われなくなった。

坑内の湧水を汲み上げる者を水替という。様々な排水器具が導入されたが、手桶や釣瓶を用いた汲み上げが基本であった。安永7年（1778）以降は、江戸無宿が水替人足として送り込まれた。

③　坑道内での作業

鉱脈を探すための坑道を間切という。山師や佐渡奉行所の役人（山方役・目付役・番所役など）が立ち会って改める。彼らが頭にかぶるのは、和紙のこよりを編んで作った「てへん」（天辺）である。この着用は佐渡奉行の所役人や山師などのみに許された。

坑内で鉱石を掘る者を大工という。大工は上田箸を用いて鉱石を掘る。上田箸は鑽を挟んで持つ道具で、鎚を打ちおろす時の手の衝撃をやわらげる。大工が交代で休憩・食事している様子も描かれている。

坑内では大工の他にも、鉱石の運搬を担う荷揚げ穿子などの雑役従事者や、坑内普請を行う山留大工らが作業を行っていた。

④　水上輪による排水作業

坑内の排水は鉱山経営の重要な課題であった。承応2年（1653）には水上輪が導入された。アルキメデスポンプを祖形とする排水器具で、木製の円筒の内部には螺旋状に板が取り付けてあり、上部のハンドルを回転させると水を汲み上げることができる。排水に大きな成果をあげたが故障も多く、また、狭く深い坑内に設置する不便もあって次第に使われなくなった。

出口付近の水平の長い坑道を「廊下」という。地下深くから汲み上げられた水を坑外に流すための掛樋が設けられ、荷揚げ穿子が背負い出してきた鉱石もここで改める。

⑤　釜ノ口・横引場・鍛冶小屋・立場小屋

間歩（坑道）の出入り口を「釜ノ口」と呼ぶ。鳥居型に支柱を立てて石で補強し、山の神である大山祇尊を祀る。隣の小屋は横引場といい、坑内から背負い出した鉱石の重さを改める。手前では坑内の山留に用いる材木を加工している。

鍛冶小屋では金穿り大工が使用する鑽の先を焼き直す。修理された鑽は、鑽通い穿子が坑内へ持ち運ぶ。立場小屋では、石撰女が掘り出された鉱石を上・中・下と品位別に仕分ける。この作業は女性の仕事であった。作業を見守っているのは金児（山師

に雇われる採掘の現場監督者）である。

⑥　四ツ留番所

　四ツ留番所は、佐渡奉行所直営の各間歩ごとに置かれた。坑内作業の維持・管理のために出入りする人々を改めたり、留木・鑽・照明用の油や鍛冶場で使う炭なども管理していた。役人の目を盗んで貴重な鉱石を体に隠して外へ持ち出さないよう、通路の途中に股木を渡すなど工夫がなされていた。さらに買石（製錬業者）との取引、山師や金児への利益分配を行う場所でもあった。

⑦　どべ小屋

　立場小屋で捨てられた鉱石を拾い集め、石撰女たちに目利きさせて、わずかでも金銀分が含まれる鉱石を回収する。「どべ」とは泥のことをいう。泥を流し落として鉱石を撰び出す者を「どべの者」、彼らの居る場所を「どべ小屋」といった。

⑧　鉱石の荷分け

　荷分け（鉱石の分配）は、御上納鏈荷置き場の前で行われる。い・ろ・はの順に等級分けをした鉱石を、10日ごとに荷分け場に持ち出し、公納分・山師分・金児分にわける。上納率は時期によって異なったが、江戸時代後期には6割ほどにもなった。

⑨　鉱石の運搬（間ノ山番所・六十枚番所）

　荷分けの終わった鉱石は、間山番所や六十枚番所で改められる。宝暦3年（1753）の本絵巻制作当時は、相川市中の買石宅の勝場へ運ばれて粉成された。鉱石の運搬には牛が利用されたが、番所から奥へは牛を引き入れることはできなかった。

⑩　相川の町並

　相川町は鉱山町として賑わった。酒屋、紙燭（桧を薄く削り、やわらかになるまでもんで縄のようにして油を浸し、これを木に巻きつけて火を灯して用いた坑内の照明具）、笊や叺などを扱う店などが並んでいる。通りには炭や油・留木を背負い、鉱山に向かう人々が描かれている。犬と遊ぶ子ども、魚を売る男などもみえる。

⑪　勝場

　勝場では鉱石を微粉化した後、汰板を利用して水中で比重選鉱し、金分と銀分を採取する。

　まず、金場でくぼみのついた叩石の上に鉱石を置き、鉄鎚で打ち砕いて粉々にする。上質な鉱石は馬尾篩でふるい、それ以外はザク笊でふるった。篩にかけた鉱砂を水中で汰板の上でゆする。比重の軽い砂は先に落ち、水筋（自然金）や汰物（硫化銀を主体とする鉱砂）は汰板に残るので回収する。先に落ちた砂は石磨にかけ、さらに細かい泥粉状にする。これを立桶に入れて沈殿させ、再び汰板でゆすって水筋、汰物を回収する。

　さらに残った鉱砂は、「ねこ流し」という工程にかける。鉱砂を木綿布を敷いた斜台に流し、金銀分を付着させる。この木綿布をはがし、打込桶の中で金銀分を洗い落とす。これを再び汰板でゆすって金銀分を徹底的に回収した。

　なお、市中に散在していた買石宅の勝場は、宝暦9年（1759）に佐渡奉行所敷地内に集められ、「寄勝場」となった。

⑫　寄床屋（大床・灰吹床）

　集められた水筋と汰物は、床屋（床は炉のこと）で製錬する。

　まず、大床（大吹床）で、水筋と汰物それぞれに鉛を加えて吹き熔かし、含金鉛と含銀鉛とする。硫化銀の多い汰物の場合は七輪竃で蒸し焼きし、硫黄分を除去してから吹き熔かす。

　大床でできた含金鉛と含銀鉛は、灰吹床で鉛を灰に分離させ、面筋金と山吹銀とする。ただし、面筋

金にはまだ銀が多く含まれ、山吹銀には少量の金が含まれる。

なお、宝暦3年（1753）の本絵巻制作当時、市中の床屋は相川の北沢町・次助町・大床屋町に「寄床屋」として集められ、佐渡奉行所の管理下にあり、宝暦9年（1759）、寄勝場の中に移された。

⑬　金銀吹分床屋

汰物を製錬してできた山吹銀には少量の金が含まれており、これをさらに金と銀に分離する。

まず、吹分床で山吹銀に鉛・硫黄を加えながら吹き立てる。これに水を打って表面を冷やすと薄い銀皮ができるのではぎ取る。繰り返し吹き立てて銀皮をはぎ取ると、炉の底に筋金が残る。

このように分けられた銀皮と筋金は、灰吹床で灰吹銀と分筋金にする。分筋金は塩でみがいて色付けする。ここでできた灰吹銀はほぼ純銀に近く、分筋金にはまだ銀が含まれる。

なお、金銀吹分床屋は相川の上京町にあり、佐渡奉行所の管理下にあった。宝暦9年（1759）に、内に設けられた寄勝場の中に移された。

⑭　小判所（筋金玉吹）

筋金を吹き熔かし、高下がないよう金位を一定に製錬する工程を「玉吹」と称する。すなわち、御金蔵（御運上屋）から受け取った筋金と「玉筋金」（重さ50匁以下の筋金）を、筋見の指導のもと小判所の灰吹床において吹き熔かして製錬し、金位を一定に固定する。ついで、それらを鉄盤の上で摺石によって細かに切り砕き、「砕金」（金粒）とする。それら金粒を水桶のなかで手もみによって水洗し、さらに熱した鉄鍋のなかで十分に乾燥した上、500匁（1,875g）ずつの「砂金包」に包封して御金蔵に納める。

⑮　小判所（筋金惣吹）

御金蔵から受け取ったそれぞれの砂金包の金粒のうち、重さ100匁（375g）分を抜き取り、それを灰吹床において鉛を加えて「惣吹」（熔解）し、「悪気」（不純物）を除去した上、長方形の延金に鍛造する。ついで、その延金をほぼ等分の重さとなるよう切断して4片とする。そのうち3片は筋見1名と金座小判師2名による「問吹」（金位鑑定）の試金にあて、残る1片は「四歩一切留之付口」（長方形の延金）と称され、問吹において金位鑑定をめぐる対立が生じた場合の予備試金とするため、御運上屋に保管する。なお、それぞれの砂金包のうち残る400匁（1,500g）の金粒は、順次500匁（1,875g）単位の砂金包に再度仕立て、御金蔵へ納める。

⑯　小判所（砕金）

小判所では筋金に含まれる銀を分離し、金位を高める。まず、砕金床で筋金に鉛を加えて吹き熔かし、鉄盤の上に置いて摺石で摺り砕く。鉛を加えるのは砕きやすくするためである。摺り砕いた筋金は篩でふるって粒度をそろえる。砕金床の上にある千両棚は、熔解の際の煙に含まれる金分を回収するために設置されている。

⑰　小判所（焼金）

粒度をそろえた筋金の粉と生塩（にがりを含んだ塩）を塩合船でよく混ぜ合わせ、土器に円筒形に盛って、長竈（焼金竈）の中に並べる。長竈の底の両側には、風回しを良くするために羽口（鞴の送風口）を並べ、四方に炭を立てかけ焼きあげる。こうして筋金に含まれる銀を塩と化合させて金から分離する。

焼きあがった塩金は土器とともに長竈から取り上げ、水を張った桶に入れる。塩金は鉄槌で打ち砕き、塩気が抜けるまでよく洗う。洗った水には塩化銀が含まれるので塩船にためて置く。桶底に残った

金は回収して、翌日再び塩と混ぜて長竈で焼く。この作業を3～4日続けると規定品位の「焼金」が得られる。

⑱　小判所（揉金・寄金）

焼金は湯で何度も揉み洗って塩気を除く。これを揉金といい、和紙に包んで水気を取る。さらに、この揉金を吹き立てて寄金とする。寄金という呼称は、細かな金を吹き集めることによるという。

⑲　小判所（延金）

これまでの工程でできた寄金と砂金などを小判に必要な品位になる割合で金床で吹き熔かし、鋳型に流して竹流金（小判地金）にする。これを延金床で塩をつけて吹きなまし、延金場で打ち延ばして長さ3尺（約90cm）、幅2寸（約6cm）の延金にする。筋見の者は、好金と薄金という純度の異なる二種類の寄金をどのような混合割合で熔かして小判地金にすればよいか、手本金で照合する。

⑳　後藤役所（延金目利・銅気改・延金荒切）

元和7年（1621）、佐渡奉行鎮目市左衛門の建議によって佐渡で小判が製造されることとなった。この貨幣製造請負人の役所が後藤役所である。

延金の中央2カ所に極印を押し、中央から鏨で切断する。切断した延金は手本金（金の純度見本）と比べて品位鑑定する。そして、延金を加熱し、檜の棒で表面をこすり、その炎や表面の色などから銅分の有無を調べる。

品位鑑定の終わった延金は小判所にもどされ、小判1両ほどに荒切りして、秤で重さを改める。

㉑　後藤役所（小判拵・小判色付）

荒切小判は後藤役所で加熱して柔らかくし、たたいて半円形の釣子小判とする。さらに釣子小判のもう一方を丸くたたいて打ち替え小判とし、鉄鎚で鎚目・ござ目をつけて小判としての形を整えてゆく。

小判の形が整い極印が打たれると、色付薬をつけて炭火の上でせんべいを焼くように焼き、頃合いをみて水で冷やして炭灰（須灰）で洗う。これを「どうずり」という。再び薬をつけて焼き、水で冷やして洗い、塩で磨いて山吹色の小判に仕上げる。これが通用小判となる。

㉒　小判所（塩銀吹）

焼金の工程で塩船に残った濁り水から金銀分を回収する。まず、桶に入れた濁り水を半船の中で汰鉢に少しずつ取り、鉢をまわすと重い金分の多い粒は残り、銀分は流れ出る。これを波塩という。金分粒はさらに元塩汰にかけて、金（塩金）と銀（元塩）に汰り分ける。波塩、元塩は紙を貼った籠で湯がけして塩気を抜いて、塩銀床へまわす。塩銀床で塩銀を吹き立てて冷やし、適当な大きさにする。これを下り地といい、灰吹床で鉛を加えて吹き立てて銀を取る。さらにこれを吹分床で、鉛・硫黄を加え、銀皮を取りながら金と銀とに分離する。

㉓　小判所（砂金吹）

西三川砂金山で採取された砂金も小判所で吹き丸める。御金蔵から受け取った砂金を水で湿らせ、紙に包む。それを砂金吹床へまわし、鉛を吹き熔かした中に入れ、蒸し焼きにして半時ばかりおいて吹き熔かす。こうして砂金に混じっている砂気を取り除き、湯折にして灰吹床へまわし、鉛気がないように吹きあげる。

㉔　銅床屋（かな場・ねこ場）

佐渡金銀山は金銀を主体とした鉱山であるが、銅分を多く含む銅鉱石や金銀製錬の過程で出た銅分は銅床屋で製錬した。銅床屋は佐渡奉行所から離れた海岸近くに位置した。

銅鉱石は金場（かなば）で粉砕し、篩にかける。篩にかけた

鉱砂を水中で汰板の上でゆすると、比重の軽い砂は先に落ち、水筋（自然金）や汰物（水筋を取り除いた後の硫化銀・銅分を主体とする鉱砂）は汰板に残るので回収する。先に落ちた砂は石磨にかけ、さらに細かい泥粉状にする。これを立桶に入れて沈殿させ、再び汰板でゆすって水筋、汰物を回収する。

さらに残った鉱砂は、ねこ場で「ねこ流し」という工程にかける。鉱砂を木綿布を敷いた斜台に流し、金銀銅分を付着させる。この木綿布をはがし、打込桶の中で金銀銅分を洗い落とす。これを再び汰板でゆすって金銀銅分を徹底的に回収した。

㉕　銅床屋（荷吹床・間吹床・南蛮床・灰吹床・銅床屋役所）

先の工程で得た汰物は竈で焼いて硫黄分を除去する。この焼汰物の熔練を荷吹という。荷吹床では、焼汰物に鉛・地銅・鏺を加えて吹き熔かし、箒で打ち水をして冷やして、表面に浮かぶ鏺をかき取る。その後、同様に吹き熔かしては打ち水で冷やし、銅皮をはぎ取る。銅皮は間吹床で吹き熔かし、鏺をかき取り、荒銅とする。炉底に残った金銀鉛を含む荒銅の湯折は冷やし固めて取り出し、南蛮床にまわす。

南蛮床は、荒銅に含まれた金銀分を取り出す炉である。荒銅と鉛をさらに吹き熔かして、銅と金銀鉛の合金とに分離する。金銀を含んだ鉛は、灰吹床で分離し、金銀合金を回収する。

㉖　浜流し

海浜に流れ出た砂金を採取することを浜流しという。ただし、これは一般的な砂金ではなく、金銀鉱石を粉砕処理した鉱砂などが、洪水その他で流失したものである。また、金粒が肉眼で確認できるような鉱石（浜石）も拾い集めた。

見込みのある所を掘ると海水が湧き出るので水上輪で排水する。掘り出された砂はモッコで流し場へ運び、ねこだ流しを行って砂金を含む細かい砂を取り上げる。これを浜流し請主の勝場において汰板で比重選鉱して金分を回収した。これは水筋と同様な処理をされ、筋金となる。

図2　西三川砂金山

① 中柄山稼所

中柄山は笹川集落の側にある砂金採掘場所の一つで、砂金山の山裾を掘り崩し、堤に溜めた水を崩した土砂に勢いよく流して余分な土石を洗い流す、大流の作業を行っている。捨て石山の高いところにはがけの崩落を知らせるダイナイ爺が作業の様子を見守っている。

② 大　流

前図に引き続き、掘り崩した土砂から余分な砂礫を洗い流す作業を行っている。稼ぎ場の側を流れる川に、長さ4～5間（約7～9m）間隔で川幅いっぱいに簗と呼ばれる石垣を築く。次に簗で仕切られた川の中に掘り崩した土砂を運び入れ、大石を取り除いた後に堤の水を流し、余分な土砂を洗い流す。最後に簗内に流されずに残った石を鶴嘴や釣子で取り除く。この作業を繰り返し行い、砂金を含んだ砂礫を簗内に溜める。

③ スカシ

大流で簗内に残った砂金を含んだ砂礫を徐々に取り崩し、中から出てきた大小の石を取り除く作業を行っている。月の25～26日頃まで、大流とスカシを繰り返して、川底に残った含金砂礫層の密度を上げる。

④ 押　穿

大流・スカシで溜めた砂金を含む砂を汰板でゆりわけて、砂金を取り上げる一連の作業が押穿である。図では「ねこだ」と呼ばれる藁製の筵に、釣子

でかき寄せた砂金を含んだ砂を流しかけている。ねこだについた砂は、水中で揉み洗いしながら汰板に移され、比重選鉱によって砂金を取り上げた。

⑤ 高下(こうげ)

押穿後に残った土砂を、岩盤まで掘り下げ、一カ所に集める作業。上流に横関をして川の流れを遮り、岩盤近くの土砂を「小ゼリ」という鍬で削り取る。採取した土砂はモッコで川下へ運ばれ、取り残した砂金を採取する小流の工程へ移る。

⑥ 小流(こながし)

高下で集めた土砂をねこだに盛り、水流で余分な土石を洗い流し、残った砂金含みの砂を、汰板でゆりわけて砂金を取り上げる作業。

⑦ 敷穿(しきぼり)

砂金山に坑道を掘って、砂金含みの土石を運び出す作業が敷穿である。砂金を含む土石は釜ノ口(坑口)の荷置き場へ運ばれた。中石やバラ石は坑外へ持ち出して廃棄し、大石は土山で崩れやすい坑内の土留め用の石垣に転用された。

⑧ 小流(こながし)

ここでは敷穿で掘り出した土石から砂金を採取する作業が行われる。複数のねこだに土石を盛り、水流で余分な土石を流し、ねこだに砂金を含む砂を溜める。

⑨ ねこだ打

小流で余分な土砂を洗い流した後、残った砂金を含んだ砂を1カ所に集める作業。川の脇に流れの緩やかな小川を作り、一番川上の頭(かしら)ねこだを川からあげ、2枚目以降のねこだに付着した砂金を含む細かい砂を順次川下のねこだに移していき、最終的に一番川下の尻ねこだに集める。

⑩ 砂金板取

ねこだ打で集めた砂を、汰板でゆりわけ、砂金を取り上る作業。河原では金山役人と金児(かなこ)がとれた砂金を計量している。

⑪ 金入(かねいり)

毎月29日、晦日には、これまでとりあげた砂金を金山役所で開封し、奉行所と金児それぞれの1カ月分の取り分を決める。金山役人は砂金山一帯の金児たちを金山役所に集め、これまで預かった砂金を一旦返し、湿気や余分な砂、鉄などを取り除いた後、名主へ差し出させた。名主はそれを目利きして金山役人へ渡し、計量結果を基に上納高と金児たちへの払い代銭を定めた。

＊　ここでは図1、図2の解説をした。図3以降については本文を参照。

2．佐渡金銀山絵巻検討会の経過

　佐渡金銀山絵巻検討会は、江戸期の佐渡金銀山を描いた鉱山絵巻の調査と研究を目的として、平成21年（2009）に発足した。

　国内外に数多く残る佐渡金銀山絵巻は、19世紀以前における国内鉱山の実態を解明するための貴重な史料であり、絵巻検討会では、鉱山の文化的伝統に関する学際的な研究を進めてきた。

　本書の内容は、佐渡金銀山絵巻検討会が平成21年（2009）から平成24年（2012）までの4カ年間に実施した調査成果をもとに執筆されたものである。

　なお、これまでにおこなってきた事業は次のとおりであり、新潟県教育庁文化行政課世界遺産登録推進室と佐渡市世界遺産推進課が事務局を務めた。

1．平成21年（2009）度の事業

(1)　目　的

　代表的な佐渡金銀山絵巻について、比較調査とパターン化による分類調査をおこなう。

(2)　参加者

　井澤英二（日本鉱業史研究会）
　植田晃一（日本鉱業史研究会）
　鈴木一義（国立科学博物館）
　冨井洋一（京都大学）
　中西哲也（九州大学）
　萩原三雄（帝京大学山梨文化財研究所）
　橋本博文（新潟大学）
　渡部浩二（新潟県立歴史博物館）

(3)　内　容

　日程　10月7日～10月10日

　国内に残る佐渡金銀山絵巻39点の比較調査を通し、文字史料などとの対比から鉱山絵巻が描かれた時期とその特徴などについて確認をした。併わせて、デジタルデータ化作業を実施した。

　また、「絵巻における時代判別の事例」「佐渡金銀山の金銀分離技術」の報告と意見交換をおこなった。

2．平成22年（2010）度の事業

(1)　目　的

　代表的な佐渡金銀山絵巻について、分類調査とパターン化による整理を実施し、前年度調査成果も踏まえ、報告会を開催する。

図1　佐渡金銀山絵巻の比較調査

図2　検討会メンバーによる報告会

(2) 参加者

井澤英二（日本鉱業史研究会）
植田晃一（日本鉱業史研究会）
鈴木一義（国立科学博物館）
冨井洋一（京都大学）
西脇　康（東京大学）
中西哲也（九州大学）
萩原三雄（帝京大学山梨文化財研究所）
橋本博文（新潟大学）
渡部浩二（新潟県立歴史博物館）

図3　鶴子銀山跡の発掘調査のようすを視察

(3) 内　容

日程　8月30日〜9月2日

舟崎文庫（新潟県立佐渡高等学校同窓会所蔵）に保管される佐渡金銀山関連の絵巻や絵図などを調査し、デジタルデータ化をおこなった。

また、鶴子銀山跡の発掘調査現場を訪れ、絵巻による技術描写と遺跡に残される技術の痕跡を比較検討した。

併せて、「考古学的知見を交えた粉成技術等」「小判の製造」「金粒の組成」「硫黄分銀法と焼金法」「最新スキャナによる史料の修復・保存技術」「半田・院内銀山の灰吹法の伝播」などに関する報告と意見交換をおこなった。

3．平成23年（2011）度の事業

(1) 目　的

佐渡金銀山絵巻の調査を通して、絵巻の世界遺産補完資産としての価値付けを図る。また、これまでの調査成果を基に報告書の作成を検討し、佐渡金銀山の価値の周知化を図る。

(2) 参加者

井澤英二（日本鉱業史研究会）
植田晃一（日本鉱業史研究会）
沓名貴彦（山梨県立博物館）
冨井洋一（京都大学）
中西哲也（九州大学）
西脇　康（東京大学）
萩原三雄（帝京大学文化財研究所）
橋本博文（新潟大学）
余湖明彦（新潟県立文書館）
渡部浩二（新潟県立歴史博物館）

(3) 内　容

日程　10月21日〜10月23日

佐渡金銀山絵巻の下絵や国内に所在する金銀山絵図などの調査とデジタルデータ化をおこなった。併せて、「中世の金・銀生産技術に関する科学調査」「寛政十一未年　小判所一件」「佐渡鉱山金銀採製全図解説」「鶴子銀山代屋敷出土の銀生産関連遺物調査」「佐渡金銀山代官所跡出土の焼金関連遺物調査」に関する報告と意見交換をおこなった。

また、これまでの調査成果に基づいた研究報告書の作成に関する検討をした。

4．平成24年（2012）度の事業

(1) 目　的

金銀山関連史料の調査を実施し、さらに、4カ年にわたる金銀山絵巻検討会の調査成果を報告書として刊行する。

図4　テーマ別の検討

図5　絵巻の比較調査と資料撮影

(2) 参加者

　　井澤英二（日本鉱業史研究会）
　　岩橋孝典（島根県教育庁）
　　植田晃一（日本鉱業史研究会）
　　鈴木一義（国立科学博物館）
　　冨井洋一（京都大学）
　　鳥谷芳雄（島根県教育庁）
　　中西哲也（九州大学）
　　仲野義文（石見銀山資料館）
　　西脇　康（東京大学）
　　萩原三雄（帝京大学山文化財研究所）
　　橋本博文（新潟大学）
　　目次謙一（島根県教育庁）
　　余湖明彦（新潟県立文書館）
　　渡部浩二（新潟県立歴史博物館）
　　スリニバサ・ランガナサン（東京芸術大学）

(3) 内　容

　　日程　5月28日～5月29日
　　国立科学博物館において小判の色あげ実験を実施し、7月には東京芸術大学宮田学長や佐渡高校の生徒たちと山吹色の小判を製作した。

　　日程　7月18日～7月21日
　　味方家歴史資料〈新潟県指定有形文化財〉や本間寅雄氏が収集した鉱山関連史料の調査を実施し、鶴子銀山跡・西三川砂金山跡をはじめ、相川金銀山最古の稼ぎ場である父の割戸などを視察した。
　　また、絵巻検討会の成果を「佐渡金銀山絵巻研究報告」として刊行することを決定し、内容や執筆分担について検討した。
　　併せて、世界遺産に登録されている石見銀山の研究者や島根県の調査担当者を招き意見交換などもおこなった。

3．文献紹介 —詳しく知りたい方のために—

　場合によっては、20 mの長さを超える金銀山絵巻の全体図を詳細に実見することが困難であり、また、これまで鉱山史や絵画史の分野における佐渡金銀山絵巻に関する研究は少なく、絵巻の一部を古文書などの補助的資料として引用することが多かった。

　ここでは、佐渡金銀山絵巻について解説したものあるいは金銀山絵巻を理解するために役立つと思われる文献、さらには佐渡金銀山絵巻を掲載するおもなホームページを紹介する。

1．刊行物

(1) 石川博資『日本産金史』（巌松堂書店 1938）

　巻頭に佐渡金銀山絵巻を写真で紹介するが、解説はない。

(2) 小森宮正惠『恋金術』（小森宮金銀工業株式会社資料室 1968）

　享保年間（1716〜1735）に老中へ提出した佐渡金銀山絵巻の写本を掲載する。

(3) 小菅徹也「金銀のできるまで」『佐渡金山史』（中村書店 1970）

　金銀山絵巻における各場面から、採鉱から小判製造に至る一連の工程を説明する。絵巻をもとに金銀山稼業のようすを示した初めての試みである。

(4) 葉賀七三男『江戸科学古典叢書1』（恒和出版 1976）

　金銀山絵巻の描写について、技術史的観点からの解説を加える。さらには江戸期の絵画様式上における鉱山絵巻調査の重要性についても言及する。

(5) 『新潟県史、資料編9　近世4　佐渡編』付録（新潟県 1981）

　［銀山勝場稼方諸図］（相川郷土博物館所蔵）を用いて場面解説を行っている。詳細な考察を加えるというよりも、史料紹介としての性格を持つ。

(6) 田中圭一『佐渡金銀山文書の読み方・調べ方』（雄山閣 1984）

　佐渡金銀山に関する記録史料を題材として、古文書や絵図の解釈から調査の方法に至るまでを概説する。絵図を調査・研究に応用した事例である。

(7) テム研究所『図説佐渡金山』（河出書房新社 1985）

　絵巻から、鉱山技術のみならず道具や服飾など風俗面に対する解釈も試みている。また、14点の金銀山絵巻の比較研究にも言及する。

(8) 田中圭一『佐渡金銀山の史的研究』（刀水書房 1986）

　佐渡金銀山の技術書『ひとりあるき』から、記載される用具とその機能について紹介する。

(9) 葉賀七三男『日本鉱業史料集』第9期　近世編（白亜書房 1988）

　嘉永7年（1854）作成の［佐渡国金堀之図］、［金山銀山敷岡稼方之図］を掲載する。

(10) 長谷川利平次『佐渡金銀山史の研究』（近藤出版社 1991）

　金銀山絵巻を歴史資料として認識し、絵巻に解説を加えることで冶金学や歴史研究に寄与するという観点から各場面を解説する。

⑾ 西脇　康「絵解き・金座絵巻⑴―元文期・文政期を中心に―」『収集』第21巻第5号（1996）

　金座・銀座絵巻の伝存状況・金座絵巻の研究史に関する考察を加えており、新たな手法による佐渡金銀山絵巻の研究を展開する。

⑿ 『日本の鉱山文化―絵図が語る暮らしと技術』（国立科学博物館　1996）

　佐渡金銀山絵巻をはじめとする日本各地の鉱山絵巻の全体像をヴィジュアルに表現しており、絵巻の全体像をつかむことができる。

⒀ 『佐渡と金銀山絵巻　開館四十周年記念特別展報告書』（相川郷土博物館　1996）

　本間寅雄「鉱山絵図の社会史」と佐藤利夫「佐州相川銀山敷岡地行高下振矩絵図の考察」で、項目（絵図師、水車、水上輪など）を絞り解説を加えている。

⒁ 鈴木一義「石見銀山〜技術立国日本のルーツ」『石見銀山遺跡総合調査報告書　第4冊』（島根県教育委員会　1999）

　佐渡金銀山絵巻と石見銀山絵巻に描かれた技術の比較研究を通し、両鉱山の特徴を明確にする試みである。

⒂ 小菅徹也「佐渡西三川砂金山の総合研究」『金銀山史の研究』（高志書院　2000）

　西三川砂金山を取り上げ、戦国末・江戸初期以降における砂金山の稼業について説明を加え、絵巻から砂金山技術の実態の解明を試みている。

⒃ 国文学研究資料館『チェスター・ビーティ・ライブラリィ絵巻絵本解題目録』（勉誠出版　2002）

　アイルランドの実業家チェスター・ビーティ卿が収集した絵巻コレクションの解題目録。この中に佐渡金山図も含まれる。

⒄ 『新潟県立歴史博物館所蔵資料目録　佐渡金銀山絵巻三種』（新潟県立歴史博物館　2003）

　佐渡金銀山絵巻の画像を電子データで提供。同館所蔵の［佐州金銀山之図］・［佐渡国金銀山敷岡稼方図］・［佐渡国金銀山敷内稼方之図絵巻］を収録する。

⒅ 鈴木一義「『佐渡国金堀之図』を読み解く」『ビジュアル NIPPON　江戸時代』（小学館　2006）

⒆ 新潟県教育庁文化行政課他『黄金の島を歩く』（新潟日報事業社　2008）

　西三川砂金山の稼業箇所をもとに、砂金採取のようすを紹介する。

⒇ 『佐渡金銀山展 Sado Gold & Silver Mine―展示解説書』（佐渡金銀山展準備会　2009）

　佐渡金銀山絵巻の各場面を説明し、描かれた道具類の写真を掲載する。

(21) 橋本博文他『佐渡金銀山に関わる資料をヨーロッパに訪ねて』（新潟大学旭町学術資料展示館　2010）

　ドイツに所在する佐渡金銀山絵巻などの調査を通し、佐渡金銀山と欧州との関係を論考した。

(22) 渡部浩二「新収蔵の佐渡金銀山関係資料について」『新潟県立歴史博物館研究紀要』13（新潟県立歴史博物館　2012）

　新潟県立歴史博物館が平成12年度に収蔵した佐渡奉行所絵図師・山尾衛守作［佐渡国金銀山図］他について概説する。

(23) H. Todd『The British Library's Sado Mining

Scrolls』(Vol24, Number1, British Library J., 1988)

(24) T. D. Ford, I. J. Brown 『Early Gold Mining in Japan：More Sado Scrolls』(The Bulliten of the Peak District Mines Historical Society, Vol13, Number 6, 1999)

２．ホームページ

(1) 佐渡市世界遺産推進課

　佐渡市所蔵の佐渡金銀山絵巻を中心に新潟県内外の金銀山絵巻を紹介する。
http://www.city.sado.niigata.jp/mine/index.html

(2) 佐渡市教育委員会佐渡学センター

　「指定文化財」で、佐渡市指定の金銀山絵巻を紹介する。
http://www.city.sado.niigata.jp/sadobunka/denbun/

(3) 九州大学総合研究博物館

　「デジタルアーカイブ」で、九州大学が所蔵する［佐渡鉱山金銀採製全図］などを紹介する。
http://www.museum.kyushu-u.ac.jp/

(4) 新潟大学付属図書館

　「データベース」において、新潟大学が所蔵する［佐渡金山図絵］を紹介する。
http://www.lib.niigata-u.ac.jp/

(5) 国立公文書館

　「デジタルアーカイブ」で、国立公文書館が所蔵する［金銀山敷内稼仕方之図］などを紹介する。
http://www.archives.go.jp/

(6) 日本銀行金融研究所　貨幣博物館

　「調査研究資料」のコンテンツで、日本銀行が所蔵する「佐州金銀採製全図」などを紹介する。
http://www.imes.boj.or.jp/cm/research/

Summery

Preface

Sado has been known as the gold bearing site from old times, such as having been described as a "gold island" in "Tales of Times Now Past".

It was from the Edo Period, when Sado was under the direct control of the Tokugawa Shogunate, that Sado became the largest gold and silver production area in Japan both in name and reality. From the time on, Sado Island, with many gold and silver mines such as Aikawa Gold and Silver Mine, which had the largest gold and silver production in Japan, and Tsurushi Silver Mine, a large silver mine from the middle ages, continued to support the finances of the Tokugawa Shogunate for more than two hundred and sixty years.

In such historical background, by identifying that the history of Sado and that of Japan overlapped in many senses considerably after the 1600s, the citizens of Sado City are very proud of the history of gold and silver production by the local ancestors.

In addition, more than a hundred "Sado Gold and Silver Mine picture scrolls" depicting the works of the gold and silver mines in the Edo Period were identified both domestically and internationally. Their quantity and quality are said to be outstanding among those of the mines in Japan. Furthermore, these picture scrolls are valuable cultural treasure to clarify the actual conditions of the mines of early-modern times.

Now City of Sado and Prefecture of Niigata Prefecture are conducting a survey to make the value of Sado Gold and Silver Mine in mining history clear so that Sado Gold and Silver Mine will be inscribed on the World Heritage List. The survey by the experts in various fields has led to this interdisciplinary outcome, and the research on Sado Gold and Silver Picture Scrolls, which is the theme of this volume, has been conducted through the united efforts of a great number of people.

"The Conference for Sado Gold and Silver Picture Scrolls", which was established in 2009, has been able to comfirm the status of Sado Gold and Silver Mine in mining history, from the survey results of the participants from home and abroad. In addition, through comparative study of Sado Gold and Silver Mine Picture Scrolls remaining in Japan, another way of utilizing the picture scrolls has been identified in the survey of mining history such as recognizing the tools visually, which was difficult with usual historical documents.

I appreciate the efforts by the conference members for their survey and their writing of manuscripts for the past four years. In publishing this volume I also express my gratitude to many people for offering illustrations and pictures. I thank everyone involved in this volume from the bottom of my heart.

Finally, I wish those who read this volume will recognize the value of Sado Gold and Silver Mine, which has left a great achievement in the history both domestically and internationally.

Motonari Kai
Mayor of Sado City
March 2013

Explanations on frontispieces

Plate 1

① *Doyu-no-warito*

Doyu-no-warito, the symbol of Sado Gold and Silver Mine, was drawn as a preface of the picture scroll. There are several patterns of prefaces of the Sado Gold and Silver Mine picture scrolls, depending on the time when they were portrayed. This is the outstanding form depicted around the 1750s.

② Inside the mine 1

Ladders (made of logs) were used for going up and down inside the mine. They were made of grooved toggles for the miners to step their feet on, which had been used to prevent the mine cave-in. When going down to the working places deep under the ground, several ladders were joined. In addition, where ladders could not be hung in the place like a deep well, toggles were driven into rocks to form the stepped portion for the mine workers to be able to go up and down.

As for the lighting to move through the dark tunnels, torches made from pine sticks were used.

Various drainage tools were introduced, but pails and well buckets were basically used to draw up water. Since 1778, unregistered inhabitants in Edo were sent to Sado as drainage water carriers.

③ Inside the mine 2

The managers for a mine, and the officials of Sado Magistrate's Office stood by during the exploration.

Miners who mined ores were called "*daiku*." They used a tool to hold a chisel and to ease the impact of a hammer of their hands.

④ Inside the mine 3

Drainage inside the mine was an important task on mine management. A new pumping system was introduced in 1653. It was a drainage equipment, of which the archetype was Archimedean screw pump. Spiral boards were attached inside the wooden cylinder, water could be pumped by rotating the handle attached on the top of the equipment. It achieved great results for drainage, but it often went out of order. It was of inconvenience to set the equipment narrow and deep.

⑤ Blacksmith workshop and others

A hut was at the entrance, where the weight of the ores carried out from the mine was checked. At the front side, timbers were processed for *yamadome* to use in the mine.

At the blacksmith workshop, tips of the chisels mining specialists used were burnt again. The repaired chisels were carried inside the mine by chisel carriers. At the sort hut, mined ores were sorted out into first, second and third grades according to their quality level by *ishieri-me*, women ore sorter. This work was done by women.

⑥ *Yotsudome-bansho*—Entrance Guard

Entrance Guard was placed at each tunnel under the direct control of Sado Magistrate's Office. Workers in and out were checked there to maintain and manage the mining work, and toggles, chisels, oil for lighting and charcoals were also under controlled conditions. Lest they took out valuable ores to avoid the control of the officials, a crossbar to step over was set on the way of the passage. Furthermore, it was also the place to deal with smelting dealers and to share profits to mining specialists and others.

⑦ Screening hut

The discarded ores were picked up at this hut, women workers sorting out identified their qualities. The ores which included even small gold and silver ingredient were collected.

⑧ Ore distribution

The distribution of ores was conducted before the ore yard for payment. The ores graded into first, second and third grades were taken to the dividing place every ten days. They were divided into those for public payment miners. The percentage of the public payment varied at different periods, but it amounted to about sixty percentage in the late Edo period.

⑨ Transportation of ores

The ores after having been distributed were checked at these entrance guards. In 1753, when the book of picture scrolls was produced, the ores were carried to the area for smelting ores at the buyer's house and were concentrated. Cattle was used to transport the ores.

⑩ Aikawa Townscape

Aikawa town used to be busy as a mining town. The street was flourished with sake shops, stores dealing with torches made from Japanese cypress, baskets made of bamboo, straw bags, etc. In the street some people with charcoals, oil, toggles on their back going toward the mine were described. Two children playing with their dog and a man selling fish could also be seen there.

⑪ Processing workshop

In this area, after the ores were powdered, gold ingredients and silver ingredients were obtained from them by gravity concentration in water.

First, ores were placed on the pitted crushing stone and were crushed into pieces by hammers. The ores of high quality were shaken with fine sieves using horsetail hair, and the other ores with sieves with larger meshes. Arenaceous ores were shaken on a board in water. The lighter sand sunk down first, natural gold and arenaceous ores mainly made of silver sulfide stayed on it, so they were collected. The sunk-down sand was ground with stone mortars into finer muddy powder, which was put into tubs and precipitated. The precipitation was shaken again and repeated in the same way.

The further existing sand was processed with the slide. The sand was flown onto the cotton-cloth covered slanting stand and its gold and silver content was attached on the cloth. This cloth was washed in the bucket to remove gold and silver content.

In addition, this was again shaken on the board to collect the gold and silver content thoroughly.

⑫ Furnace shop

The collected gold and silver were refined at the furnace.

First, at the big furnace, lead was added, and then they were smelted to make gold-bearing lead and silver-bearing lead. The metal including much silver sulfide was roasted in charcoal furnaces to remove sulfur content and then was smelted.

At the ash-blowing furnace, by using ashes, lead was separated from the gold-bearing lead and the silver-bearing lead produced at the big furnace.

In addition, in 1753, when the book of picture scrolls were being depicted, all furnace shops downtown Aikawa were assembled to the designated area in Aikawa, which were under the control of Sado Magistrate's Office. In 1759, they were transferred to the place established in the site of Sado Magistrate's Office.

⑬ Gold and Silver separating shop

The metal produced by refining *yorimono* contained a small amount of gold, so this was further separated into the gold and silver.

First, after smelting by adding lead and sulfur, the surface was cooled down by being watered on it and a thin silver strip, was made and was peeled away. This was repeated in the bottom of the furnace.

The gold produced here was almost close to pure silver, but some still contained silver.

In addition, this shop was in Kami-kyomachi in Aikawa in 1753, when the book of picture scrolls was being depicted, and it was under the control of Sado Magistrate's Office. In 1759, it was transferred inside *yose-seri-ba*, which was founded in the site of Sado Magistrate's Office.

⑭ Mint 1

Under the supervision of gold assessor, alloy gold were smelted at the furnace here to keep gold quality. Then, they were finely crushed on the iron board and were into gold particles. Those particles were washed by rubbing them in hands in water bucket, and furthermore they were dried well in a heated iron pan.

⑮ Mint 2

One unit of 375g of gold particles was extracted out of those in each of paper bag, and then lead was added to the extracted particles, which were melted together at the furnace to remove impurities. It was cut into four pieces so that each piece would be of the same weight. Three pieces of them were sample gold for appraisal of gold quality by one gold assessor and two commissioners of *koban* coin.

⑯ Mint 3

Here silver was separated to improve its gold quality. First, the original gold was smelted by adding lead. Then, it was placed on the iron plate and was crushed by being rubbed with rubbing stones. By adding lead, it became easier to crush. The particle size of gold dealt with in such a way was carefully arranged with sieves.

⑰ *Kobansho (Yaki-kin)*—Mint 4

The powder was arranged and natural salt were mixed well here. They were piled up in cylindrical form on earthenware and were set in furnace. Along both sides of the bottom of the furnace were tuyeres (fans of a forge) set, and charcoals were put in order and were fired. This was how silver contained was chemically combined with salt to separate silver from gold.

This gold was picked up together with earthenware out of the long furnace and was crushed with hammers in the tub and was washed away to remove salt content. The water in which it was washed contained silver chloride. The gold particles in the bottom of the tub were collected and on the following day they were mixed with salt and burnt in the long furnace again. This work continued for three or four days.

⑱ Mint 5

Cemented gold was washed by rubbing in hot water again and again to remove salt content. This work was to remove water content wrapped in Japanese paper.

⑲ *Kobansho (Nobe-kin)*—Mint 6

Various kinds of gold produced in the above processes, were smelted at the rate of gold quality necessary for coin and were poured into a mold to make coin ingot metal. This was smelt with salt at the furnace and was beaten out into about ninety centimeters length and about six centimeters width.

⑳ *Goto yakusho*—Final Mint

In 1621, *koban*, an oval gold coins, came to be minted at Sado by the proposal of the Sado Magistrate. This office for minting contractors was called *Goto yakusho*.

On the center of gold plate were two marks stamped on the plate and then it was cut at the center with shears. The quality of the cut gold plate was compared with that of sample ingot gold. Then the plate was heated up and its surface was rubbed with the bar of cypress so that the existence or nonexistence of copper content in it could be examined from the color of the flame and that of the surface.

The appraised gold plate was put back to the minting place, and it was cut roughly of the size of one unit of coin and its weight was checked with lever scales.

㉑ *Goto yakusho*—Post-Mint 1

The roughly cut *koban* was heated up to unstiffen it and was beated into semicircular coin. Furthermore, the half-round coin was beated into round *koban*, which was shaped into oval *koban* with hammers. After the shape of *koban* was arranged and a mark was stamped on it, it was glazed and burnt over charcoal fire. At a suitable time, it was cooled down in water and its charcoal ash was washed away. Repeating this process, the *koban* was later brushed with salt and minted into what is called "golden *koban*."

㉒ Post-Mint 2

Gold and silver content was collected from the muddy water in the process. First, take muddy water little by little out of tub with bowl. When it was rotated, heavy gold particles stayed and silver content flew out. Gold particles collected from the bottom of the bowl were mixed with salt again and they were separated into gold and silver. They were carried to furnace, where salted silver was smelted, cooled and then shaped into a suitable size. Through this process, lead was added and was smelted together in the furnace to obtain silver. In addition, by adding lead and sulfur and peeling silver sheet on the surface in the furnace, gold and silver were separated.

㉓ *Kobansho*—Post-Mint 3

Alluvial gold collected in Nishimikawa Alluvial Gold Deposits was also smelted and shaped. Alluvial gold from gold storage house was made moist with water and was wrapped in paper. It was then taken to the furnace, in which the alluvial gold was roasted by being put into smelting lead and after about an hour it was smelted to remove sand content. Then it was carried to the furnace, where it was smelted to remove lead content.

㉔ Copper House

Sado Gold and Silver Mine is the mine primarily containing gold and silver, but copper ores containing much copper content and copper content produced in the process of smelting gold and silver were smelted in the furnace. This furnace was located near the beach away from the Sado Magistrate's Office.

Copper ores were crushed and was put through a sieve. When the sandy ores were shaken on board in water, sand of a smaller specific gravity fell first. The fallen sand was ground in a quern and made into finer muddy sand, which was put into the bucket and settled there. Then, the muddy sand was shaken again on the board for collection.

The sand processed was flown onto the cotton-cloth covered slanting stand and its gold, silver and copper content was attached on the cloth. This cloth was washed in the bucket to remove gold, silver and copper content. In addition, this was again shaken on the board to collect the content of gold, silver and copper thoroughly.

㉕ Copper shop

The metal obtained in the previous process was smelted in the furnace to remove sulfur content. At the furnace, lead, copper and slags were added to this smelted one to be smelted together. Then it was cooled by being watered with brooms. The slags on the surface were scraped. After that, repeating the similar process, the copper sheet was stripped off. The copper sheet was smelted at *ma-fuki doko* surface and later slags were scraped into rough copper. Rough copper containing gold, silver and lead in the bottom of the furnace was cooled and shaped, then carried to the next furnace.

This furnace was the one to collect gold and silver content from rough copper. Rough copper and lead were further smelted and separated into copper and alloy of gold, silver and lead. Lead containing gold and silver was separated at the furnace to collect alloy of gold and silver.

㉖ Beach Mine

Alluvial gold flown into the beach was collected, but this was not general alluvial gold but the sand flown there by flood, etc. which was made of finely crushed gold and silver ores. In addition, ores in which gold particles were identified with naked eyes were collected.

When likely-looking spots were dug, sea water sprang and then it was drained with a pump. The sand dug out of the beach was carried to the washing area in a straw basket. Fine sand containing alluvial gold was gathered. This was separated by gravity concentration and gold content was collected.

Plate 2

① *Nakagarayama* Alluvial Mine

Nakagarayama was one of the placer mining sites near Sasagawa village. The foot of the alluvial gold deposits was cut through and the water stored in the dike was drained all at once to wash away excessive earth and stone.

② *Oonagashi* Flow

Following the previous picture, they washed away excessive gravel out of the earth and sand undermined. Stone walls were built at intervals of seven to nine meters taking up the whole width of the river near the working place. Then the earth and sand was carried into the river. After stones were removed, the water in the dike was flown to wash away the excessive earth and sand. Finally, the stones existing in streamlet were removed with pickaxes and ladles. After repeating this work, gravels containing alluvial gold were stored in the flow.

③　*Sukashi*—Screeening

Workers broke down gravels containing alluvial gold little by little, which existed in streams. They did the work of removing stones of big and small size out of the gravels. By the 25th or 26th of the month, they repeated this work to raise the density of the gravel layer containing gold content in the river bed.

④　*Oshibori*—Shifting

This is a series of the work to shake sand containing alluvial gold stored by the previous works collect alluvial gold. In the picture, sand containing alluvial gold raked with ladles was poured onto a straw mat. The sand on the mat was washed by rubbing in water and moved to sieving plate, where alluvial gold was obtained by gravity concentration.

⑤　*Kouge*—Collecting

This work was to dig deeply into the bedrock to gather earth and sand existing after the previous work in one place. The earth and sand gathered here was conducted in the process to collect survived alluvial gold. A dam was built across the river at its upper reaches to shut off its stream. The earth and sand near the bedrock was scraped off with hoes. The collected earth and sand was carried downstream in straw baskets, which moved to the next process of collecting survived earth and sand.

⑥　*Konagashi*—Sand Collecting

The earth and sand gathered depending on its quality was piled up on the straw mat, where excessive earth and stones were washed away by a stream and the survived sand containing alluvial gold was shaken with sieving plate to collect gold dust.

⑦　*Shiki-bori*—Mud Carrying

The work of digging tunnels in the mountain and carrying out it earth and stones containing alluvial gold was proceeded. The earth and stones containing one was carried to the storage yard. Stones of middle size and slags were taken outside the mine and abandoned. Stones of large size were used as stone walls to prevent cave-in in the mine.

⑧　*Konagashi*—Mud Screening

Here alluvial gold from the earth and sand dug out was collected. The earth and sand was piled up on some straw mats and excessive earth and sand was flown away by the stream of water, by which the sand containing alluvial gold was stored on the mats.

⑨　*Nekoda*-uchi—Sand Collecting

After the excessive earth and sand was washed away by a little stream of water, survived sand containing alluvial gold was gathered in one place. By making a gentle stream by the river, the mat, which was in the most upper part of the river, was raised from the river. Then the mat with fine sand containing gold dust attached on it was moved to the mat downstream successively, and finally they were gathered to the most lowest part of the river.

⑩ Alluvial Gold Collecting

The sand collected with those mats was shaken with sieving plates to collect alluvial gold. On the river field the officials and the assistants to mining specialists weighed alluvial gold.

⑪ *Kane-iri*—Monetary Settlement

On the 29th of each month, alluvial gold collected at each end of the month was opened and the share of each month for the magistrate office and miners was decided. Mining officials had the assistants all over mines come to the mining official's residence. Alluvial gold so far deposited was returned from them and after removing humidity and excessive sand and iron content, the alluvial gold was given to the head of the village. He judged it and handed it to the mining official. Based on the result of weighing, money to be paid to the magistrate office and to the miners was decided.

On Frontispiece No. 4 and after refer to the explanation in the text.

Sado Gold and Silver Mine Picture Scrolls

Kzauyoshi SUZUKI
National Museum of Nature and Science

In the mining research, mining pictorial materials, particularly "mining picture scrolls", it has been pointed out that their material value is important and that it is significant that everyone can learn the situation in those days through them. Therefore, their research and utilization have been hoped for. However, because of the material style of mining picture scrolls, the utilization by the researchers such as copying was limited. Thus, the mining picture scrolls have been treated as just referential materials in mining history.

So, to promote the utilization among the researchers, our group has made a survey on Sado mining picture scrolls in Japan and digitized more than fifty picture scrolls as the first step. Based on that, we have identified the period the mining picture scrolls were produced, which was the greatest issue of the survey on them. As a result, by classifying the scenes inside the mine of Sado Mine picture scrolls into five individual patterns:[a][i][u][e][o], it has turned out that it is possible to sort almost all of Sado mining picture scrolls in production age order or chronological order. With this classification of patterns, it has become possible to identify dating roughly, so the materials in the survey of mining history are supposed to be evaluated more correctly.

By comparing mining picture scrolls with referential materials, gold-smelting in Sado Mine has turned out to be unique. For example, as for sample gold, over forty-three gold bars of very high quality have been produced independently, which proves to be peculiar to Sado Mine, compared with other mines. In addition, Sado Mine has had a unique designation in surveying technology of mines, "*furikanejutsu*". By presenting new materials for the designation, we have considered the thirty-six points of the compass, and the forty-eight points of the compass which was used in Sado Mine as well.

The Transition and the classification of the Sado Gold and Silver mine-related Picture Scrolls and their Painters

Koji WATANABE
Niigata Prefectural of History Museum

The Sado Gold and Silver mine related picture scrolls are a general term of a group of picture scrolls which depict a series of working process from mining, screening, refining, and even to minting conducted in the Aikawa Gold and Silver mine which was the center of the Sado Gold and Silver mine. There are times when the description of the working process of the Nishi-Mikawa Alluvial Gold mine was included additionally. As is it unusual, however, that the names of the painters, production age, circumstances of the production were recorded on the scrolls, they have not been utilized enough.

Recently the examination of the scrolls has been proceeded as a part of the examination activities toward the inscription of the Sado Gold and Silver mine as a World Heritage site, we have already identified more than one hundred scrolls both at home and abroad.

By interpreting those scrolls as a group and through the comparative study of them new aspects of the value of the mine has been found. I would like to point as follows;

Firstly, the first scroll was depicted during the time when Hagiwara Yoshimasa was a magistrate of Sado from 1732 to 1736. Since then until the end of Tokugawa era, every time when a magistrate or his assistant was changed, a new scroll was depicted and presented by Yamao Family, a family of professional painter under the control of the Sado Magistrate Office and that practice became customary.

Secondly, on the scrolls depicted for more than one hundred and some years can be seen the visual reflection of both the newly introduced technology and the change of management and administration for each era. In Japan are there some more scrolls about some ten gold, silver and copper mines all over Japan, but the Sado mine scrolls have a very unique character that those scrolls had been depicted for a long time and the flow of the technology and the change of management and administration can be traced.

Thirdly, through the difference of the expression of the prefaces of the scrolls and the content of the description, Sado picture scrolls are classified in four types and roughly identify the production age.

Fourthly, through the comparative study of the existing scrolls, there is a possibility of identifying the original scroll depicted by the painter Yamao under the control of the Sado Magistrate Office for a magistrate of his assistant. Usually those scrolls were drawn for magistrates or their assistants, but for some reasons there exist a variety of scrolls which were copied and recopied again and again and with some arrangement added. Those scrolls were thought to be produced and transcribed as reference materials for other mines in Japan, and as souvenirs for those who had visited Sado and as objects of the work of art

Besides, Sado scrolls influenced the production of the picture scrolls for Iwami Silver mine and played a role of an example of the production of other mining scrolls. Moreover, some Sado scrolls were carried out overseas by some employed foreigners who were hired in Sado during the Meiji era and those scrolls played an important role of introducing Japanese mining culture.

Accordingly, the picture scrolls of the Sado Gold and Silver mine exceed other Japanese mining scrolls in number, content, and influence, and this fact shows that the Sado Gold mine itself has a great importance, influence and the reception of the concern of people.

Konashi Technique Seen in the Picture Scrolls

Mitsuo HAGIWARA
Research Institute of Cultural Properties Teikyo University

The picture scrolls such as Sado Gold and Silver Mine Picture Scroll impressively and realistically illustrate *konashi* process (crushing, stamping, grinding, panning and other processes to concentrate ores), which was done after mining gold and silver ores. This work was essential in mining techniques, which meant a very important process

This summary picks up the scenes of *konashi* drawn in "Sado Gold and Silver Mine Picture Scroll", "*Kanezawa-oyama-oosakari-no-zu*", etc. and explores the situation of *konashi* techniques seen in the picture scrolls, etc. and the further research issues.

In Sado Gold and Silver Mine Picture Scrolls, the scenes of sturdy men's, stripped to the waist, rotating big stone hand mills are vividly drawn. The rotated big stone hand mills are the hallmark of *konashi* technique of Sado Gold and Silver Mine, the ores of which show their solidity. The picture scrolls also illustrate that men did *konashi* work in Sado Gold and Silver Mine, but that women were main workers in the same work in Kanezawa Gold Mine. From the picture scrolls of Kanezawa Gold Mine, the rotated stone hand mills were thin enough for women to do the work.

Compared with both picture scrolls, the technical processes of collecting fragments of gold pulverized with the mine mills are different. In Sado Gold and Silver Mine, the method called *neko-nagashi*, of collecting heavy metals containing gold from long board lined by cotton cloth was adopted. On the other hand, as for Kanezawa Gold Mine, plate-like tools called "*Seri-ita*" with fine chases of grid-like formation were used. The technique of obtaining gold and silver particles in this method was called "*Seri-ita-dori*". These two methods were found in "*Kouzan-shihou-youroku* (the digest of mining great treasures)" written by *Motoshige Kurosawa*, a member of the Akita clan, in the Genroku period, from which we can learn both techniques have existed together since the early stage of early-modern times. Why these two techniques existed together has long remained unknown, but it is clarified by the recent survey of Mr. Eiji Izawa.

A mining quern is an essential tool for *konashi* work. In Sado Gold and Silver Mine, mining querns such as stone hand mills and stone mortars were used, but in Iwami Silver Mine stone mortars called "*kaname-ishi*" were used for *konashi* work. The types of mining querns varied from mine to mine. It seems that people used different querns depending on the quality and solidity of ores.

The survey on *konashi* techniques, particularly the archaeological research focused on mining querns has made progress, but many further issues remain in the future. Especially, as for stone hand mills, mining querns named "Kurokawa-type" and "Yuno-oku-type" nearly look set to have appeared around the beginning of the 16th century, which was an early stage of the age of provincial wars. However, some issues like when the querns were changed into those of "formed type" with axial-anchorage "rynd", which were used long during the early-modern times, still remain unsolved.

In addition, the issue of when the structural framework with the long bar "*yariki*" attached to the stone mill was established in order to rotate the mill found in Sado Gold and Silver Picture Scrolls has been kept completely untouched. As materials to solve such issue, simple, small-typed querns which fieldstones seemed to be used without any change are found in *Echigo-koganeyama* Mine and *Sakadani* Gold Mine in Fukui Prefecture. The size of those mining querns proves that they were used in *konashi* work with hand mills, from which can be inferred that *konashi* work in the early period of mining development was conducted in such a quite simple method. Perhaps ranging from such stages to the early period of the pre-modern times, it is possible to consider that *konashi* techniques were rapidly improved and that the structural framework found in the picture scrolls was established. There are many unsolved issues on the situation of *konashi* techniques before the formation of mining picture scrolls, but they will be issues to be solved, bringing both domestic and international technical interaction of Japan into enough view.

Metallurgical Technologies on the Picture Scroll of Sado Gold and Silver Mine in Edo Period

Kouichi UEDA
A Life Member of the Mining and Materials Prpcessing Institute of Japan

The first picture scroll of Sado Gold and Silver Mine was made in 1735~1745 to describe and explain the mining and metallurgical operation of the mine, responding to the order of Yoshimune Tokugawa, the 8th Shogunate of Tokugawa.

Since then, about 25 or more scrolls were made through the period, when the magistrate for the Mine at his post came back to Edo, new technology was introduced, or the production rate changed.

Owing to these scrolls, we can understand the mining and metallurgical operation of Sado mine. In this paper, I explain metallurgical operation on the picture scroll

Primary minerals of gold and silver from Sado mine consist of electrum which contains 60 % gold and 40 % silver, argentite which contains 8% of gold and chalcopyrite with precious metals.

After crushing with hammer and grinding with cylindrical stone mortar, electrum and silver sulfide mineral were concentrated by gravity on wooden plate, vibrated by hand to separate silver mineral from gold electrum.

At the smelting operation, the gold and silver in the raw materials were recovered as an alloy.

For the separation of silver from gold in the alloy, two processes were employed, one is the addition of elemental sulfur in a molten state, getting silver sulfide. The silver content in the alloy was decreased to 30 %. And another one is chlorination roasting in a hearth with the addition of salt, packed in a cake and heated in the hearth to 700～800℃, making silver chloride, washed in water to separate the chloride from the gold and decreasing the silver content of gold to 0.3%.

During the excavation survey of remains of Sado magistrate site in 1996, gold refining hearth remains were excavated. The largest hearth is an elongated shallow tray-like hearth (4 m length, 66 cm width and 18 cm depth), which resembles closely the cementation hearth illustrated on the picture scroll. Also, many clay-made sticks, caps and dishes for the cake were excavated.

This paper explains the metallurgical technologies on the picture scroll of Sado Gold and Silver Mine in the Edo Period in the order of the scroll.

Mining Technological Documents of Sado Gold and Silver Mine

Akihiko YOGO
Niigata Prefectural Archives

At present more than 100 Sado Gold and Silver Mine Picture Scrolls are identified at home and overseas. They are unparalleled in the world for their quality and quantity. In addition, over 50 technological books are verified, which are also too abundant for the other mines in the world to compete with.

In this article, I have tried to introduce and

classify these technological books in Sado Gold and Silver Mines and have seen the transition of the technological and management system in the mining process centering on the book called the volume one "*Kinginzan-Kasegikata*" of "*Hitori-Aruki*". In the past, a lot of similar books have been known to exist, but the period of making those books ranged for about 90 years. Originally, independent books on mining technology such as "*Ginzan-Hitori-Aruki*" existed, and this time it has become clear that those individual technological books were compiled into "*Hitori-Aruki*".

Furthermore, the transition of lighting and drainage tools, the transition of surface equipment and the transition of mine workers can be traced by comparing and examining these technological books.

However, the survey and research on mining technological books has just begun, compared with that of Sado Gold and Silver Picture Scrolls. In particular, lots of technologies on smelting and refining processes like extracting gold still remain unexplained.

From now on, the further details of "*Hitori-Aruki*" must be examined and at the same time other technological books which are not yet widely known need to be surveyed. By comparing and examining these technological books mutually, to clarify the transition of the techniques of each process from mining through refining and the transition of the management system remain an issue.

Gold Refining by Cementation with Salt at the Sado Gold and Silver Mines in Early Seventeenth Century Japan

Eiji IZAWA, Tetsuya NAKANISHI and Yumiko ODA
Kyushu University, Niigata Prefectural Board of Education

Placer gold mining in Sado Island, probably at Nishimikawa, was documented in a book of the twelfth century. Hard rock mining for silver started at Tsurushi and Niibo in the mid-sixteenth century, and mining area was expanded further north to Aikawa. In 1600 Sado Island came under the direct control of the Tokugawa shogunate and Sado Bugyosho (magistrate office) was constructed at Aikawa in 1603-1604.

Primary ores of gold-silver deposits in Sado Island consist of quartz with silver sulfide minerals and electrum (natural gold-silver alloy containing about 60 % gold and 40 % silver). After careful ore dressing and smelting silver dominated bullion was produced and consequently, parting of silver from the bullion was essential to produce gold of high quality. Although the process of gold separation from silver using sulfur was certainly practiced by 1617 in Aikawa, the cementation process probably started in the Sado koban office, which was attached to Sado Bugyosho in 1621.

During the excavation of the Sado Bugyosho site,

in 1996, gold refining remains were found below the 1647 fire horizon. A total of 29 furnaces were found in an area of east-west 17 m by north-south 8 m. Four rectangular furnaces are considered as oldest ones, which are cut by partitioned furnaces. The latter furnaces are fourteen in number and the diameter is 80 X 50 cm in average and 25 cm deep. The largest furnace is an elongated shallow tray-like furnace (4 m long, 66 cm wide and 18 cm deep), which resembles closely the cementation furnace illustrated in eighteenth- and nineteenth-century picture scrolls of the mine. The elongated furnace had purplish red color and charcoal dust stuck on the fire-hardened floor.

Interesting finds are a large number of fragments of earthenware such as clay dishes, clay plates and clay rods. Most of the fragments were crushed into pieces and reinforced in the walls of the partitioned furnaces, especially many larger pieces were found in the dividing walls. Number of clay dishes is over 1500 pieces. The original diameter of the clay dish seems to be more than 20 cm, the edge-height is about 5 cm and the depression is 0.6-1.6 cm. Clay plates are quadrangle and round-shaped, 1.1-1.9 cm thick and original diameter seems to be more than 15 cm. All the clay plate occurs as fragments and are discolored. There are many clay rods of prism- and cylinder-shape, 2-3 cm in diameter and originally more than 12-13 cm long. Some rods were less reacted and has reddish color but many were highly reacted and discolored.

Raw materials of the earthenware are iron-oxide rich clay, which was hydrothermally altered siliceous volcanic rock. The earthenware were discolored from the original reddish color and cracked. The chemical compositions of earthenware samples were determined with an X-ray fluorescence spectrometer, using pressed powder pellets. The constituent minerals were examined using an X-ray diffractometer (XRD).

The composition of discolored samples are characterized by increase in soda (Na_2O), potash (K_2O), sulfur (S), chlorine (Cl) and silver (Ag), and decrease in silica (SiO_2) and iron (Fe_2O_3) in comparison with red colored less reacted samples. XRD data indicate decrease in silica minerals (quartz and cristobalite) and increase in sodium feldspar (albite).

Complex reactions of cementation proceed under moderate temperatures (less than 800°C = melting point of common salt). Sodium chloride reacts with water (H2O) from charcoal burning, which resulted in formation of sodium ion and hydrogen chloride (gas). This reaction will be accelerated by silica. In the case of Sado, original earthenware contains quartz and cristobalite, and meta-kaolin ($Al_2Si_2O_7$) as silica sources. Then albite-forming reaction occurred. Under the oxidizing and high temperature conditions, ferric component in earthenware reacts with hydrogen chloride and form ferric chloride (gas). Ferric chloride attacks silver and this forms silver chloride (melt) and ferrous chloride (melt). Chlorine (gas) was the important agent in the attack on silver. If iron or copper (transition metals) exist, chlorine will be formed under the condition of water-vapor existence in 700-800°C.

Research of Sado Koban
—The real image and manufacturing process—

Yasushi NISHIWAKI
Historiographical Institute The University of Tokyo

The koban is a name corresponding to a large and medium size, and it is also used for standards such as paper, books, and fabric. When used to refer to metal products, especially currency, normally the koban means thin plated-oval koban (currency by table) which had started to be manufactured at the Kobanza (later Kinza (gold mint)) that was monopolized, the privileged organization of purveyor merchants, for the first time by order of Ieyasu Tokugawa in 1595 (*Bunnroku 4*). However, the koban focused on in this paper (or in this documentation) are not the koban manufactured at the Kinza in Edo, but those from Sado.

Originally, Sado and the koban had an inseparable link. This is not only because the gold extracted from the Sado gold mine was used as the base metal in the manufacture of the koban at the Kinza (gold mint) through Edo period, but also because the Official named Goto, from Edo Kinza, Koban-shi (= the Kinza craftsmen) and Fukiya-Toryo (= the mint managers) were all transferred with several subordinates to Sado, bringing local Sujikin (casted ingot of gold) that were presented to the Edo shogunate and manufactured the koban as a settlement at the liaison office (Koban-sho) almost every year. In the Edo period, Sado was the only branch mint that functioned as the gold and silver producer in the locality.

The operation started from the foundation of the Sado liaison office at the Kinza (the gold mint) in 1621 (*Genna 7*), and it was continued for as many as 199 years until 1819 (*Bunsei 2*) based on orders given for Kin Gin Fukikae (reminting gold and silver coin) by the shogunate several times over the period of *Genroku*, *Houei*, *Shotoku* and *Genbun*.

Actually, reminting gold coins was also carried out at the Kinza in Edo. However, this reminting was collecting old koban or used gold that was in circulation around the city as the raw material, while totally new koban were manufactured in the gold mint liaison office in Sado just using the Sujikin produced locally. Moreover, it was standard procedure for most workmen to be dismissed after a lot of workmen were temporarily gathered to the gold mint in Edo along with orders for Fukikae, and once the contract amount of the shogunate kanjyo-sho (like a bureau in the Edo Period with financial and civil administration functions) had been manufactured in several years. On the other hand, because every year's gold minting had to be presented to the shogunate in Sado, it had to be manufactured as the Sujikin or the koban every year for a settlement.

Why did the koban have to be manufactured in Sado? It is because it was necessary to save a common currency as a reserve fund for payment out of Sado necessary for the gold mine management, quite apart from the time, effort and danger of transporting actual gold. That is, the instruction of the shogunate had already been received in Sado in 1619 (*Genna 5*), which marked the beginning of casting and passing of the ingin (stamped silver coin; Sado Tokutsuu Kiri Gin) as the only currency passable within Sado. As a result, the currency structure was that it was forced to pass the ingin including payment of customs and various levies and taxes in Sado, and common currency; the koban and chougin were absorbed by the Sado magistrate's office, and saved for settlements with foreign countries. However, the amount of koban saved by exchange with the ingin was not generally able to supply the needs, and so they tended to depend on the koban being replenished by Edo. Therefore, it is considered that the koban manufacturing in Sado was proposed with the purpose of supplementing this ingin policy, and finally the shogunate permission was given. Thus, the birth of the Sado koban synchronized closely and inseparably with the purpose of smooth operation of the monetary policy named Sado ingin.

The koban manufactured in Sado was called the Sado koban from the Edo Period, and they were highly appreciated by the general public. The Sado koban basically had the same form and quality as the koban that were manufactured at the gold mint, and were passed widely as a common currency nationwide. However, because the Sado koban (Keicho Sado Koban, Houei Sado Koban, Shotoku Kou-ki Koban=Kyoho Sado Koban, Genbun Sado Koban can all have their existence confirmed) had marked on the effect stamp of "Sa" character with circle mark on the back of koban, ordinary people were able also to identify them easily (The Genbun Sado koban is an exception). Records occasionally mention that the Sado Koban was traded at a premium as a rare and lucky item even at that time.

However, accumulation of the actual item for comparison in the scholarly investigation has been left for a long time as being a little insecure. A lot of forged or normal kobans with an additionally marked with "Sa" character stamp came to prevail over the collection market because their scarcity has been estimated as increasing their value in modern times. The contents of this paper aim to establish how much the scholarly investigation of the Sado koban can be deepened based on the study of the literature. Moreover, perhaps the first trial is to describe in detail while concretely illustrating the manufacturing process of the Sado koban, and this is one of the features of this paper.

Evaluation of Sado Gold and Silver Mine Picture Scrolls in Europe and the United States

Regine Mathias
Ruhr University Bochum

Among the historical documents spreading Sado Gold and Silver Mine overseas, there were Sado picture scrolls along with the old maps of the late 19th century and the records by mining engineers. Today the picture scrolls are preserved in the museums and libraries in Europe and the United States. Most of the existing picture scrolls were brought back from Japan by the collectors such as Philipp Franz von Siebold, and particularly by the foreign mining engineers from the middle of the 19th century and most of the scrolls are considered to have been housed in the museums and the libraries as relics.

Since the end of the 19th century, European mining engineers utilized Sado Gold and Silver Mine Picture Scrolls from these pictorial diagrams to reconstruct the mining and smelting processes of ancient European mines. In Europe before the Renaissance, numerous written historical materials and unearthed articles on ancient mines exist, but there are few pictorial materials. Thus, these Japanese pictorial diagrams have become the key to supplementing the missing knowledge of European technical and mining history.

Sado Gold and Silver Mine Picture Scrolls have played a key role as pictorial materials representing the whole mines in Japan and today they still continue to bear their role. This is how Sado has become the representative of Japanese gold mines overseas.

Ukiyoe, Picture Map and Mine Model Related to Sado Gold and Silver Mine

Hirofumi HASHIMOTO
Niigata University

The issue on how *ukiyoe*, an original Japanese art, concerning Sado Gold and Silver Mine, which was less well understood, has been examined, and its formation process has been clarified. As a result, there were a few original works by Hiroshige of each generation, so the composition of *ukiyoe* describing Sado Gold and Silver Mine has turned out to make a model of "*Kanayama* (Gold Mine)" in

"*Hokusai manga* (Story Comics of Hokusai)" (1815 (Bunka 2)) by the previous Hiroshige and Hokusai Katsushika, and further traced back to "*Nippon Sankai Meibutsu Zue*" (1754 (Horeki 4)) drawn by Tessai Hirase and Mitsunobu Hasegawa. Among them, I pointed out from the similarity in composition that "*Thirty-six Views of Mount Fuji Kanagawa-oki Nami-ura*" by Hokusai Katsushika was used as a reference to "*Sado Kanayama*", which described Nishimikawa Alluvial Gold Deposits, in "*Sixty-eight Views of the Various Provinces*" (1862 (Bunkyu 2)) drawn by Hiroshige II, but further research proved that it made a model of "*Sado Kinginzan Kasegikata no Zu*" (1856 (Ansei 3)) drawn by Bunpo Ishii in the possession of Niigata Prefectural History Museum.

On the other hand, I also pointed out that "*Nippon Sankai Meibutsu Zue*" had been similarly used as a quarry of "*Sado Kanahori no Zu*" in "*Dainippon Bussan Zue*" (1877 (Meji 10)) drawn by Hiroshige III, but I assumed that "*Nippon Sankai Meibutsu Zue*" had been drawn as a reference to the picture scrolls in and around Bessi Copper Mine of Western Japan from lighting apparatus made of spires, etc. in the first place.

In addition, the relevance to Sado Gold and Silver picture scroll in "*Hokurikudo Sadoshu Kamogun Kinzan Horiko-no-zu*" in the possession of Sado Museum Foundation has been clarified. The incorporation of the scene of "*Yamagami-sai*" in "*Nippon Sankai Meibutsu Zue*" into the painting has been also revealed. Therefore, it cannot be interpreted as indicating that sumo wrestling was practiced for the consolation, entertainment and welfare for the miners at Sado Gold and Silver Mine, which was the former evaluation of this painting. Instead, I pointed out that sumo had been performed as "shrine rituals" in front of the shrine for the god protecting the mountain on the 9th of September.

Furthermore, the mine model existing in Sado was weighed with the mine model in the Netherlands and that of other mines. In particular, by quoting archaeological model year from the appearance of the wooden framework of torii of the entrance to underground working places and the pit mouth, whether the mine models were old or new was judged. At the same time, the similarity between the model in the possession of Aikawa Local Museum of Sado City and that of Leiden National Museum of Ethnology of the Netherlands has been pointed out and new knowledge concerning the maker and the production year of the former model has been presented. That is, a sign written in ink, "*Saiji Kibou Fuyu Juichigatsu Zuioutei*" has been discovered on the bottom face of the model in the possession of Aikawa Local Museum.

おわりに

　1997（平成9）年から世界遺産登録を目指し、2010（平成22）年にユネスコの世界遺産暫定リストに記載された「金を中心とする佐渡鉱山の遺産群」、そのコンセプトの中心に位置するのが佐渡金銀山遺跡です。

　江戸時代をとおして幕府直轄の鉱山として重要視され、佐渡島の社会に大きな影響を及ぼした佐渡金銀山は、歴史学・考古学などの人文科学をはじめ地質学・冶金学といった自然科学の分野において、島の内外の人びとによる調査や研究がなされてきました。

　ところで、江戸時代の鉱山の様子を知ることのできる史料に鉱山絵巻があります。鈴木一義氏によれば、国内で1,000カ所に及ぶとされた鉱山のうち、絵巻に記録されたものは20鉱山に満たず、その中でも佐渡金銀山を描いた絵巻は他の鉱山とは比較にならないほど多いといいます。

　しかし、長年にわたり描き続けられた佐渡金銀山絵巻は、描写内容による時代判定が困難である点など、資料としての取り扱いが難しく、鉱山の研究において積極的に利用されたことはなかったようです。そのため長い間、研究者にとっての金銀山絵巻は、古文書など文字史料に記される道具類や発掘調査における遺構・遺物の形態などを類推する際の参考資料程度の認識しかなかったものと思われます。

　本書は、佐渡金銀山絵巻の内容を様々な側面から調査・分析し、鉱山絵巻の歴史資料としての価値の顕在化と、鉱山史における佐渡金銀山の位置づけを明確にすることを目指し出版するものです。専門家の方々による研究によって、金銀山絵巻の新たな価値を見いだすことができたと同時に、鉱山絵巻を一つの学術資料とみなし、引き続き検討すべき調査項目も確認されました。

　こうした金銀山絵巻の学際的調査は、国内外の鉱業史を研究するために重要なことであり、この事業を継続していくことが、佐渡金銀山の世界遺産登録を目指す地方自治体の責務であると考えています。

　本書を読まれた皆様が、佐渡金銀山に対する新たな知見を得られ、これまで以上に佐渡金銀山を身近に感じ、佐渡の豊かな歴史を実感されることを願う次第です。

　2013年3月

佐　渡　市
新潟県教育委員会

写真・資料提供一覧

資料名称	提供および所蔵者
佐渡国金銀山図	新潟県立歴史博物館
佐渡国金銀山敷岡稼方図	新潟県立歴史博物館
佐州金銀山之図（西三川砂金山稼方図）	新潟県立歴史博物館
佐渡金銀山敷内稼方之図	新潟県立歴史博物館
佐渡金銀山絵巻	新潟県立歴史博物館
金銀山敷岡稼方図	新潟県立歴史博物館
佐渡金銀山稼方之図	新潟県立歴史博物館
佐渡金山稼方絵巻	株式会社ゴールデン佐渡
金銀山敷岡稼方図	株式会社ゴールデン佐渡
佐渡金銀山採製図（素描）	株式会社ゴールデン佐渡
佐州相川惣銀山敷岡高下振矩絵図	株式会社ゴールデン佐渡
金澤御山大盛之図	岩手県立博物館
慶長佐渡小判	関　昭雄、ポール・ベリエン／ユトレヒト貨幣博物館
慶長佐渡小判	個　人
正徳後期（享保）佐渡小判	個　人
正徳後期（享保）佐渡一分判	個　人
金銀座及び製法絵巻	国立国会図書館
二代広重画諸国名所百景	新潟大学
初代広重画六十余州名所図会	新潟大学旭町学術資料展示館
佐渡金山図会	新潟大学付属図書館
大鎚金澤金山之図	岩手大学図書館
奥州盛岡金山鋪内稼方並金製法図	東京大学工学・情報理工学図書館工4号館図書室A
佐渡鉱山金銀採製全図	東京大学工学・情報理工学図書館工4号館図書室A
佐州金銀山敷内稼仕方之図	財団法人佐渡博物館
北陸道佐渡州賀茂郡金山堀子之図	財団法人佐渡博物館
羅　盤	財団法人佐渡博物館
金銀山敷内稼仕方図	個　人
佐州金銀山稼方諸図帖	中村俊郎氏
佐州金銀採製全図	新潟県立佐渡高校同窓会舟崎文庫
飛渡里安留記（上巻）	新潟県立佐渡高校同窓会舟崎文庫
清次間歩絵図	新潟県立佐渡高校同窓会舟崎文庫
金銀山敷内留山仕法并荷揚車之図大概書	新潟県立佐渡総合高校
金銀山敷内稼方之図	長岡市立中央図書館
金銀山敷岡稼方図	九州大学総合研究博物館
佐渡鉱山金銀採製全図	九州大学総合研究博物館
吹屋之図	九州大学工学部
加護金山之図	財団法人千秋文庫
石見銀山絵巻	個　人
元祖味方但馬守家重所有割間歩坑内古図	個　人
佐渡国金山之図	国立科学博物館
佐渡金山之図	国立科学博物館
佐州金銀採製全図	国立科学博物館

金銀山絵巻	相川郷土博物館
佐渡の国金掘ノ巻	相川郷土博物館
金銀山敷内稼方之図甲乙	相川郷土博物館
銀山勝場稼方諸図	相川郷土博物館
金銀山絵巻	相川郷土博物館
金銀山大概書	相川郷土博物館
佐渡銀山往時之稼行絵巻	佐渡市教育委員会
鉱山模型	相川郷土博物館
七十一番職人歌合	個　人
佐渡銀山振曲尺之図	東北大学附属図書館
鉱山模型	明治紀念堂
鉱山模型	オランダ国立民族学博物館

＊収録する絵巻写真のうち、執筆者提供や明記されたものを除き、池田雄彦（佐渡市教育委員会社会教育課佐渡学センター）撮影。

執筆者略歴 (五十音順)

井澤　英二（いざわ　えいじ）
1938年熊本県生まれ。九州大学大学院工学研究科博士課程単位取得退学。工学博士。専門は鉱床学。2004年、資源地質学会加藤武夫賞を受賞。主著に『よみがえる黄金のジパング』などがある。日本鉱業史研究会会長、九州大学名誉教授。

植田　晃一（うえだ　こういち）
熊本県生まれ。九州大学工学部冶金学科卒業。同和鉱業株式会社小坂鉱山製錬課長、本社製錬部長などを歴任。資源・素材学会終身会員、英国冶金史学会会員、日本鉱業史研究会会員。

小田　由美子（おだ　ゆみこ）
1961年新潟県生まれ。國學院大學大学院前期課程日本史学（考古学）修了。（財）新潟県埋蔵文化財調査事業団で県内の開発事業に伴う遺跡発掘調査等を担当。2006年から佐渡金銀山遺跡の調査・研究に携わる。新潟県教育庁文化行政課世界遺産登録推進室政策企画員。

鈴木　一義（すずき　かずよし）
1957年新潟県生まれ。東京都立大学大学院工学研究科材料力学専攻修士課程修了。専門は科学技術史。主著に『日本の鉱山文化』『20世紀の国産車』『からくり人形』などがある。国立科学博物館理工学研究部科学技術史グループ長。

中西　哲也（なかにし　てつや）
1970年福岡県生まれ。九州大学大学院工学研究科博士後期課程単位取得退学。博士（工学）。専門は鉱床学。主著に『蛍光X線分析法の製錬滓試料への適用』『江戸時代の鉱山に関するモノ資料の所在』などがある。九州大学総合研究博物館准教授。

西脇　康（にしわき　やすし）
1956年岐阜県生まれ。早稲田大学大学院文学研究科史学専攻博士後期課程満期退学。専門は日本史学（近世・貨幣）、計測・分析科学（金属）。主著に『旗本三嶋政養日記』『絵解き金座銀座絵巻』『加藩貨幣録』『新選組・新徴組と日野』『佐渡小判・切銀の研究』などがある。東京大学史料編纂所画像史料解析センター学術支援専門職員。

萩原　三雄（はぎはら　みつお）
1947年山梨県生まれ。早稲田大学法学部卒。専門は中世考古学。特に、城館遺跡や金銀山遺跡の考古学的研究を行っている。主要編著に、『中世の城と考古学』『戦国時代の考古学』『定本武田信玄』などがある。帝京大学大学院教授、帝京大学文化財研究所所長。

橋本　博文（はしもと　ひろふみ）
1953年群馬県生まれ。早稲田大学大学院文学研究科博士後期課程単位取得・満期退学。博士（文学）。排水具の研究中。著書に『佐渡を世界遺産に』（編著）、"Visiting Europe to uncover materials related to Sado Gold Mine "Joint work"（編著）などがある。新潟大学教授（新潟大学旭町学術資料展示館長）。

余湖　明彦（よご　あきひこ）
1964年新潟県生まれ。慶應義塾大学文学部史学科卒業。新潟県教育庁文化行政課世界遺産登録推進室主任調査員を経て現職。文献史料・絵図・図面などをもとに佐渡金銀山の鉱山技術とその変遷に関する研究に携わる。新潟県立文書館副館長。

レギーネ・マティアス（Regine Mathias）
1950年ドイツ・ケールハイム生まれ。ウィーン大学で日本炭坑労働に関する論文により文学博士号を取得。日本鉱山労働史、独日関係論、戦前の日本における女性雇用問題について著す。近年では日本とヨーロッパにおける日本鉱山絵巻の歴史資料としての価値について長期的な調査を行う。ボーフム・ルール大学東アジア学部日本史学科教授。

渡部　浩二（わたなべ　こうじ）
1970年山形県生まれ。新潟大学大学院人文科学研究科修士課程修了。専門は日本近世史。主著に「「松倉金山絵巻」と佐渡金銀山絵巻」（『新潟県立歴史博物館研究紀要』11）、「新収蔵の佐渡金銀山関係資料について」（『新潟県立歴史博物館研究紀要』13）などがある。新潟県立歴史博物館主任研究員。

佐渡金銀山絵巻
──絵巻が語る鉱山史──

2013年3月31日発行

編　集　佐　渡　市
　　　　新潟県教育委員会
発行者　山　脇　洋　亮
印　刷　亜細亜印刷㈱
製　本　協栄製本㈱

発行所　東京都千代田区飯田橋　㈱同成社
　　　　4-4-8 東京中央ビル内
　　　　TEL 03-3239-1467　振替 00140-0-20618

Ⓒ Sado city & Niigata prefectural Board of Education 2013. Printed in Japan
ISBN978-4-88621-632-8　C3021